高等职业教育中高职贯通——电梯工程技术专业新型教材

电梯结构与原理

主　编　智　渊

副主编　梁　燕　陈　卓　肖　炜

卫排锋　胡宗乐

西南交通大学出版社

·成　都·

图书在版编目（CIP）数据

电梯结构与原理 / 智渊主编. —成都：西南交通大学出版社，2021.8（2025.6 重印）

ISBN 978-7-5643-8160-8

Ⅰ. ①电… Ⅱ. ①智… Ⅲ. ①电梯－高等职业教育－教材 Ⅳ. ①TU857

中国版本图书馆 CIP 数据核字（2021）第 150599 号

Dianti Jiegou yu Yuanli

电梯结构与原理

主编　智　渊

责任编辑	李　伟
封面设计	GT 工作室
出版发行	西南交通大学出版社 （四川省成都市金牛区二环路北一段 111 号 西南交通大学创新大厦 21 楼）
发行部电话	028-87600564　028-87600533
邮政编码	610031
网　　址	http: //www.xnjdcbs.com
印　　刷	成都中永印务有限责任公司
成品尺寸	185 mm × 260 mm
印　　张	11.75
字　　数	292 千
版　　次	2021 年 8 月第 1 版
印　　次	2025 年 6 月第 3 次
书　　号	ISBN 978-7-5643-8160-8
定　　价	39.80 元

课件咨询电话：028-81435775

前 言

电梯行业的发展在我国已经有几十年的历程，从 1986 年中国电梯市场需求量刚刚突破 1 万台，到 2020 年中国电梯保有量达到 780 万台，其中自动扶梯数量达到了 62.5 万台。随着大数据、物联网等新技术在电梯中的应用，电梯的安全性、舒适性、快捷性及智能化不断提高，产品高技术含量快速增加，故电梯行业对安装、维保人才的需求在数量、质量上提出了更高的要求。巨大的电梯市场增量，需要大量懂技术、精技能、能创新、德技兼修的技术技能人才。因此，大力发展电梯工程技术专业，培养电梯专业高素质技术技能型人才，是目前人才市场需求的重中之重。

电梯工程技术专业建设起步较晚，专业教材存在难度参差不齐、实用性较差、知识结构不完整、与实际工作过程脱节等问题。重庆能源职业学院根据电梯行业的人才需求状况及专业教材出现的问题，依托深度校企融合，成立电梯职业集团，联合 20 余所开设电梯专业的职业院校、重庆市特种设备检测研究院及校企合作企业迅达（中国）电梯有限公司，结合中、高职学生的身心特点和自身发展规律，联系实际，强化应用，共同开发编写了电梯工程技术专业新形态一体化系列教材。开发编写教材依据电梯专业岗位工作过程及能力要求，将电梯职业标准、规范融入教材中，以职业能力培养为目标，突出教材的实用性、连续性及前瞻性。本书采用模块化形式，每个模块再细分为多个任务，每个模块均包括学习目标、知识讲解、知识链接与拓展、练习与思考及认知实训 5 个部分，并结合《电梯制造与安装安全规范》（GB 7588—2003）的要求，内容完整、图文并茂、突出实用性。本书配套资源丰富，有教学课件、微课、动画等教学资源。本书可作为高职高专、中高职贯通、中职电梯工程技术专业教材，也可作为电梯从业人员的学习培训教材。

本书由重庆能源职业学院智渊担任主编；迅达（中国）电梯有限公司李志弘担任主审；重庆能源职业学院梁燕、卫排锋，重庆市特种设备检测研究院陈卓，邵阳职业技术学院肖炜，重庆市巴南职业教育中心胡宗乐担任副主编；济南职业学院刘文光、张善平参与编写。本书借鉴了大量书籍和行业标准，并参考了部分网络资源，在此向相关作者表示感谢。同时，本书在编写过程中得到编者所在学校及电梯职教集团（联盟）的大力支持，在此表示由衷的谢意。

鉴于编者水平有限，书中难免存在疏漏和不妥之处，恳请使用本教材的师生和读者批评指正。

编 者

2021 年 6 月

本书课件

目　录

模块 1　电梯概述

任务 1.1　电梯的发展史

【学习目标】

知识目标：

- 了解电梯在现代生活中的重要性；
- 了解电梯的来源与发展；
- 了解电梯的发展方向。

能力目标：

- 能够阐述电梯的发展历程；
- 能够说出电梯控制技术的演变。

【知识讲解】

1.1.1　电梯是现代物质文明的标志

随着科学技术和社会经济的发展，高层建筑已成为现代城市的标志。中高层写字楼、办公楼、饭店和住宅楼，服务性场所和生产部门（如医院、商场、仓库、生产车间等）拥有大量的乘客电梯、载货电梯等各类电梯及自动扶梯。电梯作为垂直运输工具，承担着大量的人流和物流的输送工作，其作用在建筑业中至关重要。

位于上海浦东新区黄浦江畔陆家嘴金融贸易区的金茂大厦（见图 1-1）于 1999 年竣工，高 420.5 m，共 88 层，建筑面积 28.9 万 m^2。大楼中共有 79 台电梯，观光高速电梯一次可乘 35 人，速度为 9.1 m/s，从 1 层到 88 层只要 45 s。

上海环球金融中心（见图 1-2）是世界最高的平顶式大楼，于 2008 年 8 月竣工，楼高 492 m，地上 101 层，91 台直梯中采用了 39 台双层轿厢式电梯，并拥有世界上最快的双层轿厢式电梯，最快梯速达 10 m/s，从地下 1 层到 95 层只需 1 min 左右。

图 1-1　金茂大厦

图 1-2　上海环球金融中心

台北 101 大楼（见图 1-3），高 508 m，2004 年 9 月投入使用。大楼装设电梯 61 台，自动扶梯 50 台。当时列入吉尼斯世界纪录的最快速电梯有两台，供观景台使用，其最高速度可达 16.8 m/s，相当于时速 60 km，从 1 层到 89 层的室内观景台只需 39 s。

上海中心大厦（见图 1-4），占地 3 万多平方米。主体建筑结构高度为 580 m，总高度 632 m，由地上 118 层主楼、5 层裙楼和 5 层地下室组成。其中装有 106 台电梯，有 7 台为双层电梯。

图 1-3　台北 101 大楼

图 1-4　上海中心大厦

迪拜塔（见图 1-5）高达 828 m，始建于 2004 年，直到 2010 年才正式开放，截至 2014 年，是世界上最高的建筑。大厦超过 160 层，内部设有 56 台升降机，速度最高达 17.4 m/s，是当时世界上速度最快且运行距离最长的电梯。另外，还有双层的观光升降机，每次最多可载 42 人。

图 1-5　迪拜塔

1.1.2　电梯的发展历程

电梯的起源

1. 电梯的发展

如前所述，电梯在我们的工作生活中占有非常重要的地位。然而，电梯家族并没有悠久的历史，电梯面市至今不过一百多年，但其发展迅速、令人赞叹。

与电梯相类似的升降设备，可追溯到公元前 1 000 多年，我国古代的周朝时期就出现了提水用的辘轳，如图 1-6 所示，这是一种由木制（或竹制）的支架、卷筒、曲柄和绳索组成的卷筒式卷扬机。公元前 236 年，古希腊著名的科学家阿基米德制成了第一台人力驱动的卷筒式卷扬机。这些就是电梯的雏形。

（a）最早的辘轳

（b）现在仍可看到的辘轳

图 1-6　辘轳

1765 年，瓦特发明了蒸汽机后，1835 年，英国一家工厂里装用了一台由蒸汽机拖动的升降机。1845 年，英国人阿姆斯特朗制作了第一台水压式升降机，这是现代液压电梯的雏形。

由于早期升降机大都采用卷筒提升，棉麻绳牵引，断绳坠落事故时有发生，因而电梯的发展受到了安全性的考验。1852 年，41 岁的美国人奥的斯发明了一种安全钳，在吊索断裂时，它能将轿厢锁在导轨上，防止其下坠。从此，老式升降机发生了一次重大变革。1854 年，在纽约“水晶宫”展览会上，奥的斯亲自表演了安全钳的性能，如图 1-7 所示。他站在高高的升降机平台上，然后把吊索割断，在观众的一片惊呼声中，平台被安全钳稳稳地咬住，奥的斯先生安然无恙地走下了平台。由此开始，电梯的防坠安全性能有了可靠性保证，如图 1-8 所示。

图 1-7　奥的斯公开表演他设计的安全装置

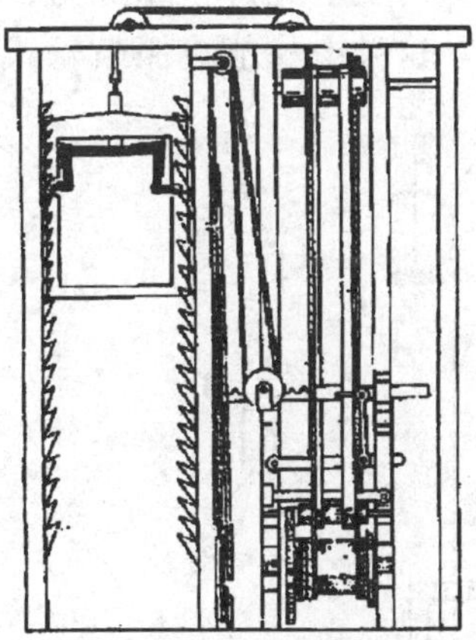

图 1-8　奥的斯试验成功的安全装置

电梯发展史

现代电梯兴盛的根本在于采用电力作为动力的来源。1831 年，法拉第发明了直流电动机。1880 年，德国最早出现了用电力拖动的升降机（见图 1-9），从此一种称为电梯的通用垂直运输机械诞生了。尽管这台电梯从当今的角度来看是相当粗糙和简单的，但它是电梯发展史上的一个里程碑。

1889 年，奥的斯公司推出了世界上第一台以直流电动机为动力的升降机。它用直流电动机与蜗杆传动直接连接，通过卷筒升降轿厢，又称为鼓轮式电梯，被广泛认为是现代电梯的诞生，如图 1-10 所示。

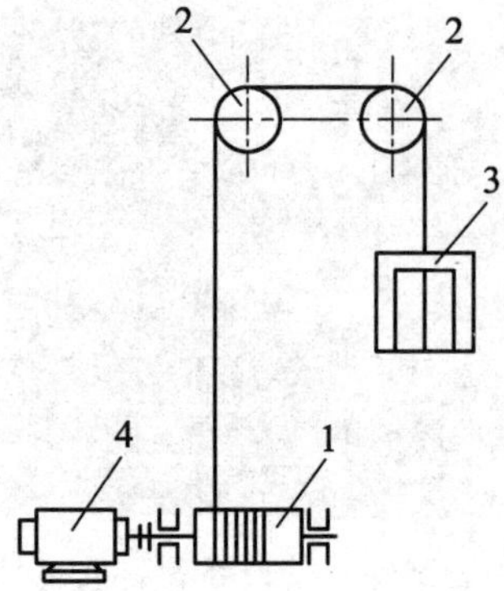

1—鼓轮；2—滑轮；3—轿厢；4—电动机。

图 1-9　电力拖动的升降机

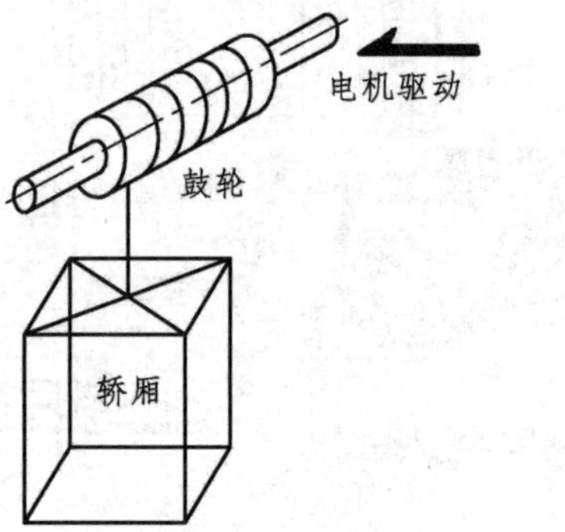

图 1-10　鼓轮式传动示意图

鼓轮式电梯由于在提升高度、载重量和安全运行等方面都存在局限性和缺陷，因而没能得到发展。

1900 年，交流感应电动机问世以后，电梯传动设备得到了进一步简化，之后又从交流单速感应电动机发展到双速电动机，从而提高了电梯的速度，并改善了电梯的平层准确度和舒适感。

1903 年以后，奥的斯公司将卷筒式驱动电梯轿厢的形式改进为曳引轮式驱动，如图 1-11 所示，为今天的长行程电梯奠定了基础，使电梯传动机构的体积大为减小，并加强了电梯的通用性和安全性能。

曳引式电梯如图 1-12 所示，电动机带动曳引轮转动，钢丝绳通过曳引轮绳槽分别与轿厢和对重相连接，钢丝绳与曳引轮产生摩擦力，引起相对运动，即轿厢上升时，对重下降；轿厢下降时，对重上升。这种电梯能克服鼓轮式电梯的缺陷，从而得到了广泛的应用。

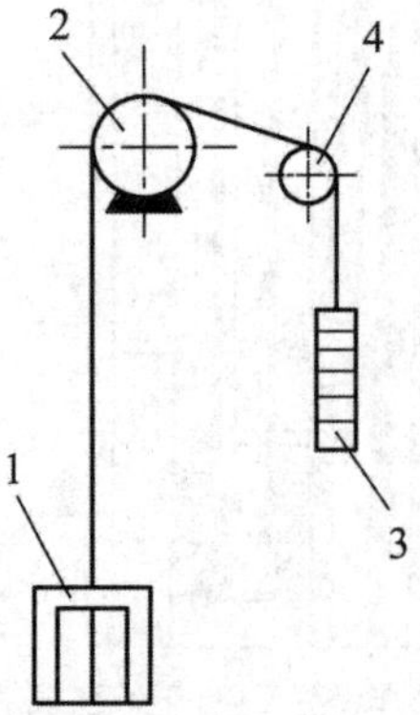

1—轿厢；2—曳引轮（含电动机）；3—对重；4—滑轮。

图 1-11　曳引轮式驱动

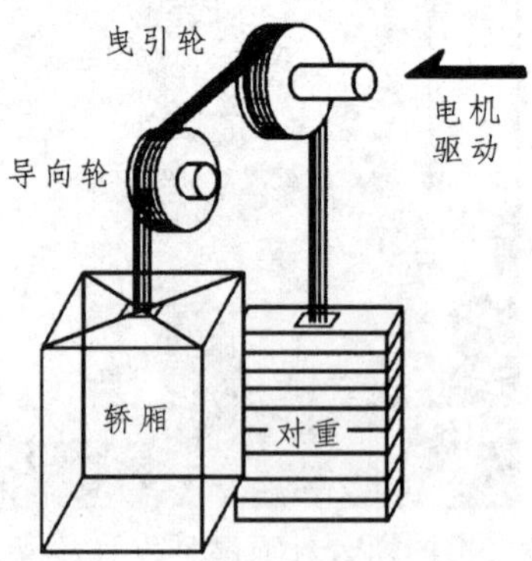

图 1-12　曳引式电梯示意图

从20世纪初开始，交流感应电动机得到了进一步完善和发展，开始应用于电梯拖动系统，使电梯拖动系统得到简化，同时促进了电梯的普及。直至今日，世界上绝大多数速度在2.5 m/s以下的电梯均采用交流电动机来拖动。

20世纪30年代，奥的斯公司采用直流发电机-电动机方式在纽约的102层摩天大楼内安装了74台电梯，其中最高额定运行速度已达6 m/s。西屋电器公司也于1937年在纽约70层的洛克菲勒中心安装了75台电梯，其中最高额定运行速度达7 m/s。

2. 电梯控制技术的演变

早期电梯的控制方式几乎全部由司机控制轿厢内开关，电梯的起动、运行、减速、平层、停车等均靠司机判断，操作起来很不方便。1894年，奥的斯公司开发了一种由层楼控制器自动控制平层的技术，从而成为电梯控制技术发展的先导。

1915年，奥的斯公司又发明了由两个电动机控制的微驱动平层控制技术，它由一个电动机专用于起动和快速运行，另一个则用于平层停车，从而得到了16∶1的减速范围，运行较为舒适，平层较准。

为了解决乘客候梯时间长的矛盾，1952年出现了一种集选控制技术。它能将各层站上下方向的召唤信号和轿厢内的指令集中与电梯轿厢位置信号进行比较，从而使电梯合理运行，缩短了乘客候梯的时间，提高了电梯的运行效率。这种技术使司机的操作大大简化，不再需要司机对电梯的运行方向和停层选择做出判断，司机仅需按层楼按钮及关闭层门按钮即可。这种控制技术现在还在广泛使用，被认为是电梯控制技术的一大进步。

20世纪30年代，交流感应电动机因其价格低、制造和维修方便而广泛应用于电梯上。交流感应电动机用改变电动机极对数的方法达到了双速控制的要求，使拖动系统结构简化，可靠性大大提高。目前，我国大多数在用电梯均采用这种交流双速变极拖动控制。

在早期的直流拖动电梯发展到交流单、双速拖动电梯后，随着20世纪30年代高层建筑的发展，人们对电梯额定运行速度的要求日益提高，产生了直流调速控制的直流电动机拖动的高速电梯。这一系统从最初的开环、有级、有触点控制发展到今天的闭环、无级、无触点控制，是电梯控制技术的又一次进步。

随着电子技术的发展，从20世纪60年代末到70年代初，电梯行业开始发展了应用交流电动机的交流调速拖动，它从交流调压调速系统发展到变频变压调速系统，以其突出的节能效果在一定范围内（≤4 m/s）完全取代了直流拖动系统。这是目前正在大力发展的技术，被认为是电梯拖动技术的一次飞跃。

微电子技术的飞速发展使微机用于电梯的控制，正全面替代有触点的继电器控制方式，从而使电梯的拖动控制、信号操作及自动调度控制达到了一个新的高度。如今，微机的大量应用及大功率半导体元件的技术发展使得电梯控制系统日益自动化、智能化，交流调频调压技术也正向大功率、高速度的方向发展。目前，这一技术的发展已使交流调速拖动电梯的速度达到了7 m/s，必将逐步取代直流拖动电梯。

3. 自动扶梯的发展

现代自动扶梯的雏形是一台普通倾斜的链式运输机，是一种梯级及扶手都能自动运动的楼梯。

1859 年，美国人内森·艾米斯发明了一种“旋转式梯级（revolving stair）”的自动扶梯，如图 1-13 所示。在旋转皮带上安装梯级型木板，人到顶点后飞跳下来。这种类似于演杂技的惊险动作与今天安全乘行、有活动扶手带和梳齿板的自动扶梯相比有天壤之别。这种“旋转式梯级”应该是杂技扶梯，是无法使用的，但它的构思是开拓性的，被看作是自动扶梯的起点，给后人很大启示。

1892 年，乔治·韦勒设计出与现在相同的活动扶手带，并获得专利，其重要性可与奥的斯发明的安全钳相媲美，使自动扶梯的安全性得到保障。

1897 年，纽约企业家杰斯·瑞诺设计制造了一台倾斜板条式自动扶梯，并安装在美国科尼岛码头，它当时被称为“倾斜扶梯”。这种扶梯的梯级是倾斜的，好像是倾斜 30°的自动人行道，扶梯进出口处安装机器的基坑没有遮蔽，乘客必须在出入口跳跃一下才行，仍不安全。

自动扶梯结构的完善是在 1900 年。这一年，在法国巴黎举行的国际博览会上共装了 29 台不同结构的自动扶梯。这些扶梯的梯级大都如前所述是倾斜的。只有奥的斯公司所展出的扶梯是阶梯的，同时阶梯是水平的，并且在进出口处的基坑上加了遮盖板，也就是梳齿板。虽然该自动扶梯没有上下曲线及水平区段，没有使乘客从水平区段到倾斜区段的过渡段，但是这种自动扶梯有活动扶手和遮盖梳齿板，踏板用硬木制成，结构已经大大完善了。以后，经过不断改进和提高，自动扶梯（见图 1-14）进入实用阶段。

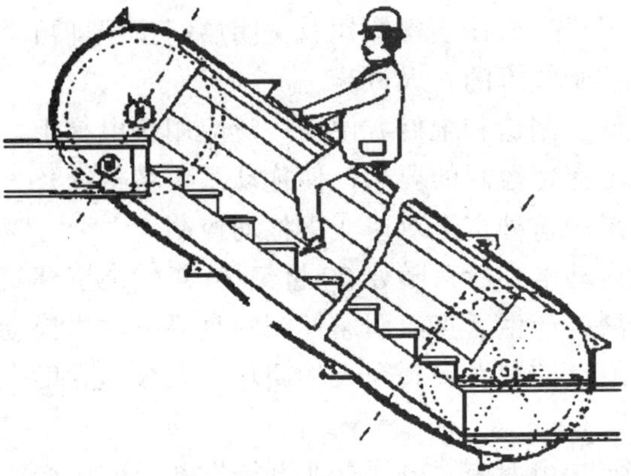

图 1-13 “旋转式梯级”的自动扶梯

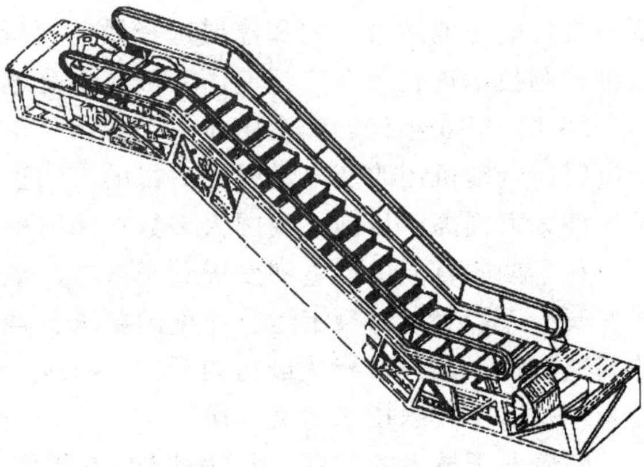

图 1-14 结构完善的自动扶梯

4. 液压电梯的发展

液压电梯的发展可以追溯到 19 世纪 40 年代。1845 年，威廉·汤姆逊制造了世界上第一台水力液压电梯，如图 1-15 所示。但伴随着电气技术的发展、电动机强制驱动和曳引电梯的出现，液压电梯的发展趋于沉寂。

第二次世界大战后，液压技术的发展使得液压电梯突飞猛进。液压电梯较普通钢丝绳电梯更安全，不会出现冲顶或蹲底现象，运行中无噪声，可提升大吨位电梯。在家用电梯市场，因液压电梯上行用电，下行不用电，故电梯停电或故障时，只需一个小的不间断电源（USP）就可打开下行阀让电梯下降到平层位置，当配置手开门时更是不会关人。液压电梯适合用于提升高度小（不适超过 10 层）、载重量大、速度低且要求下置机房的场合。而公共场所人流比较大的地方却不适用。

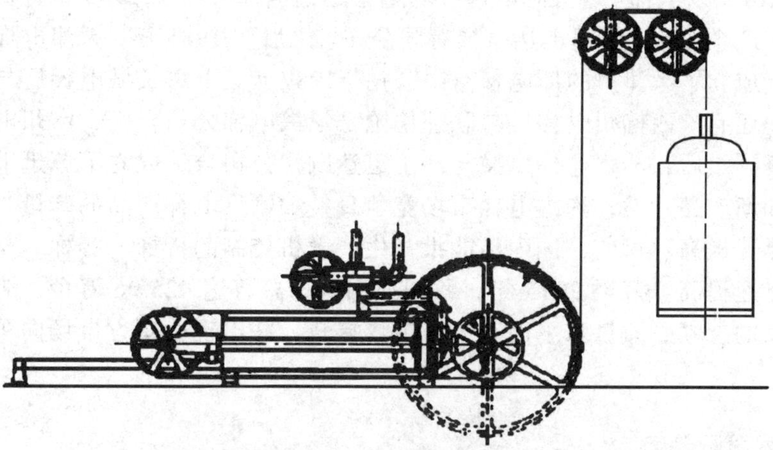

图 1-15　水力牵引液压缸驱动的液压电梯

20 世纪七八十年代，欧美等发达国家生产及安装了大量的液压电梯。现代液压电梯发展迅速，目前我国液压电梯基本采用欧洲几家专业液压电梯制造厂的液压系统，如瑞士贝林格（BERINGER）、瑞士布赫（BUCHER）、意大利捷安（GMV）、德国力杰士（LESTRITZ）等。

1.1.3　电梯技术的发展

1. 我国电梯发展状况

我国电梯事业发展的历史较短，在中华人民共和国成立之前，只有上海、天津、北京有美国奥的斯电梯公司的维修服务站，但也只能修配电梯零件，根本不能制造电梯。中华人民共和国成立以后，在 1952—1954 年期间，我国先后在上海、天津、沈阳建立了三家电梯生产厂。到了 20 世纪 60 年代，又在西安、广州、北京等地先后建立了电梯厂。至 1972 年，全国有电梯定点生产厂家 8 家，年产电梯近 2 000 台。

自 1978 年以后，在经济增长和基建规模扩大的情况下，电梯市场在 1985 年完全由卖方市场支配和占领，这一形势大大刺激了电梯生产。全国各地出现了一大批中小电梯厂，至 1999 年，全国共有电梯生产厂家近 400 多家，年产电梯近 3 万台。

电梯品种从一般载货电梯发展到乘客电梯、高级乘客电梯、自动扶梯（包括小高度、中高度、大高度的单人、双人自动扶梯）和自动人行道等产品。从 1996 年开始，天津、上海等电梯厂还有少量产品销往国外。

电梯的操纵方式也从手柄开关控制发展到按钮信号控制和集选控制，直到多台电梯的梯群控制。

电梯的运行速度从 0.25 m/s 发展到 2.5 m/s 以上，并已由交流调速拖动全面取代了 4 m/s 以下的直流调速拖动。

在发展电梯控制新技术方面，在 1979 以前，我国已有一些电梯厂和科研单位合作研究和试验半导体无触点的电梯控制系统和多项电梯制造及控制新技术。但由于国内基础工业水平低，配套元器件质量差，不能满足电梯的可靠性要求，同时受其他主客观因素的影响，电梯发展收效甚微。从 1979 年开始，国内几家主要电梯生产厂先后和国外电梯公司合资生产经销电梯产品。首先由北京电梯厂、上海电梯厂和瑞士迅达电梯公司于1980年合资成立了国内第一家电梯合资生产企业——中国迅达电梯有限公司。之后在1985年，天津电梯厂与美国奥的斯电梯公司合资成立了天津奥的斯电梯有限公司。1987年，上海长城电梯厂与日本三菱电机公司合资，其他还有广西柳州电梯厂与联邦德国慕尼黑电梯公司合资，广州电梯厂与日本日立电梯公司合资。之后，苏州电梯厂又与瑞士迅达电梯公司合资成立了苏迅电梯有限公司。随着技术引进和新产品开发，国内电梯市场竞争日益加剧，电梯产品的产量、质量和技术水平也在竞争中迅速提高。目前，国内已能批量生产微机控制的货梯、客梯，交流调速拖动的技术水平也在迅速提高。截至2015年，我国在用电梯总数达425.96万台，为世界第一。我国现在电梯产品的技术、质量水平已基本与世界接轨，并出现由卖方市场向买方市场转变的局面。

2. 电梯技术发展趋势

在科学技术发展的推动下，电梯技术将产生各种新的变化、新的功能，其技术发展是永无止境的。综观电梯产品的发展历程，今后还将在以下几个方面有更大的改进和突破。

（1）超高速电梯。21世纪，随着人口数量与可利用土地面积之间的矛盾进一步激化，这将会大力发展多用途、全功能的高层塔式建筑，超高速电梯继续成为研究方向。除采用曳引式电梯之外，直线电动机驱动电梯也会有极大的发展空间。未来电梯如何保证其安全性、舒适性和便捷性也成为一个研究方向。

（2）电梯智能群控系统。电梯智能群控系统将基于强大的计算机软硬件资源支持，能适应电梯交通的不确定性、控制目标的多样化、非线性表现等动态特性。随着智能建筑的发展，电梯的智能群控系统将与大楼所有自动化服务设施结合成整体智能系统，这是电梯技术的发展方向。

（3）蓝牙技术的应用。蓝牙技术是一种全球开放的技术规范，它通过短距离无线通信，把电梯中的各种电子设备连接起来，取代纵横交错、复杂凌乱的线路，实现无线成网，这将有效地提高电梯产品的先进性和可靠性。

（4）电梯发展更加环保。要求电梯更加节能环保，减少噪声污染、油污污染和电磁辐射污染，兼容性强，寿命长，电梯中使用的各种原材料（包括装潢材料）为绿色环保型，与建筑物及自然环境搭配协调，人性化程度高，并尽量使用太阳能和风能等绿色能源，减少对环境的破坏。

（5）电梯产业将网络化、信息化。电梯控制系统将与网络技术紧密地结合在一起，用网络把相互分离的在用电梯连接起来，对其运行情况作即时采集并进行统一监管，统一纳入维保管理系统，快速有效地对故障进行维修；通过电梯网站进行网上交易，能够实现电梯采购、配置、招投标等，也可在网上申请电梯定期检验等工作。

展望未来，超高层建筑的发展将需要发展具有更高运行速度的电梯。在千米以上高度的建筑中将不再能采用钢丝绳曳引驱动的形式，而需要发展其他驱动方式。如取消钢丝绳悬挂系统，采用多轿厢同井道分区运行，从而提高井道利用率，电梯就能像地铁一样具有高效的输送能力。这还将同时促进信号光控传输或无线传输、超导磁力悬浮拖动、轿厢气压自动调节及其他新技术的发展，电梯工业产品将更加五彩纷呈。

【练习与思考】

（1）通过学习电梯的发展历程，你对电梯的认识是什么？
（2）简述电梯控制技术的演变。

任务 1.2　电梯基础知识

【学习目标】

知识目标：

- 掌握电梯的定义及八大系统的主要组成构件与装置；
- 理解电梯的主要性能参数；
- 熟悉电梯的分类及基本规格；
- 理解电梯的基本要求及运行条件。

能力目标：

- 能够指出电梯的四个空间、八大系统及主要部件的安装位置；
- 能够正确释读电梯的型号。

【知识讲解】

1.2.1　电梯的基本结构

1. 电梯的定义

国家标准 GB/T 7024—2008《电梯、自动扶梯、自动人行道术语》对电梯进行了定义。电梯，lift/elevator，服务于规定楼层的固定式升降设备。电梯具有一个轿厢，运行在至少两列垂直或倾斜角小于 15°的刚性导轨之间。轿厢尺寸与结构形式便于乘客出入或装卸货物。电梯如图 1-16 所示。

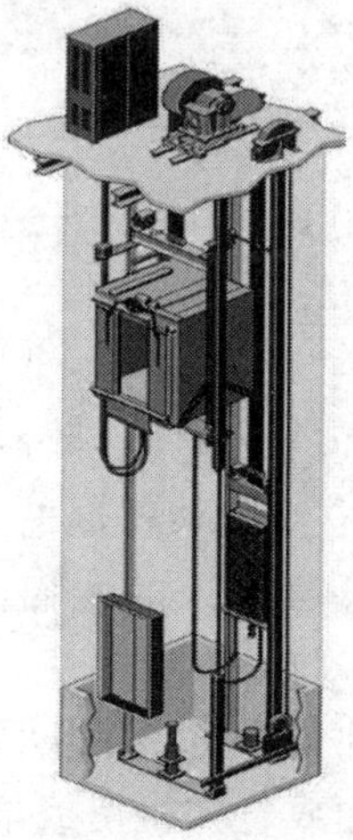

图 1-16　电梯

2014 年，经国务院批准，国家质量监督检验检疫总局公布的《特种设备目录》中指出：电梯，是指动力驱动，利用沿刚性导轨运行的箱体或者沿固定线路运行的梯级（踏步），进行升降或者平行运送人、货物的机电设备，包括载人（货）电梯、自动扶梯、自动人行道等。非公共场所安装且仅供单一家庭使用的电梯除外。

两种电梯定义的区别是:《电梯、自动扶梯、自动人行道术语》中定义的电梯只限于上下运行的升降式电梯，称作狭义电梯概念，与英语 lift（美 elevator）相同;《特种设备目录》中定义的电梯既包括上下运行的升降式电梯，也包括水平或小倾斜角输送乘客的自动扶梯与自动人行道，被称作广义电梯概念（lift + passenger conveyor + escalator）。

通常，人们将升降式电梯俗称为“电梯”；将水平或小倾斜角输送乘客的设备称为“自动扶梯”或“自动人行道”，如图 1-17、图 1-18 所示。

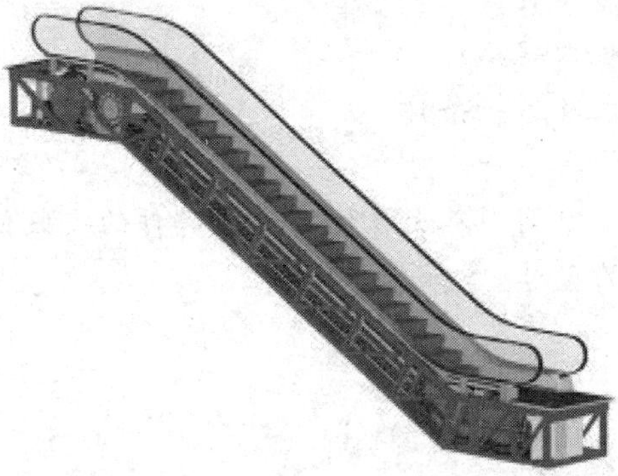

图 1-17　自动扶梯

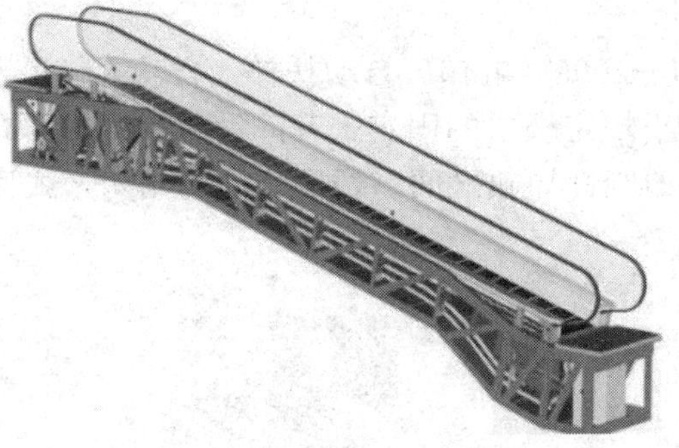

图 1-18　自动人行道

电梯的基本结构

2. 电梯的基本结构

电梯是机电一体化产品，由机械部分、电气部分和控制部分组成。

曳引式电梯是垂直交通运输工具中使用最普遍的一种电梯，其机械部分好比是人的躯体，电气部分相当于人的神经，控制部分相当于人的大脑。各部分通过控制部分调度，密切协同，使电梯可靠运行。

安装好的电梯，其零部件分布于建筑井道中的不同位置，由于建筑物的局限，很难看到电梯整机的全貌，通常只能看到电梯轿厢或电梯机房或电梯井道等一个局部。

图 1-19 所示为曳引式电梯总体结构图，其中各部分装置与结构如图所示。

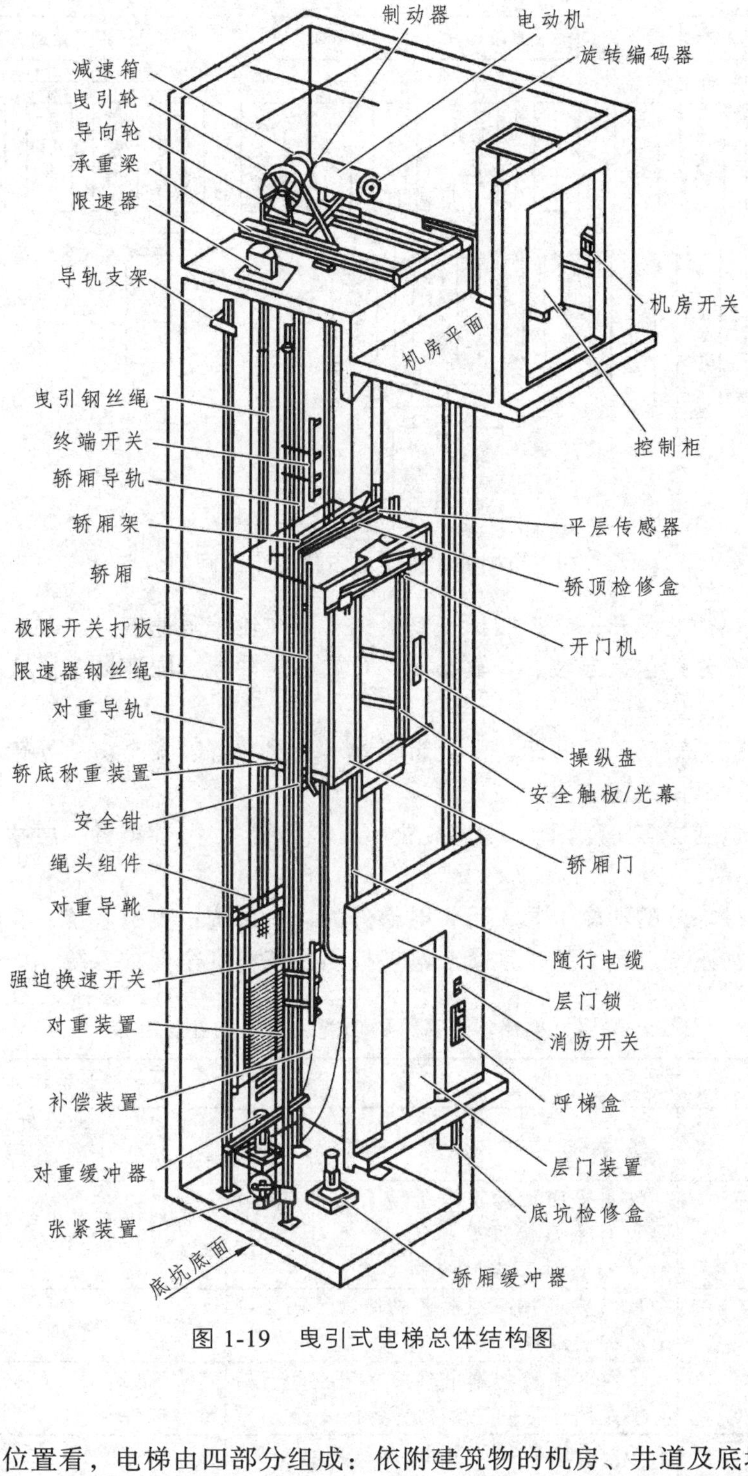

图 1-19　曳引式电梯总体结构图

从电梯空间位置看，电梯由四部分组成：依附建筑物的机房、井道及底坑、运载乘客或货物的空间——轿厢、乘客或货物出入轿厢的地点——层站，如图 1-20 所示。

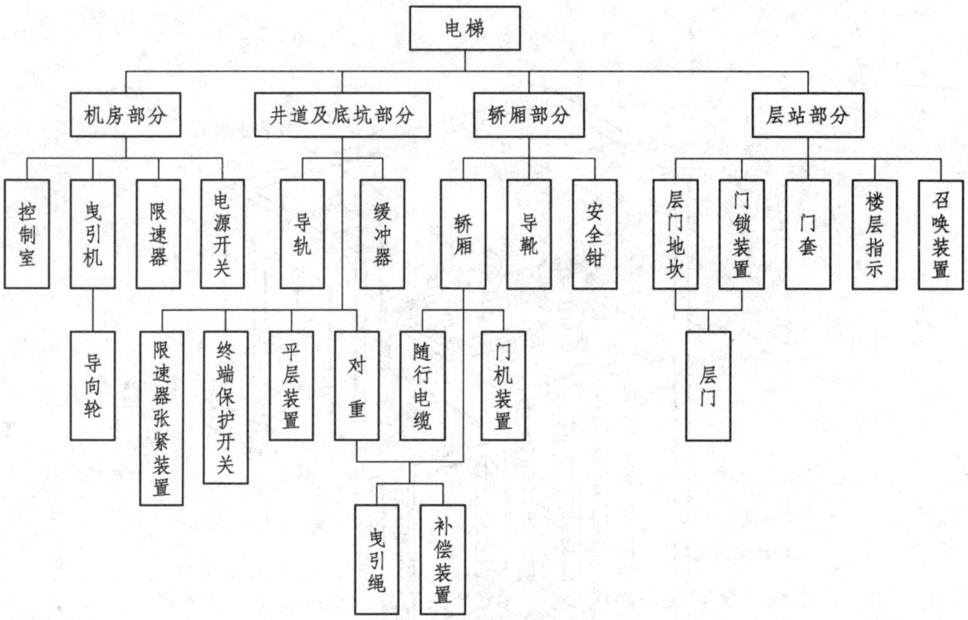

图 1-20　电梯的组成（从占用四个空间划分）

机房部分：包括电源开关、控制柜、曳引机、导向轮、限速器。

井道及底坑部分：包括导轨、导轨支架、对重、缓冲器、限速器张紧装置、补偿装置、随行电缆、底坑、井道照明等。

轿厢部分：包括轿厢、轿厢门、安全钳装置、平层装置、安全窗、导靴、开门机、轿内操纵箱、指层灯、通信报警装置。

层站部分：包括层门（厅门）、呼梯装置（召唤装置）、门锁装置、层站开关门装置、层楼指示装置。

从电梯各构件部分的功能上看，可将电梯分为八个系统：曳引系统、导向系统、轿厢、门系统、重量平衡系统、电力拖动系统、电气控制系统和安全保护系统，如表 1-1 所示。

表 1-1　电梯八个系统的功能及主要构件与装置

系　统	功　　能	主要构件与装置
曳引系统	输出与传递动力，驱动电梯运行	曳引机、曳引钢丝绳、导向轮、反绳轮等
导向系统	限制轿厢和对重的活动自由度，使轿厢和对重只能沿着导轨做上、下运动，承受安全钳工作时的制动力	轿厢（对重）导轨、导靴及其导轨架等
轿　厢	用以装运并保护乘客或货物的组件，是电梯的工作部分	轿厢架和轿厢体
门系统	供乘客或货物进出轿厢时用，运行时必须关闭，保护乘客和货物的安全	轿厢门、层门、开关门系统及门附属零部件
重量平衡系统	相对平衡轿厢的重量，减少驱动功率，保证曳引力的产生，补偿电梯曳引绳和电缆长度变化转移带来的重量转移	对重装置和重量补偿装置

续表

系　统	功　能	主要构件与装置
电力拖动系统	提供动力，对电梯运行速度实行控制	曳引电动机、供电系统、速度反馈装置、电动机调速装置等
电气控制系统	对电梯的运行实行操纵和控制	操纵箱、召唤箱、位置显示装置、控制柜、平层装置、限位装置等
安全保护系统	保证电梯安全使用，防止危及人身和设备安全的事故发生	机械保护系统：限速器、安全钳、缓冲器、端站保护装置等； 电气保护系统：超速保护装置、供电系统断相错相保护装置、超越上下极限工作位置的保护装置、层门锁与轿门电气联锁装置等

1.2.2　电梯的主要参数和基本规格

电梯主要参数、规格、分类及型号

1. 电梯的主要参数

电梯的主要参数包括额定载重量和额定速度。

额定载重量（Q）：单位为千克（kg），指电梯正常运行中允许的轿厢装载的满载重量值。这是制造厂家设计、制造电梯及用户选择电梯的主要依据，也是安全使用电梯的主要参数。对于乘客电梯，常用乘客人数（一般按 75 kg/人）这一参数表示。

额定速度（v）：单位为米/秒（m/s），指电梯设计所规定的轿厢运行速度，是设计、制造和选用电梯的主要依据。

电梯主要参数如表 1-2 所示。

表 1-2　电梯主要参数

参　数	常见等级
额定载重量/kg	400、630、800、1 000、1 250、1 600、2 000、2 500、3 000、5 000 等
额定速度/（m/s）	0.4、0.5、0.63、1.0、1.5、1.6、1.75、2.0、2.5、3.0、4.0 等

2. 电梯的基本规格

电梯的基本规格主要包括以下参数。

（1）电梯的用途：指客梯、货梯、病床梯等，它确定了电梯的服务对象。

（2）额定载重量：电梯设计所规定的轿厢内最大载荷。

（3）额定速度：电梯设计所规定的轿厢运行速度。

（4）拖动方式：电梯采用的动力驱动类型，可分为交流电力拖动、直流电力拖动、液压拖动等。

（5）控制方式：对电梯运行实行操纵的方式，可分为手柄控制、按钮控制、信号控制、单梯集选控制、并联控制、梯群控制等。

（6）机房要求：驱动机构需设置有专门机房或者是无机房安装。

（7）轿厢尺寸：轿厢内部尺寸和外廓尺寸，以深×宽表示。内部尺寸由梯种和额定载重量（或乘客人数）确定，它也是司梯人员应掌握用以控制载重量的主要内容。外廓尺寸关系到井道的设计。

（8）厅、轿门的形式：电梯门的结构形式。电梯按开门方向可分为中分式、旁开式（侧开式）、直分式（上下开启）等几种；按材质和功能可分为普通门、消防门、双折门等；按门的控制方式可分为手动开关门和自动开关门等。

（8）层站数：各层楼用以出入轿厢的地点为站，电梯运行行程中的建筑层为层。如电梯实际行程 15 层，有 11 个出入轿厢的层门，则为 15 层/11 站。

（10）提升高度：由底层端站楼面至顶层端站楼面之间的垂直距离。

（11）顶层高度：由顶层端站楼面至机房楼面或隔音层楼板下最突出构件之间的垂直距离。

（12）底坑深度：由底层端站楼面至井道底面之间的垂直距离。

（13）井道高度：由井道底面至机房楼板或隔音层楼板下最突出构件之间的垂直距离。

（14）井道尺寸：井道的宽×深。

1.2.3　电梯的分类与型号

电梯的分类

1. 电梯的分类

根据建筑物的高度、用途及客流量（或物流量）的不同，可以设置不同类型的电梯。目前电梯的基本分类大致如下。

（1）按电梯的驱动方式分类，如表 1-3 所示。

表 1-3　按电梯的驱动方式分类

名　称	驱动方式及特点
直流电梯（代号：Z）	由直流电动机驱动，由于体积大、能耗大、维护工作量大、造价高，一般用在大于 2 m/s 的高速电梯，目前已被淘汰
交流电梯（代号：J）	由交流电机驱动，主要有交流变极、交流调压、交流变频变压等调速方式，目前被广泛应用
液压电梯（代号：Y）	由液压驱动，用于大载荷、提升高度小的场合
齿轮齿条电梯	将导轨加工成齿条，轿厢装上与齿条啮合的齿轮，电动机带动齿轮旋转轿厢升降
螺杆式电梯	将直顶式电梯的柱塞加工成矩形的齿轮，再将带有推力轴承的大螺母安装于油缸顶，然后通过电机经减速器（或皮带）带动大螺母旋转，从而使螺杆顶升轿厢上升或下降
直线电机驱动的电梯	是目前具有最新驱动方式的电梯，其动力源是直线电机。

（2）按电梯的用途分类，如表 1-4 所示。

表 1-4　按电梯的用途分类

名　称	定　义
乘客电梯（代号：TK）	为运送乘客而设计的电梯
载货电梯（代号：TH）	主要运送货物的电梯，同时允许有人员伴随
客货电梯（代号：TL）	以运送乘客为主，可同时兼顾运送非集中载荷货物的电梯
病床电梯（代号：TB）	运送病床及相关医疗设备的电梯
住宅电梯（代号：TZ）	服务于住宅楼供公共使用的电梯
杂物电梯（代号：TW）	服务于规定层站的固定式提升装置
船用电梯（代号：TC）	船舶上使用的电梯
防爆电梯	采取适当措施，可以应用于有爆炸危险场所的电梯
消防员电梯	首先预定为乘客使用而安装的电梯，其附加的保护、控制和信号使其能在消防服务的直接控制下使用
观光电梯（代号：TG）	井道和轿厢壁至少有同一侧透明，乘客可观看轿厢外景物的电梯
非商用汽车电梯（代号：TQ）	其轿厢是用于运载小型乘客汽车的电梯
家用电梯	安装在私人住宅，仅供单一家庭成员使用的电梯

（3）按电梯的额定速度分类，如表 1-5 所示。

表 1-5　按电梯的额定速度分类

名　称	定　义
超高速电梯	v>3 m/s
高速电梯（甲类梯）	2 m/s<v≤3 m/s
快速电梯（乙类梯）	1 m/s<v≤2 m/s
低速电梯（丙类梯）	v≤1 m/s

（4）按电梯的控制方式分类，如表 1-6 所示。

表 1-6　按电梯的控制方式分类

名　称	定　义
按钮控制电梯（代号：AZ、AS）	一种具备简单自动控制的电梯，有自动平层的功能
信号控制电梯（代号：XH）	一种自动控制程度较高的电梯，具有自动平层、自动开门、轿厢命令登记、厅外召唤登记、自动停层、顺向截停和自动换向功能，通常为有司机客梯和客货两用电梯

续表

名 称	定 义
集选控制电梯（JX）	在信号控制基础上发展的全自动控制电梯，可实现无司机操纵，将轿厢内选信号和各外层外呼信号集合起来，自动决定运行方向，顺序应答。这类电梯设置了称重装置，防止轿厢内承重超载，并且设置了防夹装置，关门受阻能够自动开门
下（或上）集选控制电梯	只有当电梯下（或上）行时才能被截停的集选控制电梯。以下集选控制电梯为例，其特点是：乘客若从某一层到上面层楼时，只有先截停向下运行的电梯，下到基站后，才能再次乘梯去目的层。一般下选控制方式运用较多，比如在住宅楼内
并联控制电梯（代号：BL）	2～3 台电梯的控制线路并联起来进行逻辑控制，共用层站外召唤按钮，电梯本身具有集选功能
梯群程序控制电梯（代号：QK）	用微机控制和统一调度多台集中并列的电梯，它使多台电梯集中排列，共用厅外召唤按钮，按规定程序集中调度和控制
楼群智能控制电梯	高级的楼群控制，有数据的采集、交换、存储功能，还能进行分析、筛选、报告等。控制系统可以显示出所有电梯的运行状态
微机控制电梯（代号：W）	把微机作为信号处理，取代传统的选层器和绝大部分继电器逻辑电路

（5）按有无机房分类，电梯可分为有机房电梯和无机房电梯。

① 有机房电梯按机房的位置分为机房在井道顶部的电梯和机房在井道底部旁侧的电梯。

② 无机房电梯按曳引机的安装位置分为曳引机安装在上端站轿厢导轨上的电梯、曳引机安装在上端站对重导轨上的电梯、曳引机安装在上端站楼顶板下方承重梁上的电梯、曳引机安装在井道底坑内的电梯。

（6）按有无减速器分类，电梯可分为有减速器电梯和无减速器电梯。

2. 电梯型号代码

电梯产品的型号通常由其类、组、型代号，主要参数代号和控制方式代号三部分组成，如图 1-21 所示。

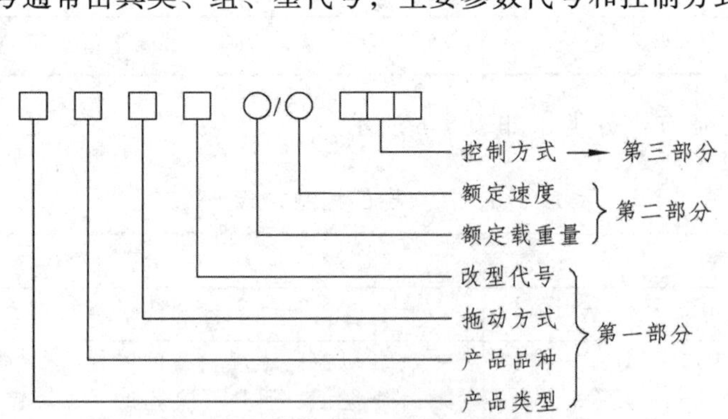

图 1-21 电梯型号编制方法

（1）第一部分：包括四个方格。

第一个方格为产品类型代号，在电梯、液压梯产品中，取“梯”字拼音字头“T”，表示电梯、液压梯产品，如表 1-7 所示。

表 1-7　产品类型代号

产品类型	代表汉字	拼音	采用代号
电梯	梯	TI	T

第二个方格为产品品种代号，即电梯的用途。K 表示乘客电梯的“客”，H 表示载货电梯的“货”，L 表示客货两用的“两”等，如表 1-8 所示。

表 1-8　产品品种代号

产品品种	代表汉字	拼音	采用代号
乘客电梯	客	KE	K
载货电梯	货	HUO	H
客货（两用）电梯	两	LIANG	L
病床电梯	病	BING	B
住宅电梯	住	ZHU	Z
杂物电梯	物	WU	W
船用电梯	船	CHUAN	C
观光电梯	观	GUAN	G
汽车电梯	汽	QI	Q

第三个方格为产品拖动方式代号，指电梯动力驱动类型。当电梯的曳引电动机为交流电动机时，可称其为交流电梯，以 J 表示“交”；当电梯的曳引电动机为直流电动机时，可称其为直流电梯，以 Z 表示“直”；对于液压电梯，以 Y 表示“液”，如表 1-9 所示。

表 1-9　产品拖动方式代号

拖动方式	代表汉字	拼音	采用代号
交流	交	JIAO	J
直流	直	ZHI	Z
液压	液	YE	Y
齿轮齿条	齿	CHI	C

第四个方格为改型代号，以小写字母表示，一般冠以拖动类型调速方式，以示区分。

（2）第二部分：包括两个圆圈。

第一个圆圈表示电梯的额定载重量，单位为千克（kg）。

第二个圆圈表示电梯的额定速度，单位为米/秒（m/s）。

（3）第三部分：表示控制方式，如表 1-10 所示。

表 1-10　控制方式代号

控制方式	代表汉字	采用代号
手柄开关控制、自动门	手、自	SZ
手柄开关控制、手动门	手、手	SS
按钮控制、自动门	按、自	AZ
按钮控制、手动门	按、手	AS
信号控制	信号	XH
集选控制	集选	JX
并联控制	并联	BL
梯群控制	群控	QK
集选、微机控制	集选、微	JXW

3. 电梯产品型号示例

TKJ 1000/2.5-JX 表示：交流乘客电梯，额定载重量 1 000 kg，额定速度 2.5 m/s，集选控制。

TKZ 800/1.5-BL 表示：直流乘客电梯，额定载重量 800 kg，额定速度 1.5 m/s，并联控制。

THY 2000/0.63-AZ 表示：液压货梯，额定载重量 2 000 kg，额定速度 0.63 m/s，按钮控制、自动门。

以上介绍的是我国 1986 年发布的电梯型号编制方法，它采用表征电梯基本参数的一些字母、数字和其他有关符号的组合来组成电梯型号，其最大特点是简单明了地表述了电梯的基本参数。为了更好地掌握所使用电梯的基本参数，便于记忆，安全操作、使用、管理好电梯，可以根据此标准编制方法查出进口电梯的基本参数，一一对应，编制出比对型号来记忆是很方便、实用的。

【知识链接与拓展】

常用电梯术语

（1）电梯的用途：指客梯、货梯、病床梯等，它确定了电梯的服务对象。

（2）额定载重量（kg）：电梯的主参数之一，电梯设计所规定的轿厢内最大载荷。

（3）额定速度（m/s）：电梯主参数之一，电梯设计所规定的轿厢运行速度。

（4）拖动方式：电梯采用的动力驱动类型，可分为交流电力拖动、直流电力拖动、液压拖动等。

（5）控制方式：对电梯运行实行操纵的方式，可分为手柄控制、按钮控制、信号控制、单梯集选控制、并联控制、梯群控制等。

（6）轿厢尺寸（mm）：轿厢内部尺寸和外廓尺寸，以深×宽表示。内部尺寸由梯种和额定载重量（或乘客人数）确定，它也是司梯人员应掌握用以控制载重量的主要内容。外廓尺寸关系到井道的设计。

（7）轿厢形式：单面开门、双面开门或其他特殊要求，包括轿顶、轿底、轿壁的表面处理方式，颜色选择，装饰效果，是否装设风扇、空调或电话对讲装置等。

（8）厅、轿门的形式：电梯门的结构形式。电梯按开门方向可分为中分式、旁开式（侧开式）、直分式（上下开启）等几种；按材质和功能可分为普通门、消防门、双折门等；按门的控制方式可分为手动开关门和自动开关门等。

（9）开门宽度（mm）：厢门和层门完全开启时的净宽度。

（10）开门方向：对于旁开门，人站在轿厢外，面对层门，门向左开启则为左开门，反之为右开门；两扇门由中间向左右两侧开启者称为中分门。

（11）层站数：各层楼用以出入轿厢的地点为站，电梯运行行程中的建筑层为层。如电梯实际行程 15 层，有 11 个出入轿厢的层门，则为 15 层/11 站。

（12）基站：电梯轿厢在没有运行指令时停靠的层站，一般设置在乘客进出最多，并且方便撤离的建筑物大厅，或底层端站。

（13）顶层高度（mm）：由顶层端站地坎上平面至井道天花板（不包括任何超过轿厢轮廓线的滑轮）之间的垂直距离。

（14）底坑深度（mm）：由底层端站楼面至井道底面之间的垂直距离。

（15）井道高度（mm）：由井道底面至机房楼板或隔音层楼板下最突出构件之间的垂直距离。

（16）井道尺寸（mm）：井道的宽×深。

（17）提升高度（mm）：由底层端站楼面至顶层端站楼面之间的垂直距离。

（18）曳引方式：即曳引绳穿绕方式，也称为曳引比，指电梯运行时，曳引轮绳槽处的线速度与轿厢升降速度的比值。

（19）电气控制系统：包括电梯所有电气线路采取的控制方式、电力拖动系统采用的形式等方面。

【练习与思考】

（1）电梯的主要参数是指____________和 ____________。

（2）电梯按拖动方式可分为____________、____________和____________。

（3）狭义电梯概念是指____________________________________；广义电梯概念是指____________________________________。

（4）TKJ1000/1.0-JX 梯型中，电梯的额定载重量是__________________，额定速度是____________。

（5）简述电梯的四个空间及八大系统。

（6）简述电梯主要构件与装置的安装位置。

【认知实训】

电梯基本结构的认知

1. 实训目的

通过对电梯四个空间、八大系统的认知实训学习，熟悉电梯的空间结构、八大系统的组成和作用，了解主要构件和装置的安装位置。

2. 实训设备

真实电梯及部件。

3. 实训内容

本实训为认知类实训，主要由教师引导学生了解电梯与建筑物的关系，找出四个空间及八大系统。让学生对照实物熟悉电梯各系统的组成及安装位置，最终让学生对电梯有一个总体认识。

4. 实训过程

（1）认识机房。

一般在电梯的最顶层都有一间安装有曳引系统等电梯部件的房间，习惯上称之为机房。机房主要由曳引系统、电力拖动系统及电气控制器组成，它是电梯的心脏和大脑。

① 曳引系统。曳引系统的主要功能是输出与传递动力，使电梯运行。曳引系统主要由曳引机、曳引钢丝绳、导向轮、反绳轮组成。

② 电力拖动系统。电力拖动系统的功能是提供动力，实行电梯速度控制。电力拖动系统由曳引电动机、供电系统、速度反馈装置、电动机调速装置等组成。

③ 电气控制器。电气控制器的主要功能是对电梯的运行实行操纵和控制。电气控制器主要由操纵装置、位置显示装置、控制屏（柜）、平层装置、选层器等组成。

（2）认识井道。

电梯轿厢上下运行的通道习惯上称之为电梯井，主要安装导向系统、轿厢、重量平衡系统、安全保护系统及电气定位装置，是电梯的身体。

① 导向系统。导向系统的主要功能是限制轿厢和对重的活动自由度，使轿厢和对重只能沿着导轨做升降运动。导向系统主要由导轨、导靴和导轨架组成。

② 重量平衡系统。重量平衡系统的主要功能是相对平衡轿厢重量，在电梯工作中能使轿厢与对重间的重量差保持在限额之内，保证电梯的曳引传动正常。重量平衡系统主要由对重和重量补偿装置组成。

③ 轿厢。轿厢是运送乘客和货物的电梯组件，是电梯的工作部分。轿厢由轿厢架和轿厢体组成。

④ 安全保护系统。安全保护系统用于保证电梯安全使用，防止一切危及人身安全的事故发生。安全保护系统由限速器、安全钳、缓冲器、端站保护装置组成。

⑤ 电气定位装置。电气定位装置用于给电气控制装置提供机械定位信号，提高电梯的定位精度及抗干扰能力。电气定位装置由接近开关、行程开关等器件组成。

（3）认识门厅。

在各层等候电梯的候梯区习惯上称之为门厅，主要安装呼叫面板及厅门，它是电梯的五官。

① 呼叫面板。呼叫面板用于收集各楼层的呼叫信号，指示电梯位置及电梯的运行情况。呼叫面板由呼叫按钮、楼层显示器等组成。

② 厅门。厅门用于封闭各层站入口，防止人员掉入电梯井产生伤亡。厅门主要由层门、门锁装置等组成。

（4）认识轿厢。

电梯轿厢是装载乘客和货物，为方便出入而设有门装置的箱形结构部件，是与乘客或货物直接接触的运输载体。

5. 实训小结

将实训过程中将认知的电梯八大系统的构成、功能及安装位置填入表 1-11 中。

表 1-11　电梯基本结构认知实训表

序号	系统	主要构成	功能	安装位置
1				
2				
3				
4				
5				
6				
7				
8				

模块 2　曳引与平衡系统

任务 2.1　电梯驱动的工作原理

【学习目标】

知识目标：

- 掌握电梯曳引系统的工作原理；
- 掌握曳引传动关系及曳引条件。

能力目标：

- 能够判断电梯驱动类型；
- 能够分析电梯采用的曳引方式、确定曳引比。

【知识讲解】

2.1.1　电梯的驱动类型

电梯的驱动类型
及工作原理

电梯常见的驱动方式有三种：强制驱动、液压驱动、曳引驱动。

1. 强制驱动

强制驱动又称为卷筒驱动，由电动机、鼓轮、滑轮、轿厢几部分组成，是由电动机驱动鼓轮转动（即卷扬机），通过钢丝绳升降轿厢，如图 2-1 所示。这种驱动方式主要用于建筑工地上的升降设备，其特点是提升高度低（一般不大于 46 m）、额定载重量低、振动和噪声大、钢丝绳根数最多不超过 3 根，安全性差，主要用在杂物梯以及曳引梯不适用的非标设计的货梯中。

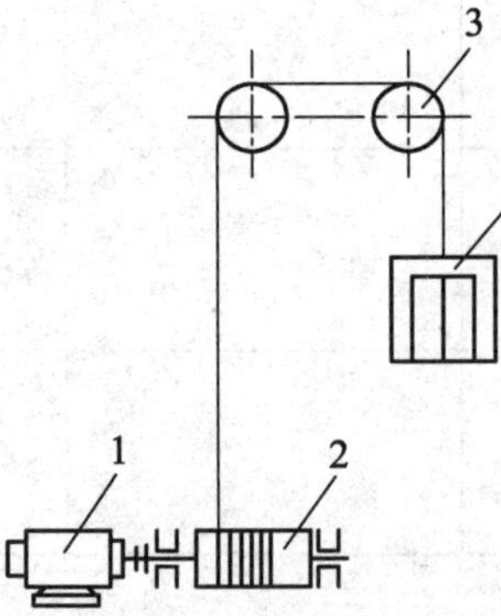

1—电动机；2—鼓轮；3—滑轮；4—轿厢。

图 2-1　强制驱动电梯传动关系

2. 液压驱动

液压驱动是依靠电力驱动液压泵输送液压油到液压缸，直接或间接驱动轿厢，如图 2-2 所示，主要应用在低层站或大吨位场所。其特点是不需要在电梯井道的上方设立机房；安全性好，结构简单，可靠性高；下行是靠轿厢及载荷的重力驱动；主要应用于停车场、仓库以及小型的低层建筑中，适合负载大、速度慢及短行程场合；故障率低，维修费用少。

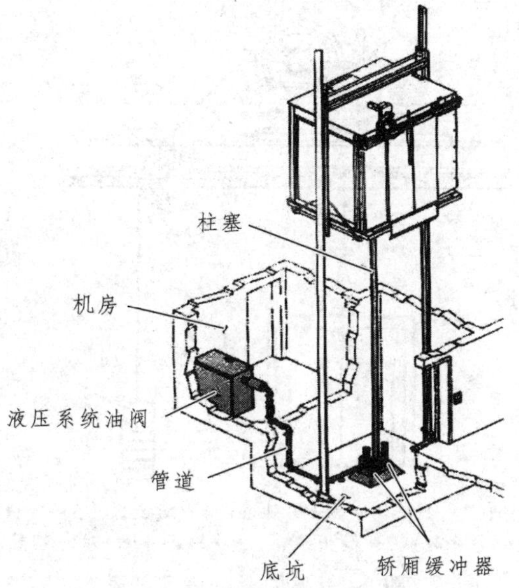

图 2-2　液压电梯示意图

3. 曳引驱动

曳引驱动是依靠摩擦力来驱动电梯运行的，是现代电梯广泛采用的驱动方式。其中向电梯输送和传递动力的部分，称为曳引驱动系统（即曳引系统）。曳引系统的主要功能就是为电梯输出和传递动力，使电梯上下运行。曳引系统的结构形式较多，常见的结构形式如图 2-3 所示，主要由曳引机、曳引钢丝绳、导向轮、反绳轮等组成。

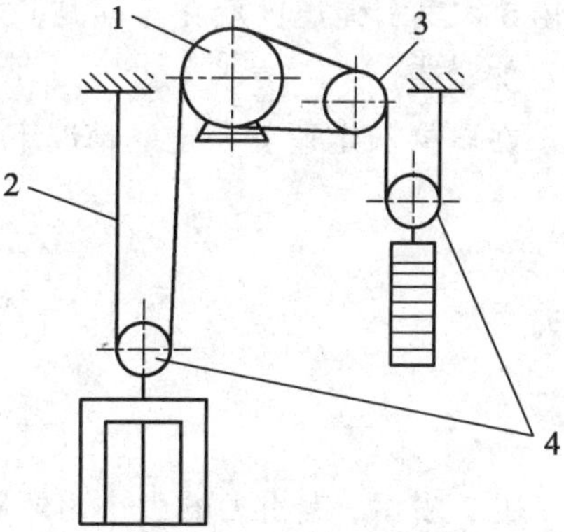

1—曳引机；2—曳引钢丝绳；3—导向轮；4—反绳轮。

图 2-3　曳引系统的组成

曳引电梯的工作原理如图 2-4 所示，曳引钢丝绳悬挂在曳引轮的绳槽中，通过曳引轮一端连接轿厢，另一端连接对重装置，轿厢与对重装置的重力使曳引钢丝绳压紧在曳引轮的绳槽内。电动机转动时，曳引轮绳槽与曳引钢丝绳之间产生摩擦力，来驱动轿厢和对重上下运动。这个摩擦力称为曳引力，轿厢与对重的运动就是依靠曳引绳和曳引轮间的曳引力来驱使电梯运行的。

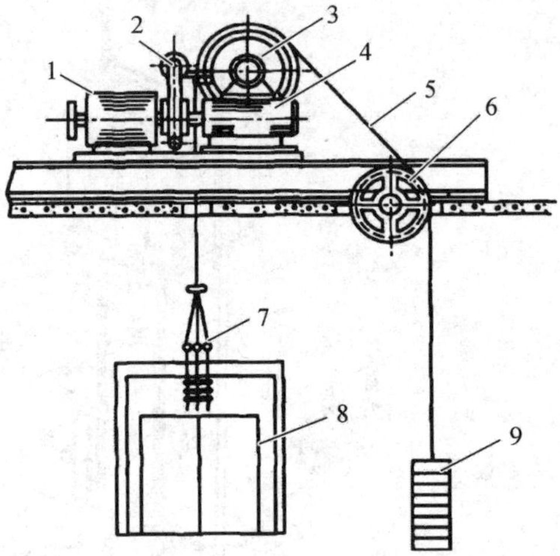

曳引电梯的工作原理

1—电动机；2—制动器；3—曳引轮；4—减速器；5—曳引钢丝绳；
6—导向轮；7—绳头组合；8—轿厢；9—对重装置。

图 2-4　曳引驱动传动关系

曳引电梯的主要特点如下：

（1）安全可靠。当轿厢冲顶或蹲底时，钢丝绳松弛，另一边的对重就不能继续向上提升，不会发生撞击井道顶板或拉断钢丝绳的事故。

（2）提升高度大。卷筒驱动在提升时要将钢丝绳绕在卷筒上，提升高度大时驱动设备将变得庞大笨重。而曳引驱动则不受限制，提升高度大时，无须改变驱动装置。

（3）结构紧凑。采用曳引式驱动，避免了在卷筒方式中因曳引钢丝绳在卷筒上缠绕导致卷筒直径过大、因卷筒直径变化导致曳引绳速度变化等问题（尤其在提升高度很大时），使曳引轮直径减少和整个提升机构更加紧凑。

（4）可使用高转速电动机。在电梯额定速度一定的情况下，曳引轮直径越小，则曳引轮转速越高。

2.1.2　曳引电梯传动关系

1. 曳引系统受力分析

电梯的曳引力也叫驱动力，用 T 表示，曳引力的大小为轿厢侧曳引绳上的载荷力 P_1 与对重侧曳引绳上的载荷力 P_2 之差。曳引力 T 必须大于或等于曳引绳中较大载荷力 P_1 与较小载荷力 P_2 之差，即 $T \geqslant P_1 - P_2$，电梯才能正常运行，如图 2-5 所示。

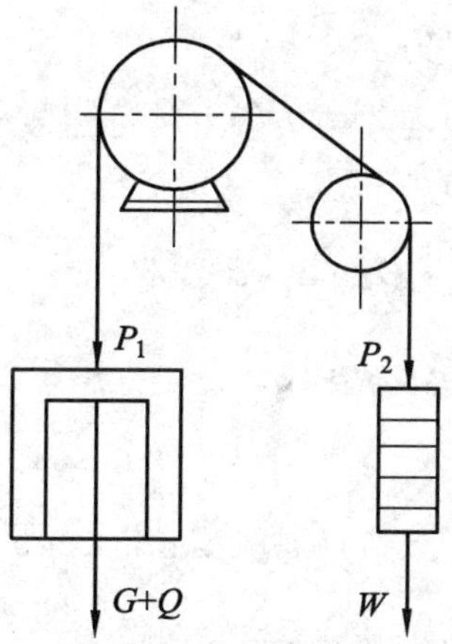

图 2-5　曳引示意图

电梯运行时，轿厢会经历启动、加速上行（或下行）、匀速运行、减速上行（或下行）、停车等过程。电梯载荷力不仅与轿厢的载重量有关，而且还随电梯的运行阶段而变化，因此曳引力是一个不断变化的力，具体分析如下：

（1）电梯上行加速阶段的曳引力 T_1

这个运行阶段，电梯向上做加速运动，载荷力（P_1、P_2）受轿厢和对重惯性力的影响，这时的载荷力为

$$\text{左侧：} P_1 = (G + Q)(1 + a/g)$$

$$\text{右侧：} P_2 = W(1 - a/g)$$

那么其曳引力为

$$T_1 = P_1 - P_2 = (G + Q)(1 + a/g) - W(1 - a/g)$$

式中　G——轿厢自重（kg）；

Q——额定载重量（kg）；

W——对重重量（kg）；

a——电梯加速度（m/s^2）；

g——重力加速度（9.8 m/s^2）。

（2）电梯稳定上行阶段的曳引力 T_2

这个运行阶段，电梯匀速运行，无加速度，载荷力（P_1、P_2）只与轿厢和对重的重量有关，这时的载荷力为

$$\text{左侧：} P_1 = (G + Q)$$

$$\text{右侧：} P_2 = W$$

那么其曳引力为

$$T_2 = P_1 - P_2 = (G + Q) - W$$

（3）电梯上行减速阶段的曳引力 T_3

这个阶段电梯减速制动，载荷力（P_1、P_2）受轿厢与对重惯性力的影响，但作用方向与前面加速时相反，这时的载荷力为

$$左侧：P_1 =（G+Q）（1-a/g）$$

$$右侧：P_2 = W（1+a/g）$$

那么其曳引力为

$$T_3 = P_1 - P_2 =（G+Q）（1-a/g）- W（1+a/g）$$

（4）电梯下行加速阶段的曳引力 T_4

这个运动阶段电梯向下做加速运动，惯性力的作用方向与上行减速阶段相同，因此此曳引力 T_4 与前面 T_3 是一样的，即曳引力为

$$T_4 = T_3 =（G+Q）（1-a/g）- W（1+a/g）$$

（5）电梯稳定下行阶段的曳引力 T_5

这个阶段与电梯稳定上行阶段相同，电梯也是做匀速运动，因此曳引力为

$$T_5 = T_2 =（G+Q）- W$$

（6）电梯下行减速阶段的曳引力 T_6

这个阶段电梯惯性力作用方向与上行加速阶段相同，因此曳引力 T_6 与前面的 T_1 是一样的，即

$$T_6 = T_1 =（G+Q）（1+a/g）- W（1-a/g）$$

通过以上计算可知，随着电梯轿厢载重量大小的不同和电梯运行所在阶段的不同，其曳引力不仅有大小的变化，而且还会出现负值。当曳引力为负值时，表明力的方向与轿厢方向相反。

2. 曳引力变化情况分析

当轿厢满载上行时，曳引力为正，说明曳引力的作用是驱动轿厢运行，此时曳引系统的功率流向是：曳引电动机→减速器→曳引轮→曳引绳→轿厢，这时电梯曳引系统输出动力，如图 2-6（a）所示。

当轿厢满载下行时，曳引力为负，说明曳引力的作用是与轿厢运行方向相反，曳引力控制轿厢速度，此时曳引系统的功率流向是：轿厢→曳引绳→曳引轮→减速器→曳引电动机，这时电梯的曳引系统是在消耗动力，曳引电动机做发电制动运行，如图 2-6（b）所示。

当轿厢半载运行时，轿厢上行为驱动状态，轿厢下行为制动状态；当电梯轻载运行时，轿厢上行为制动状态，轿厢下行为驱动状态。

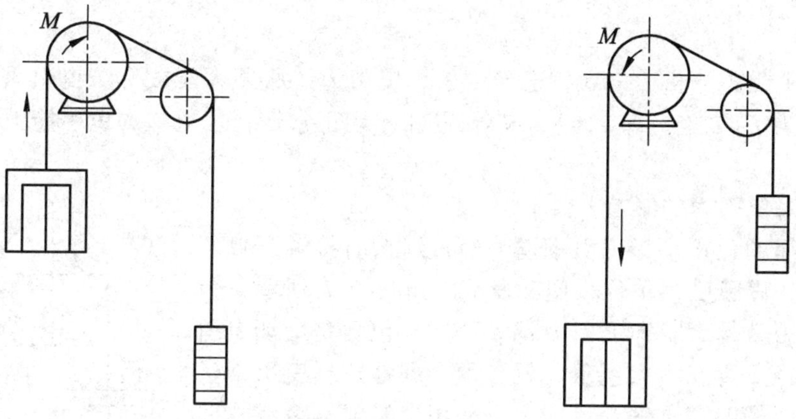

（a）轿厢上行　　　　（a）轿厢下行

图 2-6　曳引力变化情况

小知识：根据以上曳引力的计算，我们还可以分别计算出当电梯满载状态、半载状态以及空载状态时的曳引力的大小与变化情况，由此可见，电梯运行时，有相当多的工况是将轿厢的运动能消耗掉来制动的，这样部分能量得以回收，因此电梯能量回馈技术具有广阔的发展前景。

2.1.3　曳引系数及曳引能力

1. 曳引系数

轿厢与对重装置能做相对运动是靠电动机转动时通过曳引绳和曳引轮间的摩擦力来实现的，这种摩擦力就是前面所述的曳引力，也称为驱动力。根据力学理论，两个接触的物体在它们之间有相对滑动或相对滑动趋势时，总会产生一个与相对滑动方向相反的摩擦力来阻止这种滑动或相对滑动的出现，这个摩擦力的出现和存在，就形成了电梯运行的曳引力。

在研究曳引能力时，为了建立一个尽可能简单的物理模型，我们做出一系列的假设，如图 2-5 所示，假设此时曳引钢丝绳在曳引轮上正处于将要打滑，但还没有打滑的临界平衡状态，这时曳引钢丝绳悬挂轿厢一端的拉力和悬挂对重一端的拉力之间应满足的关系可以用欧拉公式来描述：

$$\frac{T_1}{T_2} = \mathrm{e}^{f\alpha}$$

式中　e——自然对数的底，e = 2.718 28；

α——曳引绳在曳引轮上的包角（rad）；

f——曳引绳在曳引轮槽中的当量摩擦系数，与曳引轮的绳槽形状和曳引轮材料等有关。

上式中 $\mathrm{e}^{f\alpha}$ 称为曳引系数，与 f、α 有关。$\mathrm{e}^{f\alpha}$ 越大，说明 $\frac{T_1}{T_2}$ 的允许比值就大，或者说 T_1-T_2 的值越大，此时的曳引能力越大。所以一台电梯的曳引系数就代表该电梯的曳引能力或载重能力。

2. 曳引能力

在曳引系统受力分析前，我们已经了解，曳引力 T 必须大于或等于曳引绳中较大载荷力 P_1 与较小载荷力 P_2 之差，即 $T \geqslant P_1 - P_2$，电梯才能正常运行。电梯的曳引能力与下述几个因素有关：

（1）包角对曳引力的影响

曳引钢丝绳的包角是指曳引钢丝绳经过绳槽时接触圆弧所对应的圆心角，以弧度为单位，用 α 表示，如图 2-7 所示。包角越大，摩擦力就越大，即曳引力越大。增大包角是增加曳引能力的重要途径。要想增大包角，就必须合理地选择曳引钢丝绳在曳引轮槽内的缠绕方法，目前主要采用半绕式和全绕式两种方式。

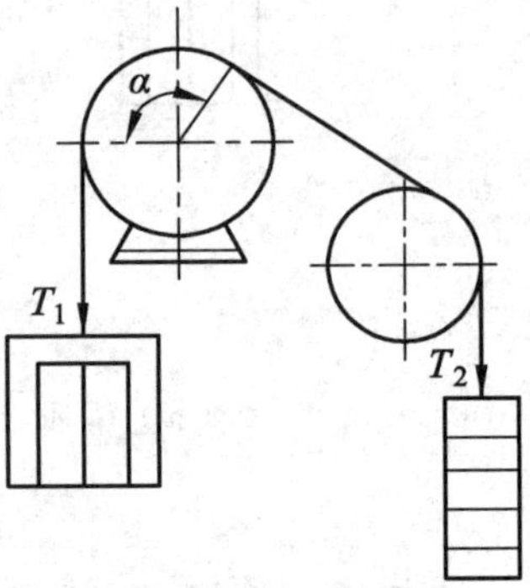

图 2-7　曳引轮包角及曳引绳半绕式缠绕方式

半绕式也称直绕式，是曳引钢丝绳最常见的缠绕方式，如图 2-7 所示，钢丝绳只在曳引轮上绕过一次，即将曳引绳直接悬挂在曳引轮和导向轮上，曳引绳对曳引轮的最大包角 $\alpha \leqslant 180°$（$\leqslant 150° \sim 180°$）。

全绕式也称为复绕式，其包角：$\alpha = \alpha_1 + \alpha_2$。全绕式缠绕方法包括两种形式：一种是曳引钢丝绳绕曳引轮槽和导向轮槽一周后，才被引向轿厢和对重，如图 2-8（a）所示；另一种是曳引钢丝绳绕曳引轮槽和复绕轮槽后，再经导向轮槽到轿厢和对重，如图 2-8（b）所示。全绕式的特点是曳引钢丝绳对曳引轮的最大包角都在 180°以上（300° ~ 360°）。

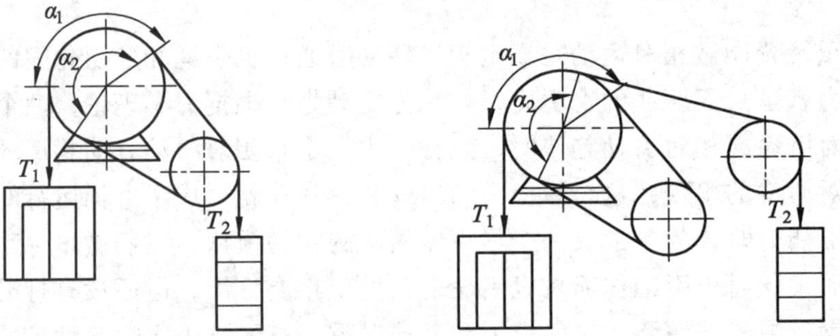

（a）　（b）

图 2-8　曳引绳全绕式缠绕方式示意图

为了增大曳引力，常采用复绕式增大包角。当然采用复绕式会导致电梯曳引机构体积增大，曳引钢丝绳内应力变化复杂，曳引钢丝绳的疲劳寿命变短。

电梯曳引钢丝绳的绕绳方式主要取决于曳引条件、额定载重量和额定速度等因素。在选择绕绳方式时应考虑较高的传动效率、合理的能耗和钢丝绳的使用寿命。特别要注意应尽量避免钢丝绳的反向弯曲。

（2）绳槽形状对曳引力的影响

常用的曳引轮绳槽的形状：半圆槽、楔形槽和带切口的半圆槽（又称凹形槽），如图 2-9 所示。

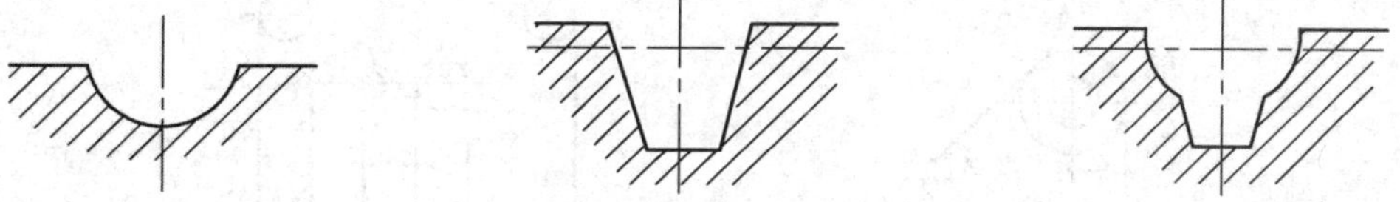

（a）半圆槽　　（b）楔形槽　　（c）带切口的半圆槽

图 2-9　曳引轮绳槽示意图

半圆槽：与钢丝绳的接触面积最大，钢丝绳变形小、摩擦小，有利于延长使用寿命。但其摩擦系数小，所以必须增大包角才能提高其曳引能力。半圆槽一般只能用于复绕式电梯，更多用于反绳轮，常见于高速电梯。

楔形槽：其有较大的当量摩擦系数，钢丝绳与绳槽的磨损较快，因此，一般只在杂物梯等轻载低速电梯上使用。

带切口的半圆槽：槽底部切制了一个楔形槽，使得摩擦系数大为增加，一般可为半圆槽的 1.5 ~ 2 倍。由于有这一优点，这种槽形在电梯上应用最为广泛。

（3）轿厢自重对曳引能力的影响

轿厢和对重太轻，则可能不能提供足够的压力，摩擦力太小，不能满足曳引能力要求；轿厢和对重太重，虽会增加曳引能力，但会增加钢丝绳在绳槽内的比压，增加绳槽磨损。

综上所述，提高曳引力主要就是提高曳引钢丝绳与曳引轮之间的摩擦力。一般兼顾曳引能力和绳槽的比压来看，采用增加曳引能力应从加大包角、增大曳引轮直径和增加曳引绳根数，选用复合绳或非金属绳、耐磨且摩擦系数大的材料制造的曳引轮、增加轿厢自重等方法，增大钢丝绳的正压力，增大摩擦系数，从而提高曳引力。

钢丝绳在绳槽内的润滑也会直接影响摩擦系数，只可用绳内油芯的轻微润滑，严禁在绳外加涂任何形式的润滑油，以免降低摩擦系数而造成打滑现象。

所以，要提高曳引能力，就必须提高摩擦系数和增大包角。具体措施如下：

① 改变槽形及绳槽材料。

② 改用复合绳或非金属绳。

③ 增大包角。

④ 增加轿厢自重。

⑤ 增加钢丝绳的正压力。

2.1.4　曳引传动形式

1. 常见的曳引传动方式

按照曳引机安装位置，常见的电梯曳引传动方式有曳引机上置式（曳引机在井道上部）和曳引机下置式（曳引机在井道下部）两种，如图 2-10 所示。曳引机上置式是最常见的安装形式，机房承担曳引机自重、控制柜自重、轿厢自重、轿厢载重、对重重量的总负荷，对建筑物压力较小，上置式适用于提升高度大的建筑；下置式曳引机安装在井道底部，曳引绳必须引向井道顶部，绕过一组导向轮才能牵引轿厢和对重，曳引绳绕法复杂，对井道要求较高，建筑物的负载要大于上置式，井道顶部总负重是轿厢自重、轿厢载重、对重重量之和的两倍。下置式适用于提升高度较小的建筑，其优点是楼顶无须机房。

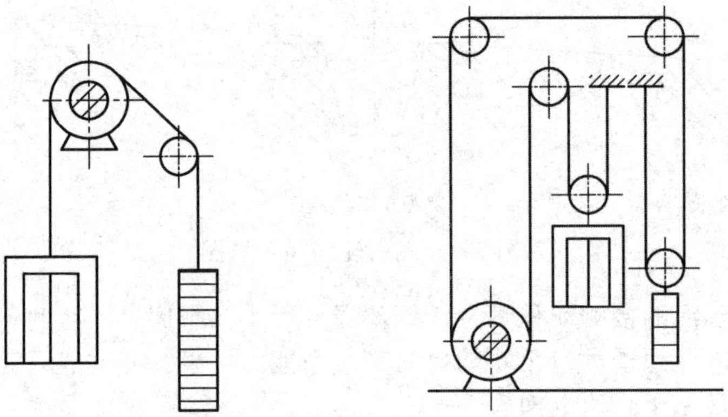

（a）曳引机上置式　　　　　　（b）曳引机下置式

图 2-10　曳引机安装位置示意图

2. 曳引比

按照曳引钢丝绳的绕法方式不同，常见的电梯曳引传动也有多种形式，这些缠绕方式也可看成不同的传动方式，因此不同的绕法就有不同的传动速比。电梯运行时曳引轮节圆的线速度与轿厢运行速度之比就称为曳引比（或传动比或倍率）。

常见的曳引比如下：

（1）1∶1 曳引比：轿厢与对重均无反绳轮，曳引绳直接拖动轿厢和对重。其曳引比（传动比）为 1∶1。图 2-11（a）为半绕式 1∶1 绕法；图 2-11（b）为全绕式（复绕）1∶1 绕法。其传动特点是 $v_1 = v_2$，$T_1 = T_2$。其中：v_1 为曳引绳线速度（m/s）；v_2 为轿厢升降速度（m/s）；T_1 为轿厢侧曳引绳载荷力（N）；T_2 为轿厢总重量（N）。

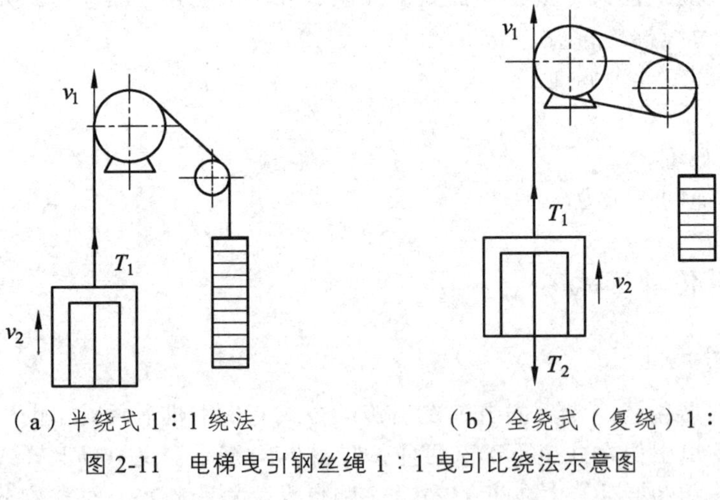

（a）半绕式 1∶1 绕法　　　　（b）全绕式（复绕）1∶1 绕法

图 2-11　电梯曳引钢丝绳 1∶1 曳引比绕法示意图

（2）2∶1 曳引比：轿顶和对重顶部均设有反绳轮。其曳引比（传动比）为 2∶1。

如图 2-12（a）为半绕式 2∶1 绕法；图 2-12（b）为全绕式（复绕）2∶1 绕法；图 2-12（c）为下置机房半绕式 2∶1 绕法。其传动特点是 $v_1 = 2v_2$，$T_1 = T_2/2$。

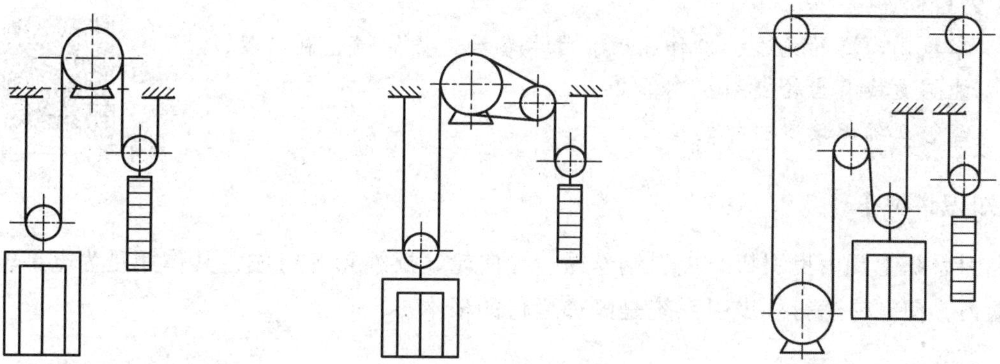

（a）半绕式 2∶1 绕法　　（b）全绕式（复绕）2∶1 绕法　　（c）下置机房半绕式 2∶1 绕法

图 2-12　电梯曳引钢丝绳 2:1 曳引比绕法示意图

（3）3∶1 曳引比：轿顶和对重顶部均设有反绳轮和定滑轮。其曳引比（传动比）为 3∶1。如图 2-13 为半绕式 3∶1 绕法。其传动特点是 $v_1 = 3 \cdot v_2$，$T_1 = T_2/3$。

相同的曳引机，改变曳引比可改变额定载重量和额定速度。例如：对同一曳引机，在曳引比为 1∶1 时，额定载重量为 1 000 kg、额定速度为 1 m/s；在曳引比为 2∶1 时，额定载重量为 2 000 kg，额定速度为 0.5 m/s。

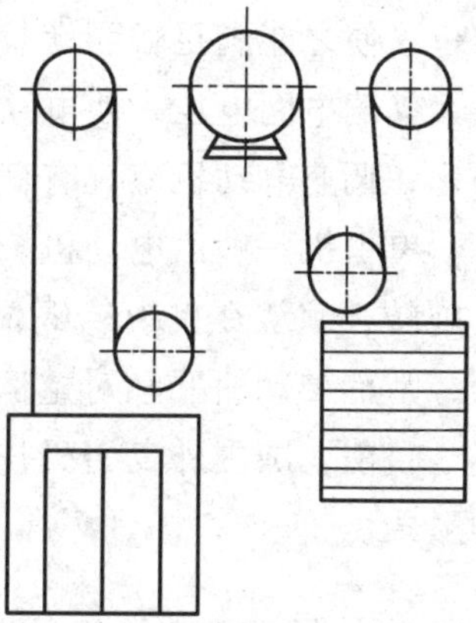

图 2-13　半绕式 3∶1 绕法示意图

【练习与思考】

（1）简述曳引式电梯提升的工作原理。

（2）增大曳引力有哪些途径？

（3）什么是曳引钢丝绳的包角？曳引绳的绕绳方式分为哪两种？

（4）电梯运行的基本要求是什么？电梯的舒适性与哪些参数有关？

任务 2.2　曳引系统的主要设备及装置

【学习目标】

知识目标：

- 掌握电梯曳引系统的主要组成设备及工作原理；
- 掌握电梯曳引机的种类及特点；
- 掌握制动器的种类及特点；
- 掌握曳引轮的特点及要求；
- 掌握曳引钢丝绳的规格要求，了解不同种类绳头组合的特点。

能力目标：

- 掌握制动器的构造、工作原理、技术参数，并能调整制动器；
- 能够更换有齿轮曳引机润滑油；
- 能够正确识读曳引机的型号。

曳引系统——曳引机

【知识讲解】

曳引系统主要由曳引机、曳引钢丝绳、导向轮、反绳轮等组成，其作用是为电梯输送与传递动力，使电梯运行。曳引系统是电梯运行的根本。

2.2.1 曳引机

曳引机又称主机，是驱动电梯的轿厢和对重装置做上、下运动的动力装置，是将电能转换为机械能的电气设备，是专为电梯设计和制造的，具有良好的频繁启停、正反转运行和调速性能，是电梯中的核心部分之一。

电梯用电动机的特性要求包括：能承受沉重而频繁的启动冲击和正反转；要有大的启动转矩，使之能满足轿厢满载加速时的启动力矩；启动电流要小，避免由于电梯频繁启制动而过大影响电网电压，使电动机发热；具有发电制动的特性，不因负载变化而引起较大的速度变化；调速电动机应具有良好的调速特性，保证电梯速度变化平稳和平层准确度。

曳引机一般由电动机、制动器、减速器、曳引轮、联轴器等组成。曳引机工作时，曳引轮旋转，缠绕在曳引轮绳槽中的曳引钢丝绳由于受到曳引轮绳槽对其摩擦力的作用而被驱动，从而带动轿厢和对重运行。

目前，国内外曳引机技术发展非常快，出现了很多新型的曳引机，其基本分类有如下几种形式。

1. 按照驱动电动机分类

（1）交流电动机驱动曳引机

交流电动机分为异步电动机和同步电动机两类，其中异步电动机又分为单速、双速、调速等形式。异步单速电动机适用于杂物梯，异步双速电动机适用于货梯，调速电动机多用于客梯、住宅梯和病床梯等。随着交流变频技术的发展和成本的降低，目前交流电动机采用变压变频调速（VVVF）技术，因此得到了非常广泛的使用。

（2）直流电动机驱动曳引机

直流电动机调速和控制较为方便，运行速度平稳，传动效率高，在电梯上得到了较多应用，一般在超高速电梯上大量使用。直流电动机的缺点是结构复杂，必须配备交、直流转换设备，价格昂贵。随着电子及电工技术的发展，该问题逐步得到了较好解决。

（3）永磁同步电动机驱动曳引机

永磁同步电动机驱动曳引机具有结构紧凑、重量轻、功率密度高、转子无发热和控制系统较异步电机简单等优点。采用数字化的控制方法可以使系统获得很高的精度和可靠性，使系统具备较强的抗干扰能力。因此，永磁同步电动机驱动曳引机已成为当今电梯驱动发展的方向。

2. 按照有无减速器分类

曳引机按照有无减速器可分为传统的有齿轮曳引机和新发展起来的无齿轮曳引机。

（1）有齿轮曳引机

有齿轮曳引机含有减速器，减速器被用于有齿轮曳引机上，安装在曳引电动机转轴和曳引轮转轴之间。有齿轮曳引机按照传动方法分为斜齿轮减速器曳引机、行星齿轮传动有齿轮曳引机、蜗轮蜗杆减速器曳引机。有齿轮曳引机一般使用在运行速度不超过 2.0 m/s 的各种交流双速和交流调速客梯、货梯及杂物梯上，以蜗轮蜗杆减速机为主。

有齿轮曳引机具有结构紧凑、外形尺寸小、受力合理、传动平稳、运行噪声低、维修方便、有较好的抗冲击载荷等特点，但也存在传动效率低、工作时易发热、需要良好润滑的缺点。有齿轮曳引机广泛适用于中低速电梯。

斜齿轮减速器如图 2-14 所示，其特点是传动效率较蜗轮蜗杆要高，齿面寿命较长，但运行不如蜗轮蜗杆平稳，运行过程中齿间冲击较大；要求齿面精度、装配精度较高，疲劳强度较高，因齿轮减速机单级减速比较小而需要多级齿轮传动，故体积较大，总体成本较高。

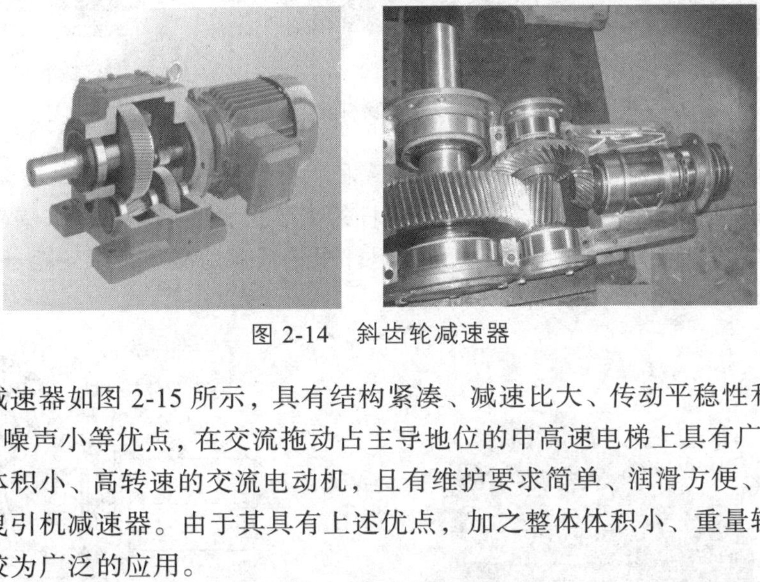

图 2-14　斜齿轮减速器

行星齿轮减速器如图 2-15 所示，具有结构紧凑、减速比大、传动平稳性和抗冲击能力优于斜齿轮传动、噪声小等优点，在交流拖动占主导地位的中高速电梯上具有广泛的发展前景。它有利于采取体积小、高转速的交流电动机，且有维护要求简单、润滑方便、寿命长的特点，是一种新型的曳引机减速器。由于其具有上述优点，加之整体体积小、重量轻，此类曳引机目前也得到了较为广泛的应用。

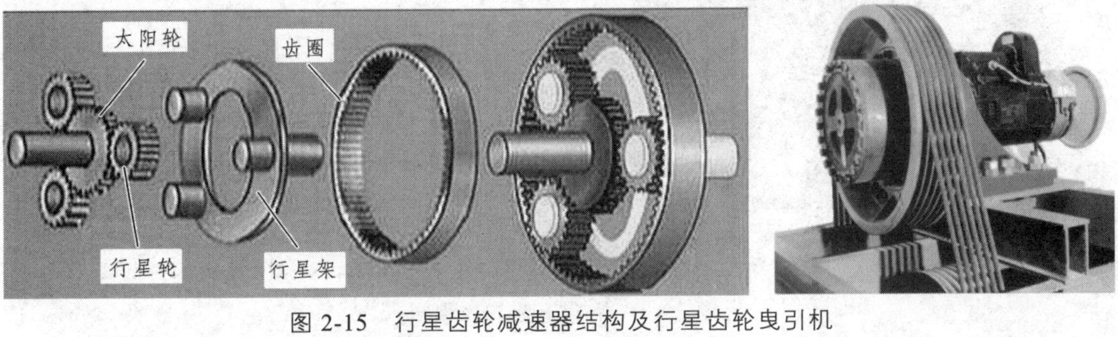

图 2-15　行星齿轮减速器结构及行星齿轮曳引机

蜗轮蜗杆减速器是由带主动轴的蜗杆与安装在壳体轴承上带从动轴的蜗轮组成，其速比可为 18～120，蜗轮的齿数不少于 30，其效率不如齿轮减速器，但其结构紧凑，外形尺寸不大。蜗轮蜗杆减速器的特点是传动比大、噪声小、传动平稳，而且当由蜗轮传动蜗杆时，反效率低，有一定的自锁能力，可以增加电梯制动力矩，增加电梯停车时的安全性。

蜗轮蜗杆减速器曳引机可分为卧式蜗轮蜗杆曳引机和立式蜗轮蜗杆曳引机两种，如图 2-16 所示。卧式蜗轮蜗杆曳引机，体积大，功率大；立式蜗轮蜗杆曳引机，结构紧凑，体积小。

（a）卧式蜗轮蜗杆曳引机

（b）立式蜗轮蜗杆曳引机

图 2-16　蜗轮蜗杆曳引机结构

卧式蜗轮蜗杆曳引机，又可分为蜗杆上置式和蜗杆下置式两种。图 2-17 为蜗杆下置式曳引机，曳引电动机通过联轴器与蜗杆连接，蜗杆的安装位置在蜗轮以下，蜗轮与曳引轮同装在一根轴上。工作时曳引电动机旋转，动力经蜗杆蜗轮减速后驱动与蜗轮相连的曳引轮运转，并通过绕在其上的曳引钢丝绳使电梯工作。

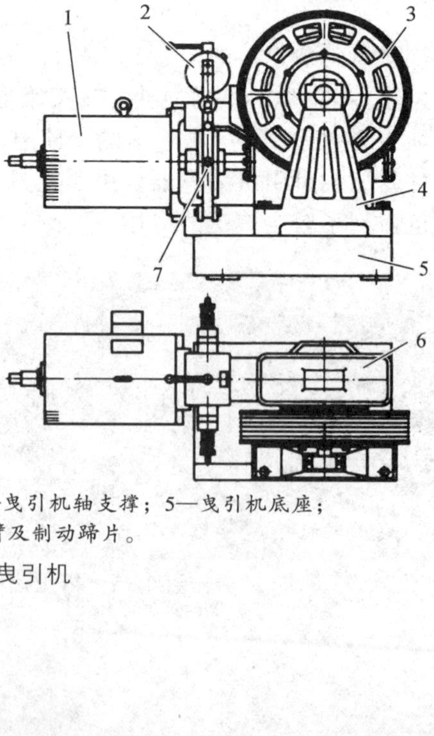

1—曳引电动机；2—制动电磁铁；3—曳引轮；4—曳引机轴支撑；5—曳引机底座；
6—下置蜗杆减速箱；7—制动臂及制动蹄片。

图 2-17　蜗杆下置式曳引机

图 2-18 为蜗杆上置式曳引机。蜗杆轴线位于蜗轮上方，曳引轮位置得以下降，曳引机整体重心降低，减速箱整体密封情况好转，但蜗杆与蜗轮的啮合面间润滑变差，磨损相对严重。

1—曳引电动机；2—制动电磁铁；3—曳引轮；4—曳引机底座；
5—上置蜗杆减速箱；6—制动臂及制动蹄片。

图 2-18　蜗杆上置式曳引机

（2）无齿轮曳引机

无齿轮曳引机包括直流无齿轮曳引机、交流无齿轮曳引机、永磁无齿轮曳引机。如图 2-19 所示，无齿轮曳引机不含减速器，曳引轮直接安装在电动机的轴上，来执行曳引轿厢运行。该类型的曳引机因无传动机构，也不需要联轴器，所需曳引速度大小，由改变电动机的转速方法来实现。无齿轮曳引机具有结构紧凑、体积小、重量轻、传动效率高、振动小、噪声低等优点，但也存在耗能大、成本高等不足之处。无齿轮曳引机适用于高速和无机房电梯。

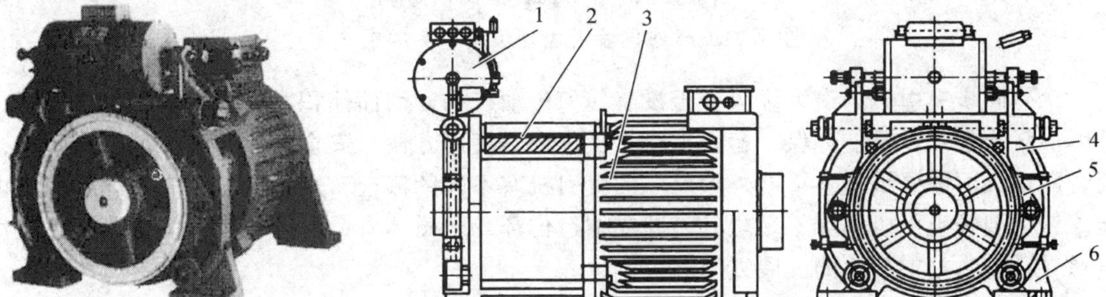

1—制动电磁铁；2—曳引轮；3—曳引电动机；4—制动臂；5—制动蹄；6—曳引机底座。

图 2-19　无齿轮曳引机

（3）永磁同步曳引机

永磁同步曳引机可分为永磁同步外转子式无齿曳引机、永磁同步内转子式无齿曳引机、永磁磁盘式无齿曳引机。如图 2-20、图 2-21 所示，该类型的曳引机的主机由永磁同步电动机驱动，在结构上取消了蜗轮蜗杆传动，并将同轴传动技术、数字变频技术和组合控制技术充分融合，使用永久密封轴承、加强型弹簧、双线圈、正余弦编码器等新技术，以永久磁体取代电动机转子上的绕组，因而电动机运行时没有感应电流、电阻和电抗，相反可得到由电子额外提供的励磁电流而形成转子感应磁场的部分能量。

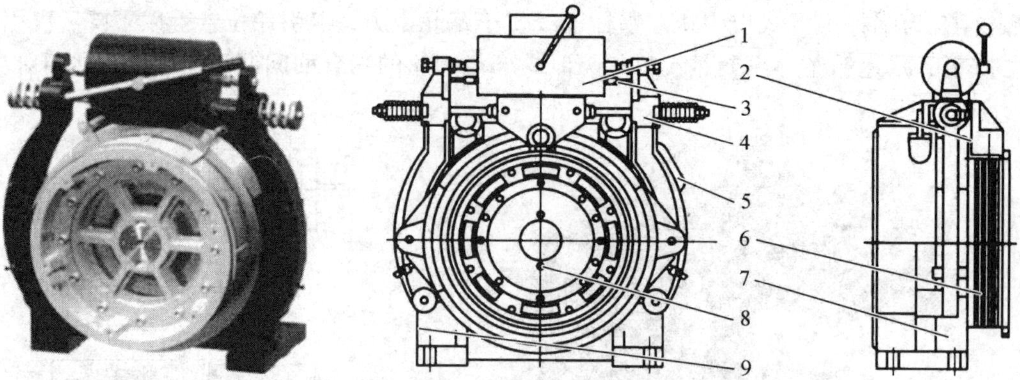

1—制动器电磁铁；2—防脱盘车装置；3—松闸限位开关；4—制动臂；5—接线盒；
6—曳引轮；7—曳引机底座；8—注油螺钉孔；9—接地螺栓。

图 2-20　永磁同步无齿轮曳引机（外转子）

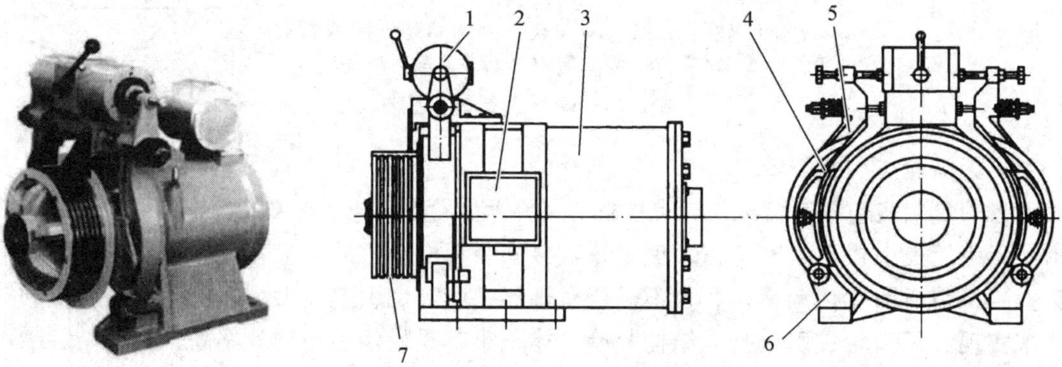

1—制动器电磁铁；2—接线盒；3—曳引电动机；4—制动蹄；
5—制动臂；6—曳引机底座；7—曳引轮。

图 2-21　永磁同步无齿轮曳引机（内转子）

永磁同步曳引机的最大优势在于没有任何传动机构，因而体积小，重量轻，机械磨损、功率损耗均很低，节能环保，运行平稳，噪声低，使用方便，安全可靠，高性能，高效率，安装简单，不需要维护。不同外形尺寸的曳引机有不同的额定转矩，同时也有不同的额定电流。该类型的曳引机也有不足之处，即成本造价高，永磁体寿命有限，目前多适用于无机房电梯，已成为电梯行业的发展方向。

3. 有齿轮曳引机与永磁同步无齿轮曳引机工作特性

永磁同步无齿轮曳引机是近些年来得到迅速发展的新型曳引机。与传统曳引机相比，永磁同步无齿轮曳引机具有如下主要特点：

（1）整体成本较低。传统曳引机体积庞大，需要专用的机房，而且机房面积也较大，增加了建筑成本；永磁同步无齿轮曳引机则结构简单，体积小，重量轻，可适用于无机房状态，即使安装在机房也仅需很小的面积，使得电梯整体成本降低。

（2）节约能源。传统曳引机采用齿轮传动，机械效率较低，能耗高，电梯运行成本较高；永磁同步无齿轮曳引机由于采用了永磁材料，没有励磁线圈和励磁电流消耗，使得电动机功率因数得以提高，与传统有齿轮曳引机相比，能源消耗可以降低 40%左右。

（3）噪声低。传统有齿轮曳引机采用齿轮啮合传递功率，所以齿轮啮合产生的噪声较大，并且随着使用时间的增加，齿轮逐渐磨损，导致噪声加剧；永磁同步无齿轮曳引机采用非接触的电磁力传递功率，完全避免了机械噪声、振动、磨损。传统曳引电动机转速较快，产生了较大的运转和风噪；永磁同步无齿轮曳引机本身转速较低，噪声及振动小，所以整体噪声和振动得到明显改善。

（4）高性价比。永磁同步无齿轮曳引机取消了齿轮减速箱，简化了结构，降低了成本，减轻了重量，并且传动效率的提高可节省大量电能，运行成本低。

（5）安全可靠。永磁同步无齿轮曳引机运行中，当三相绕组短接时，轿厢的动能和势能可以反向拖动电动机进入发电制动状态，并产生足够大的制动力矩阻止轿厢超速，所以能避免轿厢冲顶或蹲底事故；当电梯突然断电时，可以松开曳引机制动器，使轿厢缓慢地就近平层，解救乘员。

另外，永磁同步电动机具有启动电流小、无相位差的特点，使电梯启动、加速和制动过程更加平顺，改善了电梯的舒适感。

4. 曳引机的选型和功率核算

曳引机是电梯的主要部件之一，电梯的额定载荷、运行速度等主要参数直接与曳引机转速、减速箱速比、曳引轮直径、曳引比等相关。

（1）曳引机型号的编制

关于曳引机重要参数及型号编制、技术要求等在 GB/T 13435—92《电梯曳引机》中做出了规定，如图 2-22 所示。

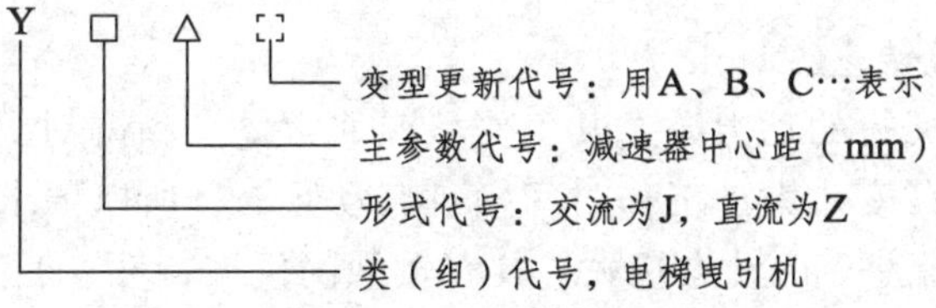

图 2-22　曳引机型号编制

标记示例：交流电动机驱动，减速器输出轴中心距为 200 mm，第一次改进更新的电梯曳引机，其编号标示如下。

电梯曳引机 YJ200A GB/T 13435—92。

（2）曳引机基本参数系列

① 曳引机额定速度（m/s）系列如下：

1.00、1.25、1.60、2.00、2.50 等。

② 曳引机额定载重量（kg）系列如下：

630、800、1 000、1 250、1 600、2 000、2 500 等。

③ 减速器中心距（mm）系列如下；

125、160、（180）、200、（225）、250、（280）、315。注意：括号中数值为不推荐使用。

5. 曳引机基本技术要求

（1）曳引机工作条件应满足：海拔高度不超过 1 000 m；机房内的空气温度应保持在 5 ~ 40 °C；环境相对湿度月平均值最高不大于 90%，同时该月月平均最低温度不高于 25 °C；供电电压波动与额定值偏差不超过 ± 7%；环境空气不能含有腐蚀性和易燃性气体。

（2）曳引机制动应可靠，在电梯整机上，平衡系数为 0.40，轿厢内加上 150%的额定载重量，历时 10 min，制动轮与制动闸瓦之间应无打滑现象。

（3）制动器的最低启动电压和最高释放电压应分别低于电磁铁额定电压的 80%和 55%，制动器开启迟滞时间不超过 0.8 s。制动器线圈耐压试验时，导电部分对地施加 1 000 V 电压，历时 1 min，不得有击穿现象。

（4）制动器部件的闸瓦组件应分两组装设，如果其中一组不起作用，制动轮上仍能获得足够的制动力，使载有额定载重量的轿厢减速。

6. 曳引机速度及功率的计算

对于有齿轮曳引机电梯，其运行速度与曳引机的减速比、曳引轮绳槽节圆直径、曳引电动机转速之间的关系可以用以下公式计算：

$$v = \frac{\pi D n}{60 i_y i_j}$$

式中 v——电梯运行速度（m/s）；

D——曳引轮绳槽节圆直径（m）；

i_y——曳引比（曳引方式）；

i_j——减速比；

n——曳引电动机转速（r/min）。

曳引电动机是电梯运行的动力源，其工作状况非常复杂和苛刻，电梯运行中存在启动、制动、正反转，同时负载变化大、工作时间短且启动频繁，所以要求曳引机不仅要适应上述情况，还要具有启动电流小、启动力矩大，具有较强的机械特性、工作可靠且噪声低等特点，普通电动机一般难以胜任，所以曳引电动机必须采用专用电机。

曳引电动机的容量一般可按如下静功率公式计算：

$$N = \frac{(1-k)Qv}{102\eta}$$

式中 N——电动机功率（kW）；

k——电梯的平衡系数（一般取 0.4 ~ 0.5）；

Q——电梯额定载重量（kg）；

η——电梯机械传动总效率，当蜗轮蜗杆副为阿基米德齿形时取 0.5 ~ 0.55，对于无齿轮曳引机取 0.75 ~ 0.8；

v——电梯的额定速度（m/s）。

一般选择电动机的额定功率总是略大于计算值，因为还需考虑轿厢运行时产生的附加阻力（风阻、导轨摩擦阻力等）及满载轿厢启动等因素。

2.2.2　制动器

制动器对主动转轴起制动作用，能使工作中的电机停止运行。

电梯曳引机制动器安装在电动机与减速器之间，即在电动机轴与蜗轮轴相连的制动轮处（如无齿轮曳引机制动器安装在电动机与曳引轮之间），其工作特点是在通电时解除制动，使电梯得以运行；当电梯动力电源或控制电源断电时，或电梯运行超限、超速、出现故障时立即制动，使电梯停止运行或不能启动，保证了电梯在停电及各种非常事故发生时，制动器能实现制动可靠；当电梯正常运行时，制动器必须完全释放，制动闸瓦不得与制动轮发生任何接触。制动器是电梯中工作最为频繁的装置之一，也是对安全运行作用最大的装置。

1. 电梯上应用的制动器基本要求

制动器是电梯中最重要的机械部件之一，其性能直接关乎电梯能否安全地运行。国家标准 GB 7588—2003《电梯制造与安装安全规范》中对制动器提出了特别要求：

（1）必须是机电式制动器。

（2）所有参与向制动轮或盘施加制动力的制动器机械部件应分两组装设，如果一组部件不起作用，应仍有足够的制动力使载有额定载荷以额定速度下行的轿厢减速下行。

（3）当轿厢装载 125%额定载荷并以额定速度向下运行时，操作制动器应能使曳引机停止运转。

（4）被制动部件应以机械方式与曳引轮或卷筒、链轮直接刚性连接。

（5）正常运行时，制动器应在持续通电下保持松开状态；主电源（动力电）失电或控制电源失电时，制动器必须自动制动。

（6）切断制动器电流，至少应用两个独立的电气装置来实现；当电梯停止时，如果其中一个接触器的主触点未打开，最迟到下一次运行方向改变时，应防止电梯再运行。

2. 制动器的构造及工作原理

电磁制动器结构主要包括电磁铁、制动臂、制动轮、制动闸瓦、压缩弹簧以及相关传动调整机构组成。其外形如图 2-23 所示。

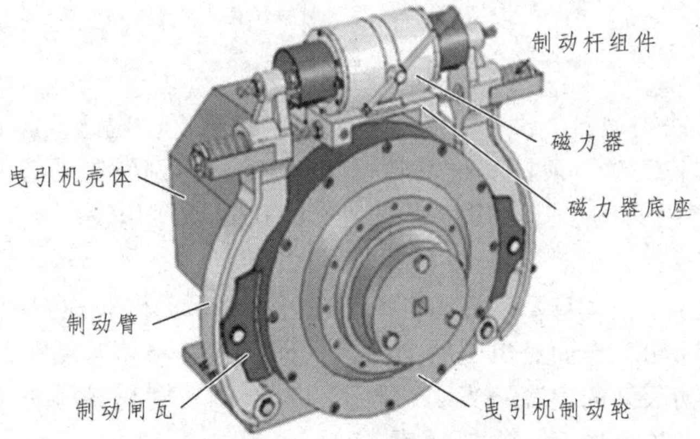

曳引系统
——制动器和曳引轮

图 2-23　制动器外形图

制动器的工作原理：当电梯处于静止状态时，曳引电动机、电磁制动器的线圈中均无电流通过，这时因电磁铁心间没有吸引力，制动闸瓦在制动弹簧压力作用下将制动轮抱紧，保证电机不旋转；当曳引电动机通电旋转的瞬间，制动电磁铁中的线圈同时通上电流，电磁铁心迅速磁化吸合，带动制动臂使其制动弹簧受作用力，制动闸瓦张开，与制动轮完全脱离，电梯得以运行；当电梯轿厢到达所需停站时，曳引电动机失电，制动电磁铁中的线圈也同时失电，电磁铁心中的磁力迅速消失，铁心在制动弹簧的作用下通过制动臂复位，使制动闸瓦再次将制动轮抱住，电梯停止工作。

3. 常见制动器的类型

电梯曳引机的制动器均为常闭式电磁制动器。曳引机不运转时利用压缩弹簧施加制动力；曳引机运转时电磁铁通电，利用电磁力打开制动器。根据制动器的作用方式，制动器可分为以下几种：

（1）鼓式（抱闸式）制动器。图 2-24 为卧式电磁铁制动器。其工作原理如下：电梯处于停止状态，制动臂 4 在制动弹簧 8 的作用下，带动制动闸瓦 6 及闸皮 7 压向制动轮 5 工作表面，抱闸制动，此时制动闸瓦 6 紧密贴合在制动轮 5 工作表面上，其接触面积必须大于闸瓦面积的 80%以上；当曳引机开始运转时，制动电磁铁线圈 1 得电，电磁铁心 2 被吸合，推动制动臂 4 克服制动弹簧 8 的压力，带动制动闸瓦 6 松开并离开制动轮 5 工作表面，抱闸释放，电梯启动工作。

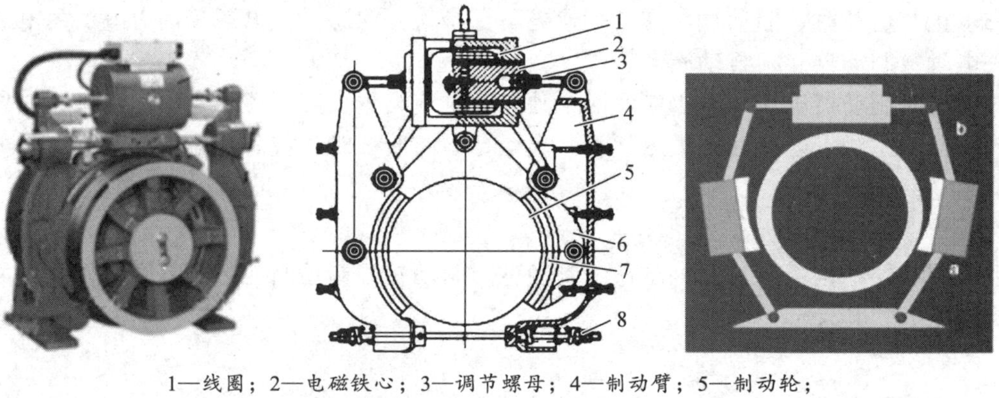

1—线圈；2—电磁铁心；3—调节螺母；4—制动臂；5—制动轮；
6—闸瓦；7—闸皮；8—制动弹簧。

图 2-24 卧式电磁铁制动器

图 2-25 为立式电磁铁制动器。铁心分为动铁心 6 和定铁心，电磁铁座 4 上部是动铁心，铁心吸合时，动铁心向下运动，顶杆 8 推动转臂 11 转动，将两侧制动臂 9 及闸瓦块 14 和闸皮 15 推开，达到松闸的目的。其工作过程原理与卧式制动器相同，仅是在传动结构上有所变化。

（2）内胀式制动器。对于大型无齿轮曳引机，有时也会采用内胀式制动器，如图 2-26 所示。内胀式制动器的制动轮工作面是曳引轮的内圆柱面，它将制动电磁铁、制动臂、制动闸瓦、制动弹簧等装入制动滚筒的内部，当制动器工作时，制动闸瓦被制动弹簧作用从内向外胀开，将闸瓦胀紧在制动轮工作面上实施制动。

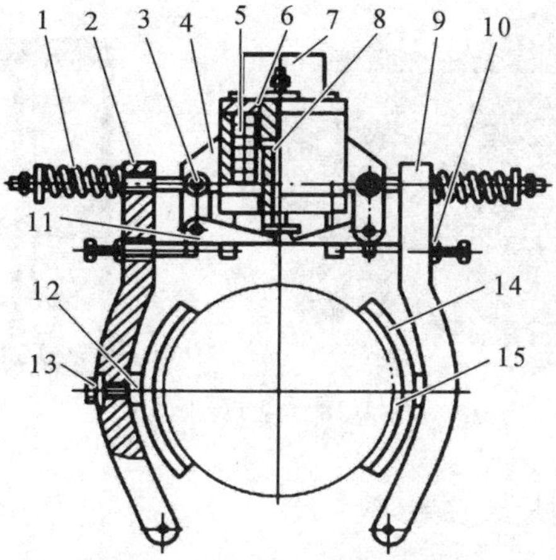

1—制动弹簧；2—拉杆；3—销钉；4—电磁铁座；5—线圈；6—动铁心；7—罩盖；
8—顶杆；9—制动臂；10—顶杆螺栓；11—转臂；12—球头；
13—连接螺钉；14—闸瓦块；15—闸皮。

图 2-25 立式电磁铁制动器

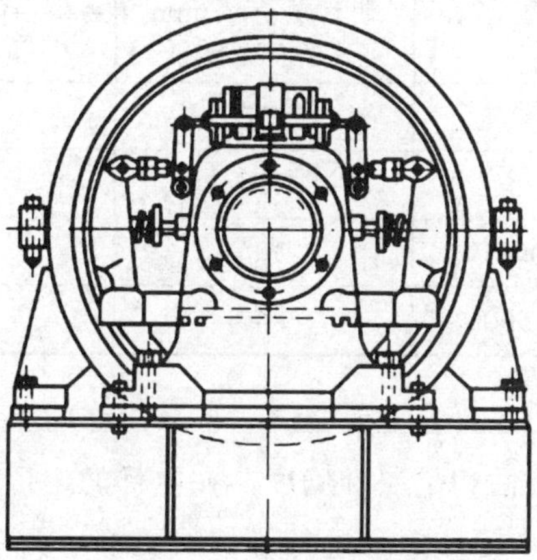

图 2-26 内胀式制动器

（3）碟式（钳式）制动器和盘式制动器。图 2-27 是采用碟式（钳式）制动器的曳引机，这是一种新型的结构，其制动元件为一个与曳引轮同轴安装的制动盘（碟），制动蹄片则从盘两侧夹紧制动盘，产生摩擦力实施制动。图 2-28 是盘式制动器结构图与工作原理示意图。

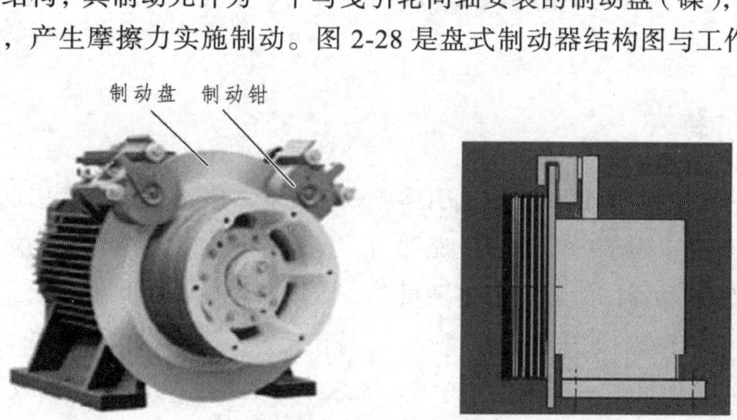

图 2-27 碟式制动器图

图 2-28　盘式制动器

4. 电梯用制动器的结构及尺寸要求

电磁制动器的制动轮直径、闸瓦宽度及圆弧包角应符合表 2-1 的规定。

表 2-1　电磁制动器的主要参数尺寸

曳引机种类	电梯额定载重量/kg	制动轮直径/mm	闸瓦参数	
			宽度/mm	圆弧角度
有齿轮曳引机	100 ~ 200	150	65	88°
	500	200	90	
	750 ~ 3 000	300	140	
无齿轮曳引机	1 000 ~ 1 500	840	200	

制动器是电梯机械系统的主要安全设施之一，其工作状况和可靠性直接决定电梯运行的安全可靠程度，影响乘坐舒适性和平层准确度。在电梯的运行过程中，必须定期根据电梯的运作情况，对其进行检查保养，必要时进行维修或更换。为减少制动器抱闸、松闸过程中的噪声，制动电磁铁线圈内铁心之间的间隙必须控制。制动闸瓦与制动轮之间的间隙在制动解除时保持不超过 0.7 mm，并且不得有接触区域；抱闸后闸瓦与制动轮间的贴合面积必须大于闸瓦面积的 80%。制动电磁铁通、断电时，制动系统中各运动部件应动作灵活，无卡滞现象。

2.2.3　曳引轮

曳引轮是曳引机上的绳轮，也称曳引绳轮或驱绳轮，是电梯传递曳引动力装置，利用曳引钢丝绳与曳引轮缘上绳槽的摩擦力传递动力。曳引轮安装在减速器中的蜗轮轴上，对于无齿轮曳引机，装在制动器的旁侧，与电动机轴、制动器轴装在同一轴线上。

曳引轮由两部分构成：一是轮筒（鼓），二是在轮缘上开有绳槽的轮圈，外轮圈与内轮筒套装，并用铰制螺栓连接在一起成为一个曳引轮整体，其曳引轮的轴就是减速器内的蜗轮轴，如图 2-29 所示。

图 2-29　曳引轮结构图

曳引轮是电梯曳引机的重要部件，其主要技术要求如下：

（1）曳引轮的直径（节圆直径）D 不小于曳引钢丝绳直径的 40 倍（$D/d \geqslant 40$）。

曳引轮的直径要大于钢丝绳直径的 40 倍。在实际中，一般都取 45 ~ 55 倍，有时还大于 60 倍。增大曳引轮直径可以增大曳引轮与钢丝绳的接触长度，减少钢丝绳弯曲程度，增大曳引力和减少钢丝绳内的弯曲应力，可提高钢丝绳的寿命，但同时也会使整个曳引装置体积增大，因此应该合理确定曳引轮直径。

（2）曳引轮的材料具有较高的耐磨性及减振性能，常使用球墨铸铁或高强度合金铸铁制造。

曳引轮要承受轿厢、载重量、对重等装置的全部动静载荷，因此要求曳引轮强度大、韧性好、耐磨损、耐冲击。一般曳引轮绳槽硬度为 HB 200 左右，同一曳引轮上硬度差不大于 HB 15。

（3）曳引轮的绳槽依据曳引系统对摩擦系数的要求选择，槽形如图 2-30 所示。

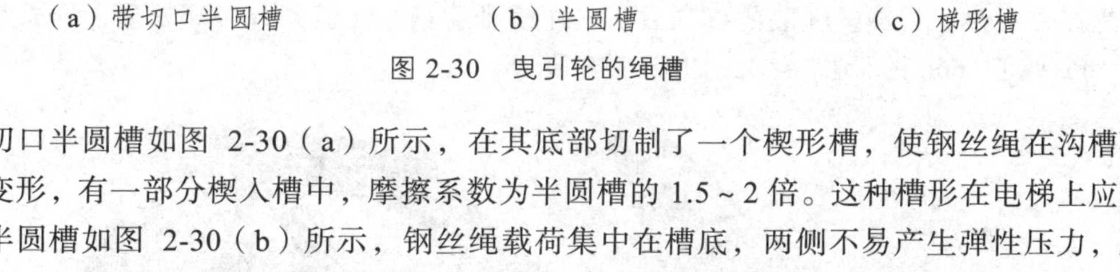

（a）带切口半圆槽　（b）半圆槽　（c）梯形槽

图 2-30　曳引轮的绳槽

带切口半圆槽如图 2-30（a）所示，在其底部切制了一个楔形槽，使钢丝绳在沟槽处发生弹性变形，有一部分楔入槽中，摩擦系数为半圆槽的 1.5 ~ 2 倍。这种槽形在电梯上应用最广泛。半圆槽如图 2-30（b）所示，钢丝绳载荷集中在槽底，两侧不易产生弹性压力，摩擦系数较小，只能应用在复绕式曳引系统，常见于高速电梯中。梯形槽如图 2-30（c）所示，其摩擦系数较大，几何形状简单，易加工。但使用中对钢丝绳的磨损较大，常用在杂物梯等轻小型电梯上。

（4）绳槽工作面的粗糙度最大允许值为 $Ra6.3\ \mu m$，槽面法向跳动允差为曳引轮节径的 1/2 000，各绳槽节径半径方向的相对允差值为 0.10 mm。

2.2.4　曳引钢丝绳

曳引钢丝绳也称曳引绳，是电梯上专用的钢丝绳，其功能就是连接轿厢和对重装置，并被曳引机驱动使轿厢升降。它承载着轿厢自重、对重装置自重、额定载重量及驱动力和制动力的总和。

曳引钢丝绳

1. 圆形股状结构曳引钢丝绳

电梯用钢丝绳一般采用圆形股状结构，如图 2-31 所示，主要由钢丝、绳股和绳芯组成。钢丝是钢丝绳的基本组成件，要求具有很高的强度和韧性（含挠性）。钢丝绳股由若干根钢丝捻成，钢丝是钢丝绳的基本强度单元。每一个绳股中含有相同规格和数量的钢丝，并按一定的捻制方法制成绳股，再由若干根绳股编制成钢丝绳。股数多，钢丝绳的疲劳强度就高。绳芯是被绳股所缠绕的挠性芯棒，通常由剑麻纤维或聚烯烃类（聚丙烯或聚乙烯）等合成纤维制成，能起到支承和固定绳股的作用，且能储存润滑剂。

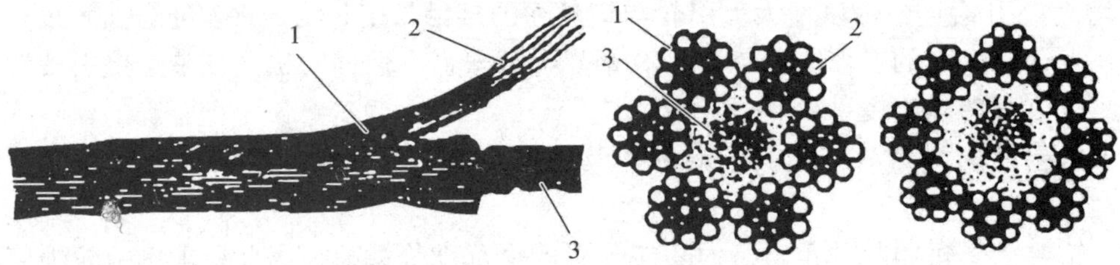

1—绳股；2—钢丝；3—绳芯。

图 2-31　圆形股状结构曳引钢丝绳示意图

曳引钢丝绳一般使用 6 股和 8 股，即 6 × 19S + NF 或 8 × 19S + NF 这两种型号的钢丝绳。型号中的第一位数字代表钢丝绳的股数，第二位数字代表每股中的钢丝根数，S 表示钢丝绳为西鲁式结构，其特点是钢丝股中外面的钢丝比里面的钢丝粗。NF 表示钢丝绳的绳芯是用天然纤维做的。上述钢丝绳直径有 6、8、11、13、16、19、22 mm 等几种规格。电梯专用钢丝绳规格为 8 ×（19），使用公称直径一般为 ϕ11 mm、ϕ13 mm、ϕ16 mm。

2. 扁平钢带曳引绳

近年来，一些电梯用钢带取代钢丝绳作为新型悬挂方式。钢带即聚氨酯扁平复合钢带，这种悬挂方式改变了钢丝绳股的排列方式，在横排的钢丝绳股外包裹聚氨酯，形成厚 3 mm、宽 30 mm 或 60 mm 的带状结构，如图 2-32 所示。

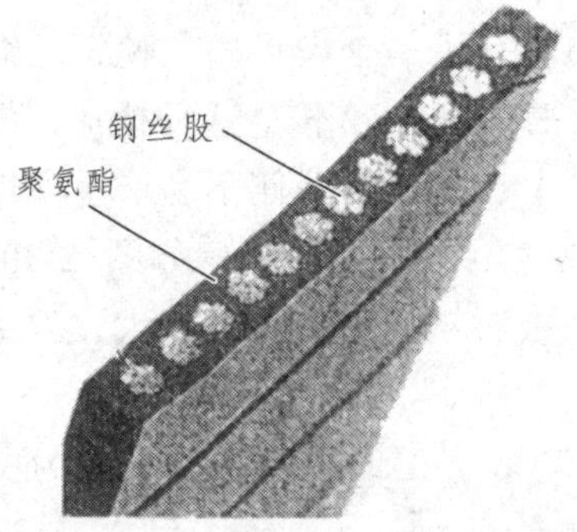

图 2-32　聚氨酯扁平复合钢带

这种钢带比传统钢丝绳含有更多的钢丝数量，在具有相同曳引力的情况下，主机的驱动轮直径只有 100～115 mm，如图 2-33 所示，有利于实现无机房或小机房设计。钢带与主机拥有更大的接触面，可提高传动能力。钢带由聚氨酯保护，无须润滑，并且可以减少电梯运行中产生的振动与噪声。

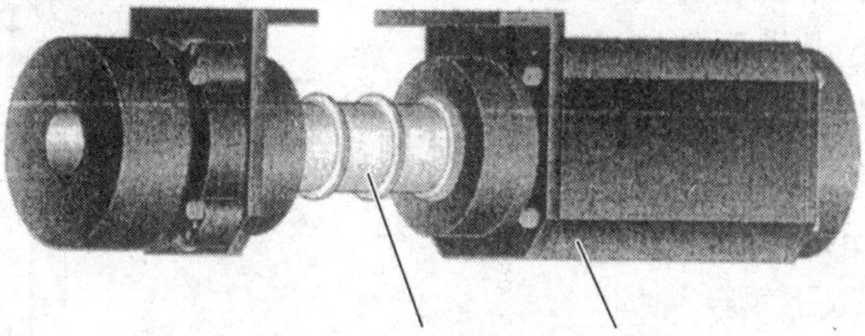

图 2-33 复合带用的电梯曳引机

3. 曳引钢丝绳安全系数的要求

曳引钢丝绳具有强度高、挠性好、极少骤然断裂折断的特点，它要承受电梯的全部悬挂重量，并绕着曳引轮、导向轮和反绳轮做反复弯曲，因此要求曳引钢丝绳应具备良好的耐磨性、挠性及安全性。曳引钢丝绳的安全系数，就是指装有额定载荷的轿厢停靠在最低层站时，一根钢丝绳的最小破断负荷（N）与这根钢丝绳所受的最大力（N）之间的比值。

为了保障电梯悬挂绳有足够的安全冗余度，在任何情况下，其安全系数不应小于下列值：

（1）对于用三根或三根以上钢丝绳的曳引驱动电梯，钢丝绳的安全系数不小于 12；

（2）对于用两根钢丝绳的曳引驱动电梯，钢丝绳的安全系数不小于 16；

（3）对于卷筒驱动电梯，钢丝绳的安全系数不小于 12。

小知识：电梯钢丝绳出现什么情况就要报废？

出现下列情况之一时，钢丝绳应当报废：

（1）出现笼状畸变、绳芯挤出、扭结、部分压扁、弯折。

（2）断丝分散出现在整条钢丝绳，任何一个捻距内单股的断丝数大于 4 根；或者断丝集中在钢丝绳某一部位或一股，一个捻距内断丝总数大于 12 根（对于 6 股的钢丝绳）或者大于 16 根（对于 8 股的钢丝绳）；

（3）磨损后的钢丝绳直径小于钢丝绳公称直径的 90%。

采用其他类型悬挂装置的，悬挂装置的磨损、变形等应当不超过制造单位设定的报废指标。

2.2.5 绳头组合

曳引钢丝绳的两端必须与有关构件连接，如用 1∶1 绕法，绳的两端分别与轿厢和对重上的绳头板连接；如采用 2∶1 绕法，钢丝绳的两端都必须引到机房，与机房内固定支架的绳头板连接固定。端接装置是钢丝绳绳头与有关构件间的过渡连接装置。当钢丝绳与端接装置连接后，由于连接处必定会存在一些机械损伤或应力集中，导致连接强度降低，于是选择一种合适的连接方法就显得非常重要。

曳引钢丝绳端接装置也叫绳头组合，其连接方法有多种形式，安全牢靠的方法有合金固定法（巴氏合金填充锥形套筒法）、自锁楔形绳套法和绳夹固定法。

1. 合金固定法

合金固定法如图 2-34 所示，能够使钢丝绳保持完整强度。巴氏合金是一种低熔点合金，主要成分是锡、铅、锑等。浇注巴氏合金固定曳引绳头时，各电梯厂都制定有专门的操作规程，必须严格按规程操作，以免降低曳引绳端接部位的机械强度。下面对曳引绳端头浇注巴氏合金的方法进行介绍。

从成卷的钢丝绳上取下钢丝绳时，应使用卷绳木轮放出钢丝绳，必须避免钢丝绳打圈或拧结造成钢丝绳强度降低。放出的钢丝绳一端固定在机房楼板上，自由悬挂使其消除内应力。

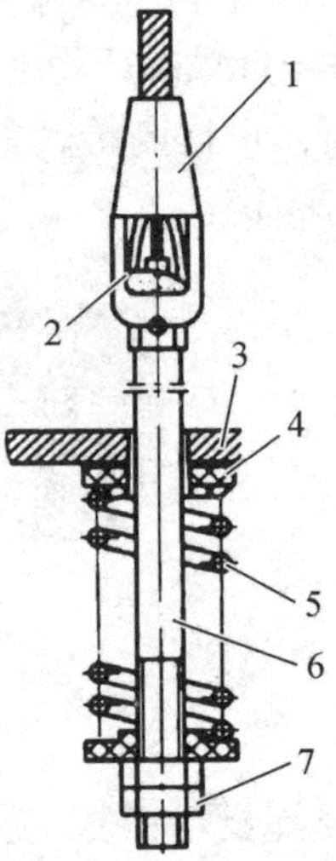

1—锥套；2—曳引绳头与巴氏合金熔接；3—绳头板；4—弹簧垫；5—弹簧；6—拉杆；7—螺母。

图 2-34　合金固定法示意图

对于量好尺寸的钢丝绳，在截断前，为避免切断时曳引绳松散，需用 22#铅丝按图 2-35 分三段扎紧，每处扎紧的长度应大于或等于被截曳引绳的直径。其捆扎的间距为：①②处为锥形套筒锥形部分长度的 2 倍，②③处为 30 ~ 50 mm，然后在①处扎紧端将绳截断。

将截断的曳引绳插入锥套内，解开第①处铁丝，松开绳股并在接近②处捆扎地方将纤维绳芯截断，如图 2-36 所示，并用不易燃的低毒溶剂（如柴油）清洗松散部分，去除松散的曳引绳钢丝上的油脂和沙尘，以利于巴氏合金灌注。

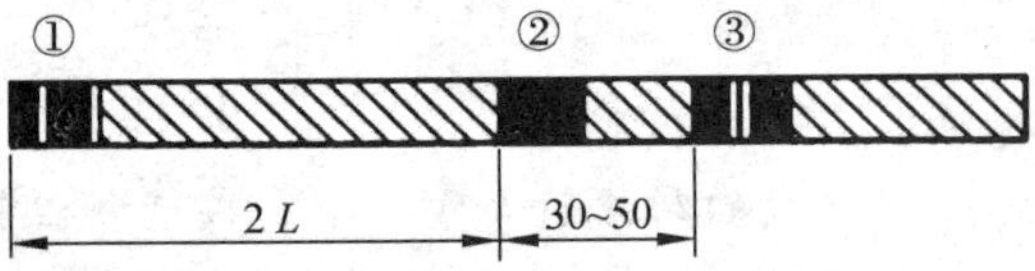

图 2-35　捆扎曳引绳端部示意图

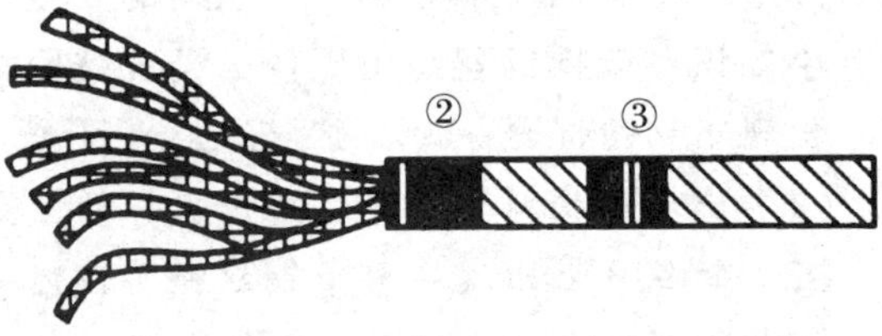

图 2-36　松开曳引绳股示意图

把清洗干净的各股曳引绳钢丝向内做四环花结或者把全部钢丝向内做四环弯曲，其打弯长度不应小于曳引绳直径的 2.5 倍，但必须小于插入锥套部分的长度，并将打弯的部分拉入锥套（拉入时不要用力过猛，以防损伤曳引绳）。当全部拉入后，第③处捆扎铁丝绝大部分应露出锥体小端，如图 2-37 所示。

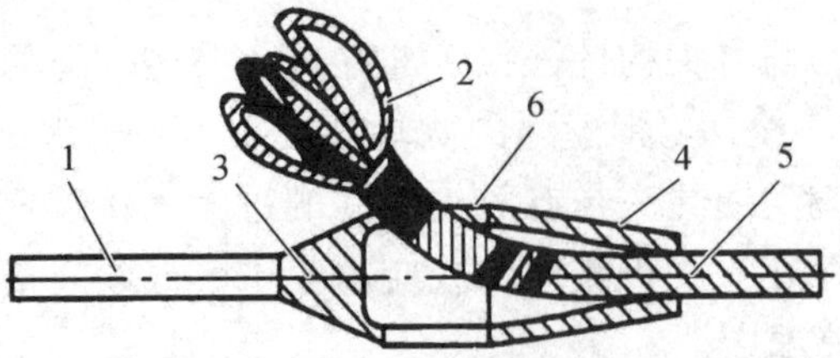

1—拉杆；2—打弯花结；3—锥形套筒锥套；4—锥形套筒锥体小端；5—曳引绳；6—锥形套筒锥体大端。

图 2-37　打弯示意图

巴氏合金是一种低熔点合金，把它放入专用的金属器皿内，将巴氏合金加热至 270 ~ 350 °C，颜色变成发黄的程度，去掉浮渣即可。同时，要把锥套预热到 40 ~ 50 °C。

将锥套大端朝上垂直固定，并在小端出口处缠上布条或棉纱，以防熔液渗透后外流，然后将巴氏合金熔液一次性注入锥套（注意不允许两次灌注，否则会影响被灌注曳引绳头的强度，给电梯带来安全隐患），浇注面应高出锥孔 10 ~ 15 mm，如图 2-38 所示。

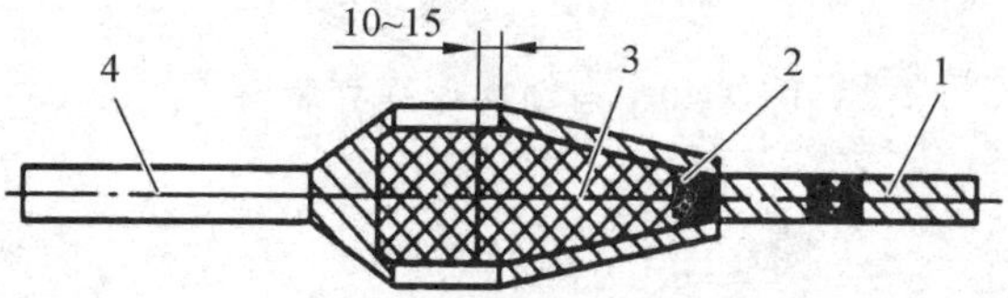

1—曳引绳；2—被巴氏合金浇注的曳引绳；3—巴氏合金高出锥孔处；4—拉杆。

图 2-38　浇注巴氏合金示意图

当浇注的巴氏合金凝固并冷却后，先取下锥体小端出口处的防漏布条或棉纱，从此处能看到有少量巴氏合金渗出时，则证明巴氏合金灌注饱满。检查曳引绳和锥套是否成一直线，绳的捻向有无呈不均匀状态或绳有无散股现象，若无上述现象，且巴氏合金浇注饱满，说明曳引绳与锥套组合合格，若不合格，应重新浇注。

绳头组合中的绳固定装置（锥形套筒）、小端连接曳引绳头、拉杆插入轿厢或对重架上梁的绳头板孔中，并套入弹簧，加设垫圈，用双螺母固定，同时加上开口销，以防脱落，如图 2-39 所示。

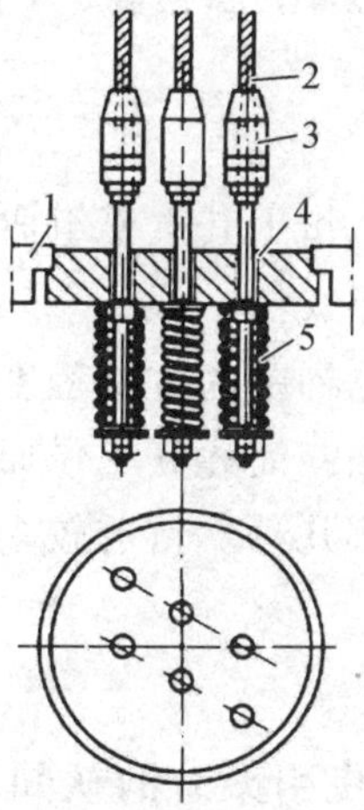

1—上横梁；2—曳引绳；3—绳头固定装置；4—绳头板；5—绳头弹簧。

图 2-39　曳引绳绳头组合

2. 自锁楔形绳套固定法

自锁楔形绳套（见图 2-40）由绳套和楔块组成。曳引钢丝绳绕过楔块套入绳套再将楔块拉紧，靠楔块与绳套内孔斜面的配合而自锁，并在曳引钢丝绳的拉力作用下，越拉越紧。楔块的下方设有开口销孔，插入开口销可以防止楔块松脱。

目前较多使用此种方式，主要原因是现场施工方便，便于调整，对曳引钢丝绳基本无损伤，已经有较多的电梯配件生产厂专业生产，价格相对较低。

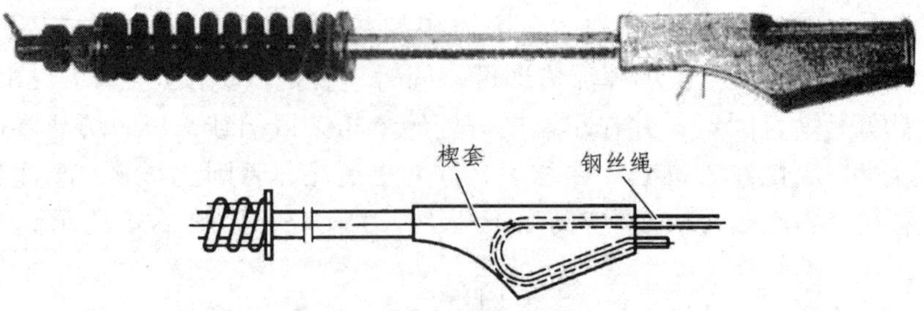

图 2-40　自锁楔形绳套装置

3. 绳夹固定法

绳夹固定法如图 2-41 所示。用绳夹固定绳头是非常方便的方法，但必须注意绳夹规格与钢丝绳直径的匹配及夹紧的程度。固定时必须使用三个以上的绳夹，而且 U 形螺栓应卡在钢丝绳的短头。绳夹固定法在施工时非常方便，属于起重装置中通用零部件，有大量的配件工厂生产，采购容易，成本低。但如果 U 形螺栓夹得过紧，会损伤钢丝绳，过松则连接不可靠，此结构仅被允许使用于杂物梯上。

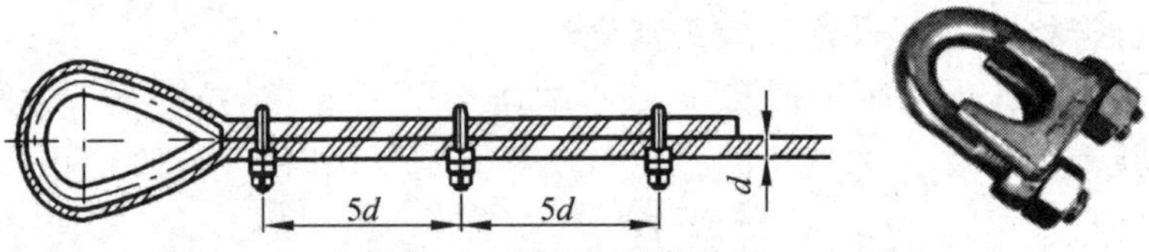

图 2-41　绳夹固定装置

【练习与思考】

（1）电梯曳引系统的作用是什么？指出其主要组成部分。

（2）电梯曳引机有哪些主要结构形式？

（3）曳引电动机有何功能？其在电梯中的重要程度和工作特点是什么？

（4）电梯制动器的功能作用是什么？简述其工作原理。

（5）曳引钢丝绳接头固定方法有哪几种？目前较多使用哪种方式？

【认知实训】

曳引系统的认知

1. 实训目的

（1）掌握制动器的构造、工作原理、技术参数，并能独立调整制动器；

（2）了解联轴器的种类、特点，了解减速箱的构造，掌握减速箱的保养内容；

（3）了解曳引轮构造、要求及检查内容；

（4）能够区别不同类别的绳头组合。

2. 实训设备

有齿轮曳引机（交流电动机驱动、蜗杆下置式曳引机）、永磁同步无齿轮曳引机、不同规格的曳引钢丝绳、钢带、巴氏合金绳头组合、自锁楔形绳套、机房、轿顶。

3. 实训内容

步骤 1：领取清单工具及量具，填写工具清单，熟悉实训馆安全文明生产条例。

步骤 2：领取学生工作学习单，分析任务要点。

步骤 3：在老师的指导下了解认知有齿轮曳引机的结构，能够清晰介绍曳引机的工作原理、制动器的工作原理。

步骤 4：能够独立调整制动器，并能够使用量具检测确认制动衬与制动鼓之间的间隙（无接触时尽量小）。制动衬和制动鼓完全接触（抱闸时）。

步骤 5：专项检查电机（马达）制动器组件（如 BS 型），确认电磁线圈的电压与铭牌上的额定电压一致。

步骤 6：检查限位器调整正确，联动装置、螺栓、螺母正确紧固。

步骤 7：检查弹簧（无生锈、损坏），检查制动器的机械部分，检查是否有制动器故障的迹象（灰尘、漏油、异响、高温等）。

步骤 8：检查减速器内润滑油的容量，是否在刻度线内，润滑油是否有污染现象。

4. 过程记录

（1）调整制动器，并能够使用量具检测确认制动衬与制动鼓之间的间隙（无接触时尽量小），制动衬和制动鼓完全接触（抱闸时）。

记录数据：

（2）专项检查电机（马达）制动器组件（如 BS 型），确认电磁线圈的电压与铭牌上的额定电压一致。

检查结果：

（3）检查限位器调整正确，联动装置、螺栓、螺母正确紧固。

检查结果：

（4）检查弹簧（无生锈、损坏），检查制动器的机械部分，检查是否有制动器故障的迹象（灰尘、漏油、异响、高温等）。

检查结果：

（5）检查减速器内润滑油的容量，是否在刻度线内，润滑油是否有污染现象。

检查结果：

任务 2.3　对重与补偿装置

【学习目标】

知识目标：

- 掌握电梯重量平衡系统的组成；
- 掌握对重装置的原理及组成；
- 掌握补偿装置的原理及组成。

能力目标：

- 能调重量平衡系数。

【知识讲解】

2.3.1 重量平衡系统的组成

重量平衡系统的功能及组成

重量平衡系统的作用是使对重与轿厢能达到相对平衡，在电梯运行中，即使载重量不断变化，仍能使两者间的重量差保持在较小限额之内，保证电梯曳引传动平稳、正常。

重量平衡系统一般是由对重装置和重量补偿装置两部分组成。

轿厢与对重通过钢丝绳分别悬挂在曳引轮的两侧，保证了曳引力的产生，相对平衡了两侧的重量，有效降低了电梯的驱动力，此部分称为对重系统。

另外，曳引钢丝绳连接轿厢和对重，如果楼层高，则钢丝绳就长，钢丝绳自身重量很大，同时随着轿厢运行钢丝绳重量在不断地改变位置，为补偿此重量变化对电梯运行带来的影响，于是又通过连接在轿底和对重底的补偿链起着两边重量补偿作用。这样，上述两个部分构成了电梯的重量平衡系统，保证了电梯曳引传动正常，运行平稳、可靠，如图 2-42 所示。

2.3.2 对重装置

1. 对重装置的结构及其种类

对重装置一般由对重架、对重块、导靴、缓冲器碰块、压块以及与轿厢相连的曳引绳和反绳轮组成，如图 2-43 所示。

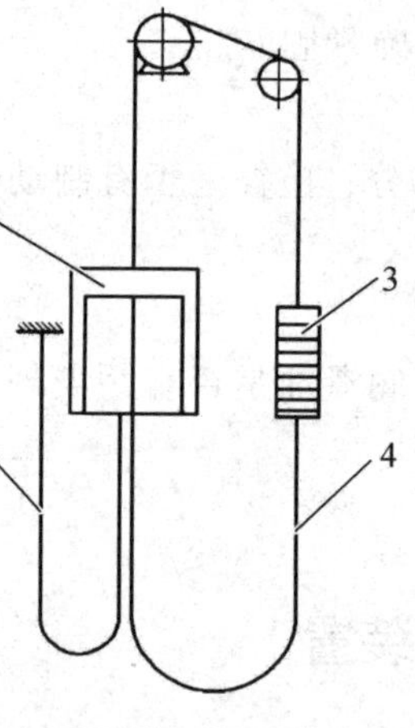

1—随行电缆；2—轿厢；3—对重；4—重量补偿装置。

图 2-42 重量平衡系统

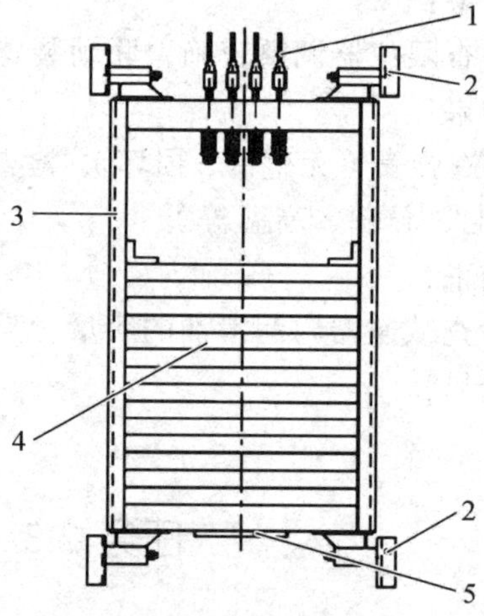

1—曳引绳；2—导靴；3—对重架；4—对重块；5—缓冲器碰块。

图 2-43 对重装置

对重装置一般分为无反绳轮式（曳引比为 1∶1 的电梯）和有反绳轮式（曳引比非 1∶1 的电梯）两类。不论是有反绳轮式还是无反绳轮式的对重装置，其结构组成是基本相同的。对重架多用槽钢等制成，其高度一般不宜超出轿厢高度，对重块由铸铁制造（也有部分电梯采用加重混凝土对重块），安装在对重架上后，并用压板压紧，以防运行中移位和振动并产生噪声。表 2-2 为常用对重架、对重块（砣块）规格。

表 2-2　常用对重架、对重块（砣块）规格

项　目	规格尺寸				
砣块长度/mm	500	760	760	910	1 105
砣块宽度/mm	110	200	250	300	400
砣块厚度/mm	75	75	75	75	40
砣块质量/kg	27	71	87	125	149
对重架槽钢型号	8	14	14	18	22

注：对重砣块还有以质量为规格的，一般有 50、75、100、125 kg 等几种，分别适用于 1 000、2 000、3 000、5 000 kg 载重量的电梯。

2. 对重装置的作用

（1）对重保证了曳引绳与曳引轮槽的压力，保证了曳引力的产生。

（2）可以相对平衡轿厢和部分电梯载荷重量，减少曳引机功率的损耗；当轿厢负载与对重较匹配时，还可以减小钢丝绳与绳轮之间的曳引力，延长钢丝绳的寿命。

（3）由于曳引式电梯有对重装置，如果轿厢或对重撞在缓冲器上后，曳引绳对曳引轮的压力消失，电梯失去曳引条件，避免冲顶事故的发生。

（4）由于曳引式电梯设置了对重，使电梯的提升高度不同于强制式驱动电梯（受卷筒尺寸和速度不稳定限制），因而提升高度也大大提高。

2.3.3　补偿装置

如图 2-44 所示，在电梯运行过程中，当轿厢位于顶层时，曳引绳长度及自重大部分转移到对重一侧，相反，当轿厢位于最低层、对重升至最高时，曳引绳长度基本都转移到轿厢一侧，曳引绳的自重大部分也集中在轿厢一侧，同时，电梯随行控制电缆一端固定在井道高度的中部，另一端悬挂在轿厢底部，其长度和自重也随电梯运行而发生转移。上述因素都对轿厢和对重的平衡产生影响。当电梯提升高度超过 30 m 时，两侧的重量变化就变得不容忽视了，因而必须增设重量补偿装置来控制。

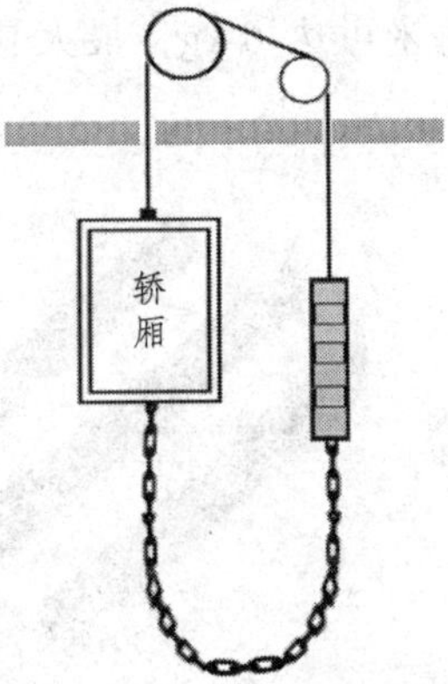

图 2-44　补偿装置示意图

1. 重量补偿装置的种类

（1）补偿链

如图 2-45（a）所示，这种补偿装置以铁链为主体，为了减少电梯运行中铁链链环之间的碰撞噪声，常用麻绳穿在铁链环中。补偿链在电梯中通常采用一端悬挂在轿厢下面，另一端挂在对重装置的下部，这种补偿装置的特点是结构简单，成本较低，但不适用于梯速超过 1.75 m/s 的电梯使用。

（2）补偿绳

如图 2-45（b）所示，这种补偿装置以钢丝绳为主体，即将数根钢丝绳经过钢丝绳绳夹和挂绳架，一端悬挂在轿厢底梁上，另一端悬挂在对重架上。这种补偿装置的特点是电梯运行稳定、噪声小，故常用在电梯额定速度超过 1.75 m/s 的电梯上；其缺点是装置比较复杂，成本相对较高，此外除了补偿绳外，还需张紧装置等附件。张紧装置必须保证在电梯运行时，张紧轮能沿导向轨上下自由移动，并能张紧补偿绳。正常运行时，张紧轮处于垂直浮动状态，本身可以转动。

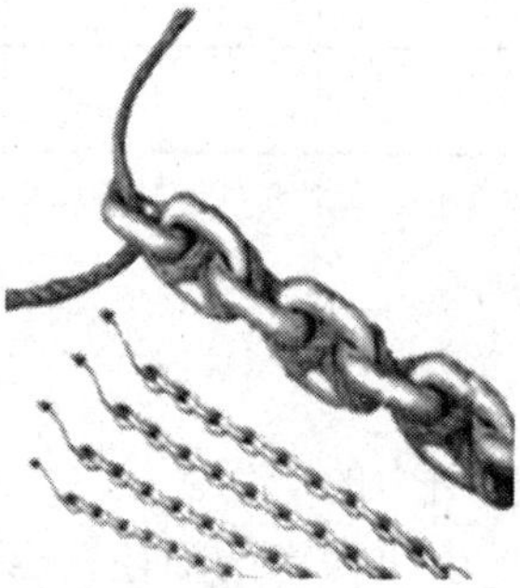

（a）补偿链

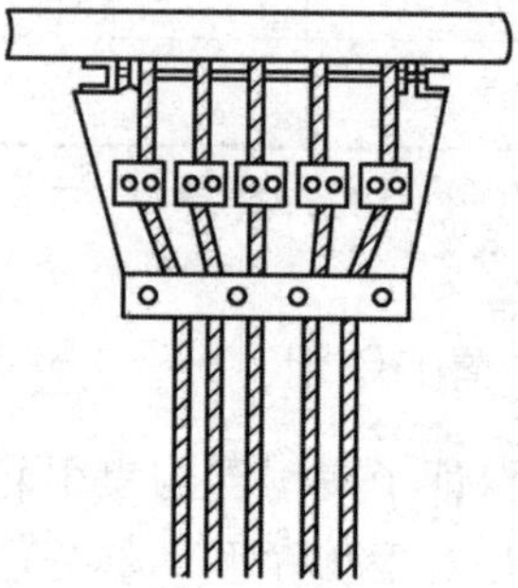

（b）补偿绳

图 2-45　补偿装置种类示意图

（3）补偿缆

补偿缆是一种新型的高密度的补偿装置，如图 2-46 所示。补偿缆中间为低碳钢制成的环链，在环链周围装填金属颗粒以及聚乙烯等高分子材料的混合物，最外侧制成圆形塑料保护链套，要求链套具有防火、防氧化、耐磨性能较好的特点。这种补偿缆质量密度较高，最重的每米可达 6 kg，最大悬挂长度可达 200 m，运行噪声小，可适用各种中、高速电梯的补偿装置。

（a）补偿缆

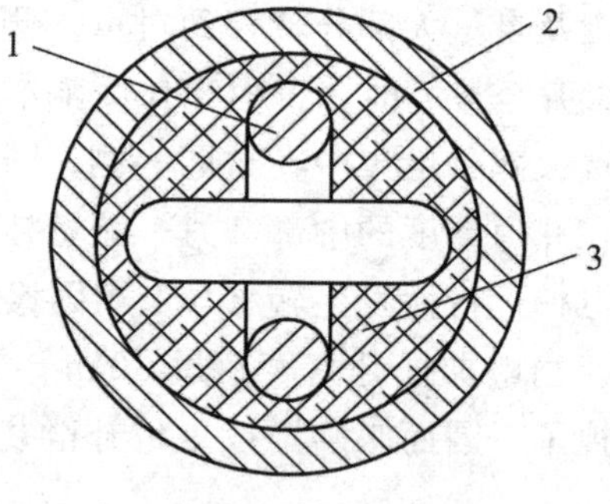

（b）补偿缆截面图示意图

1—链条；2—护套；3—金属颗粒和聚乙烯混合物。

图 2-46　补偿缆示意图

2. 常见的平衡补偿方法

常见的平衡补偿方法主要有三种：单侧补偿法、双侧补偿法和对称补偿法，如图 2-47 所示。

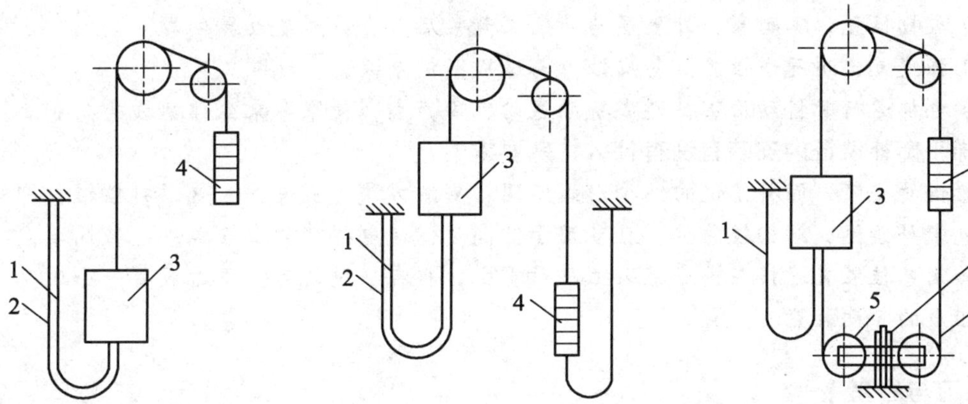

（a）单侧补偿法　（b）双侧补偿法　（c）对称补偿法

1—随行电缆；2—补偿链（绳、缆）；3—轿厢；4—对重；5—张紧轮；6—张紧轮导轨。

图 2-47　常见的平衡补偿方法

2.3.4　平衡系数

为了使对重装置能起到最佳的平衡作用，必须正确计算其重量，保证使电梯分别处在满载和空载状态时，曳引钢丝绳两端重量差值最小，曳引机消耗功率最少，钢丝绳也不易打滑。

对重的总重量通常按以下基本公式计算：

$$W = G + KQ$$

式中　W——对重的总重量（含对重砣块及对重架）（kg）；

G——轿厢自重（kg）；

Q——轿厢额定载重量（kg）；

K——电梯平衡系数，一般取 0.4 ~ 0.5。

电梯的对重装置和轿厢侧完全平衡时，电梯只需克服各部分摩擦力和加减速惯性力就能运行，且电梯运行平稳，平层准确度高。因此对平衡系数 K 的选取，应尽量使电梯经常处于接近平衡状态。对于经常处于轻载的电梯，K 可取 0.4 ~ 0.45，对于经常处于重载的电梯，K 可取 0.5，但不超过 0.55，这样有利于节省能源，延长机件的使用寿命。

例：有一台客梯的额定载重量为 1 000 kg，轿厢净重为 1 100 kg，若平衡系数取 0.45，求对重装置的总重量。

解：已知 $G = 1\,100$ kg，$Q = 1\,000$ kg，$K = 0.45$；代入上面的公式得：

$$W = G + KQ = 1\,100 + 0.45 \times 1\,000 = 1\,550\ (\text{kg})$$

小知识：如何判断电梯平衡补偿链质量的好坏？

质量好的补偿链一般都由专业的电梯配套厂家生产，它们往往拥有丰富的电梯配套生产设计经验，通过和电梯整体的运行测试，可以使电梯运行安全平稳，达到静音舒适的效果。质量不好的补偿链多数由非专业的地下作坊生产，由于平衡补偿链的结构看似简单，往往是不经过任何试验，直接投放市场。

这一类产品主要有如下三个特性：

（1）柔韧性差，不耐寒，外裹层易开裂，开裂后存在剧烈晃动等问题；

（2）强度差，耐气候性差，易腐蚀，易造成断链事故；

（3）电梯运行时抖动厉害，造成轿厢晃动、噪声大，使乘客乘坐体验大打折扣。

电梯平衡补偿链的安装有没有什么特殊要求？

补偿链的安装，因补偿链的结构形式不同，安装方法也有差异。普通补偿链，即穿绳补偿链和包塑补偿链，结构较简单，且多用于低高度低速电梯，故安装方式也较简单，补偿链的两端各用悬挂装置连接在轿底框架上及对重上，再在底坑的对重下边设置一个由 2 个聚氯乙烯轮组成的导向装置。

【练习与思考】

（1）重量平衡系统有什么功能？

（2）重量平衡系统的组成是什么？

（3）重量补偿装置有哪些种类？常见的补偿方法有哪些？

【认知实训】

对重与补偿装置的认知

1. 实训目的

（1）了解对重的结构及组成；

（2）认知学习重量补偿装置的种类。

2. 实训设备

电梯对重装置、补偿装置。

3. 实训内容

参观认知电梯整体结构中对重装置的结构及组成。了解补偿装置的材料及特点。

4. 实训小结（见表 2-3）

表 2-3　对重及补偿装置认知实训表

序　号	系　统	主要构成	功　能	安装位置
1				
2				

模块 3　轿厢、门及导向系统

任务 3.1　轿　厢

【学习目标】

知识目标：

- 了解轿厢的结构、组成，轿架的分类及应用；
- 掌握两种称重装置的工作原理并能调整超载装置。

能力目标：

- 按安全生产规范要求认知轿厢结构；
- 通过实训操作，进一步掌握轿厢结构及技术参数。

电梯轿厢结构

【知识讲解】

3.1.1　轿厢结构

电梯轿厢是装载乘客或货物，为方便出入而设有门装置的箱形结构部件，是与乘客或货物直接接触的，也是唯一为乘客所看见的电梯结构部分。电梯用途不同，在具体结构及外形上将有一定的差异，如观光梯外形常做成菱形、圆形，超高速电梯的外形做成流线型。

轿厢总体结构由轿厢架和轿厢体组成，如图 3-1 所示。有些轿厢还有安全窗或安全门。另外，安装在电梯轿厢上的附件还有轿顶操纵箱、轿顶护栏、门机组件、风扇、导靴及安全钳组件等。

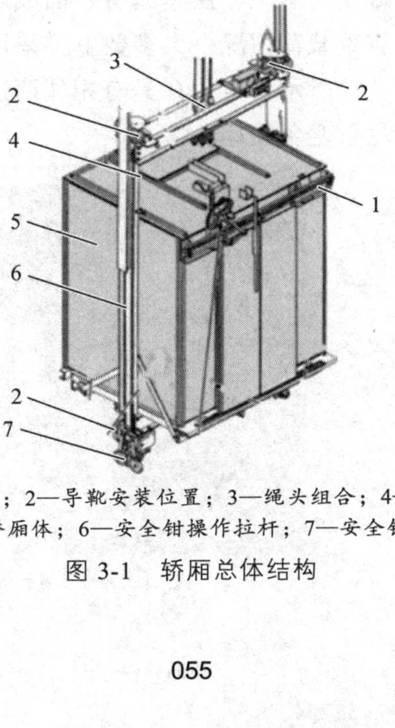

1—门机组件；2—导靴安装位置；3—绳头组合；4—轿厢架；
5—轿厢体；6—安全钳操作拉杆；7—安全钳。

图 3-1　轿厢总体结构

1. 轿厢架

轿厢架作为承重结构件，制作成一个金属框架，一般由上梁、下梁、立梁和拉条等组成，如图 3-2 所示。这些构件采用型钢或板材折边压制而成，通过搭接板用螺栓结合，可拆装，以便进入井道组装。上梁、下梁、立梁之间一般采用螺栓连接。在上、下梁的两端有供安装轿厢导靴和安全钳的位置，在上梁中部设有安装轿顶轮或绳头组合装置的安装板，上梁上还装有安全钳操作拉杆和电气开关，在立梁（侧立柱）上留有安装轿厢壁板的支架并排布有安全钳操纵拉杆等。

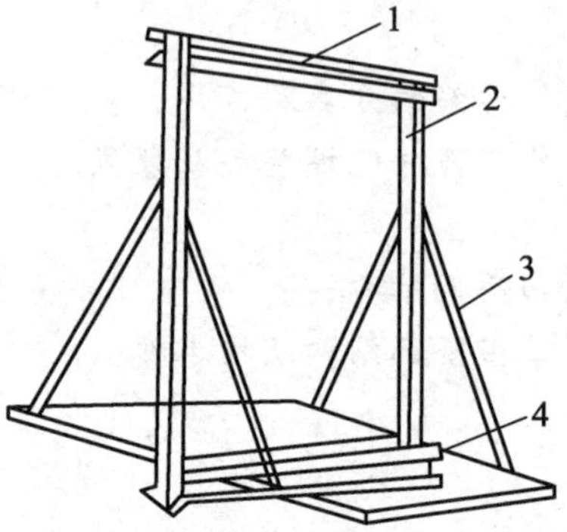

1—上梁；2—立梁；3—拉条；4—下梁。

图 3-2 轿厢架

轿厢架主要承受轿厢自重和所有载荷的重量，要求具有良好的刚性和强度来承受载重，还要保证因电梯运行超速导致安全钳制动时的制动力、轿厢坠落与底坑内缓冲器相撞的冲击力作用时不致损坏，同时要求轿厢架的上梁、下梁在轿厢满载时最大挠度应小于其跨度的 1/1 000。

目前，常见的轿厢架有两种基本构造：

（1）对边形轿厢架，如图 3-3 所示，适用于具有一面或对面设置轿门的电梯。这种形式的轿厢架受力情况较好，适合较重载荷情况，大多数电梯采用此种结构方式。

（2）对角形轿厢架，如图 3-4 所示，常用在具有相邻两边设置轿门的电梯上。这种轿厢架受力情况较差，重型电梯应尽量避免采用。

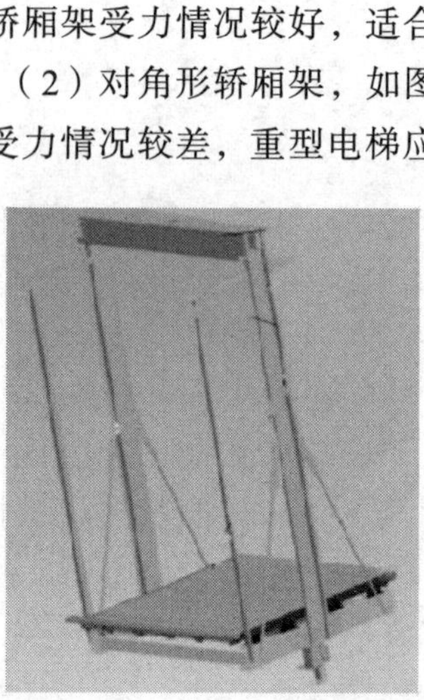

图 3-3 对边形轿厢架

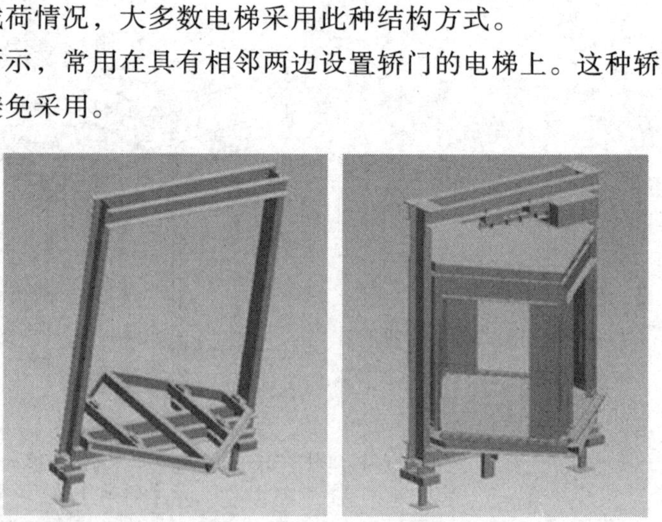

图 3-4 对角形轿厢架

2. 轿厢体

轿厢体，即轿厢，在轿厢整体结构中，轿厢由薄金属板经压制成型组合成一个箱形结构，由轿底、轿壁、轿顶及轿门等组成，如图 3-5 所示。

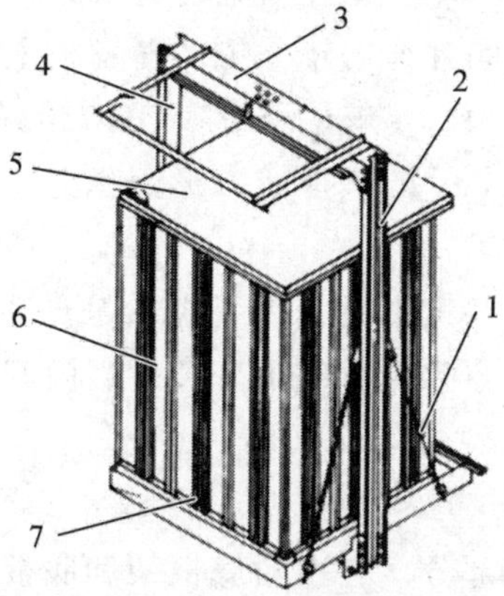

1—轿厢拉条；2—安全钳拉杆；3—上梁；4—立梁；5—轿顶；6—轿壁；7—轿底。

图 3-5　轿厢结构

轿底框架采用槽钢和角钢焊接而成，并在上面铺设一层钢板或木板形成完整的底面，有时还会在其上再粘贴一层塑料地板或装饰材料来改善美观程度。轿壁由薄钢板经压制成型的壁板用螺栓连接拼合而成，每块壁板的中部有特殊形状的加强筋，以增强轿壁的强度和刚性，在每块壁板的拼合接缝处，大多配装有装饰嵌条，以增强轿壁的强度和刚性，在每块壁板的拼合接缝处，大多配装有装饰嵌条，既增加美观程度，又减少两块壁板间因振动而产生的噪声；轿内壁板面上通常贴有一层防火塑料板或者是制有图案、花纹的不锈钢薄板，也有把轿壁填灰磨平后再喷漆的；对于观光电梯，则采用高强度玻璃制作轿壁，保证乘客视线开阔；轿壁之间以及轿壁与轿顶、轿底之间，一般采用螺钉连接；轿顶的结构与轿壁相似，要求能承受一定的重量（电梯检修工须在轿顶工作），并有防护栏以及根据设计要求设置的安全窗，轿顶下面装有装饰板或吊顶装饰物，在装饰板的上面安装照明灯、风扇。

（1）轿顶

轿顶由厚度为 1.2 ~ 1.5 mm 的钢板压制成槽形结构拼合而成。根据 GB 7588—2003《电梯制造和安装安全规范》规定，轿顶的任何位置要能承受两个人的体重，每个人按 0.20 m × 0.20 m 面积上作用 1 000 N 的力，应无永久变形；在轿顶壁上将 300 N 的力均匀作用在 5 cm^2 的圆形或方形面积上，壁板应无永久变形，弹性变形不大于 15 mm；距离轿顶外侧边缘水平方向上存在超过 0.30 m 的自由距离时，轿顶应装设护栏；护栏应由扶手、0.1 m 高的护脚板和位于护栏高度一半处的中间栏杆组成；对于轿内操作的轿厢，轿顶上应设置活板门（即安全窗），其尺寸应不小于 0.35 m × 0.50 m，该活板门应有手动锁紧装置，可向轿外打开，活板门打开后，电梯的电气联锁装置被触发，使轿厢无法运行（或在运行中停车），以保证安全，同时轿顶还应设置排气风扇和检修开关，并装设急停开关和电源插座，供检修人员在轿顶工作时使用；轿顶靠近对重的一面应设置防护栏杆，其高度不超过轿厢架的高度。在轿厢内部，往往还会制作装饰吊顶，吊顶上需考虑留有照明光源和通风口，并不得因吊顶的原因导致安全窗无法使用。

（2）轿厢壁

轿厢壁，又称轿壁，其结构和用材与轿顶基本相同。轿壁间及轿壁与轿顶、轿底间采用螺钉紧密连接成为整体。轿壁的高度方向一般为整块结构，宽度则根据轿厢尺寸由数块拼合而成，结合部位嵌入软质装饰条，既可以保持美观，同时可有效减少壁板振动所造成的噪声。为了减少噪声与振动，有时在靠向井道内壁一侧的轿壁板上要粘贴隔音减振材料。

为了保证使用安全，轿壁必须有足够的强度。GB 7588—2003 规定，轿厢内任何位置壁板，将 300 N 的力均匀作用在 5 cm^2 的圆形或方形面积上，壁板应无永久变形，弹性变形不大于 15 mm。

当两台以上电梯共设在一个井道中时，为了应急需要，可在两轿厢相对的侧壁上开设安全门。安全门只能向轿厢内开启，并装有联锁开关。当门开启时，触发电梯控制电路，电梯停止运行。门的宽度不小于 0.4 m，高度不小于 1.5 m。

（3）轿底

轿底是电梯载荷的直接承载部分，它由轿底框架和底板组成。框架多采用槽钢和角钢焊接而成，并在其上铺设 3 ~ 4 mm 的钢板（花纹钢板）。普通客梯、医用电梯等大多在钢板上铺设塑料地板，对于高档豪华梯，则多在钢板上铺设一层木板，并在木板上铺放地毯。

对于舒适程度要求较高的电梯，往往在电梯轿顶、轿底及轿架之间加设橡胶缓冲块，以改善电梯运行时的平稳性并降低噪声。

3. 轿厢与曳引绳的连接方式

轿厢与曳引绳的连接方式因曳引比不同而不同。如图 3-6 所示，曳引比为 1 ∶ 1 时，曳引绳通过绳头组合、绳头板分别与轿厢上梁和对重架连接；如图 3-7 所示，曳引比为 2 ∶ 1 时，曳引绳分别通过轿顶反绳轮、对重反绳轮与轿厢、对重架连接，而绳头又通过绳头组合、绳头板后连接到机房承重梁上。

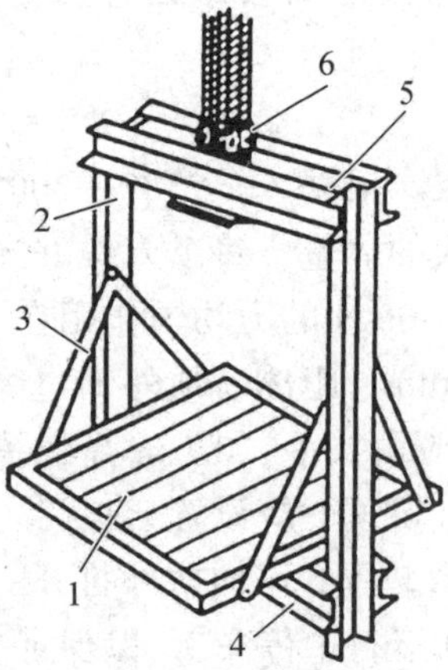

1—轿底；2—立梁；3—拉杆；4—底梁；
5—上梁；6—绳头组合。

图 3-6　通过绳头组合连接轿厢示意图

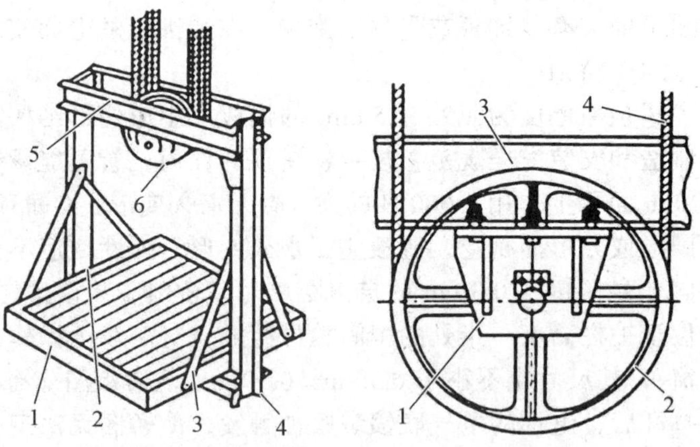

1—轿底；2—立梁；3—拉杆；
4—底梁；5—上梁；6—反绳轮。

1—支架；2—反绳轮；3—上梁；
4—曳引绳。

图 3-7　通过反绳轮连接轿厢示意图

3.1.2 轿厢特点及尺寸要求

1. 轿厢载重量（人数）与面积

为避免轿厢成员过多引起超载，必须对轿厢的有效面积做出限制。轿厢的有效面积指轿厢壁板内侧实际面积，GB 7588—2003 对轿厢的有效面积与额定载重量、乘客人数都做了具体规定，如表 3-1、表 3-2 所示。

表 3-1 乘客人数与轿厢最小面积

乘客人数	轿厢最小有效面积/m^2	乘客人数	轿厢最小有效面积/m^2	乘客人数	轿厢最小有效面积/m^2	乘客人数	轿厢最小有效面积/m^2
1	0.28	6	1.17	11	1.87	16	2.57
2	0.49	7	1.31	12	2.01	17	2.71
3	0.60	8	1.45	13	2.15	18	2.85
4	0.79	9	1.59	14	2.29	19	2.99
5	0.98	10	1.73	15	2.43	20	3.13

注：超过 20 位乘客时，每超出一位增加 0.115 m^2。

表 3-2 额定载重量与轿厢最大有效面积

额定载重量/kg	轿厢最大有效面积/m^2	额定载重量/kg	轿厢最大有效面积/m^2	额定载重量/kg	轿厢最大有效面积/m^2	额定载重量/kg	轿厢最大有效面积/m^2
100①	0.37	525	1.45	975	2.35	1 350	3.10
180②	0.58	600	1.60	1 000	2.40	1 425	3.25
225	0.70	630	1.66	1 050	2.50	1 500	3.40
300	0.90	675	1.75	1 125	2.65	1 600	3.56
375	1.10	750	1.90	1 200	2.80	2 000	4.20
400	1.17	800	2.00	1 250	2.90	2 500	5.00
450	1.30	825	2.05	1 275	2.95		

注：① 一人电梯的最小值；
② 两人电梯的最小值；
③ 额定载重量超过 2 500 kg 时，每增加 100 kg，面积增加 0.16 m^2。对于中间的载重量，按表 3-2 中面积由线性插入法确定。
④ 乘客数量由下述方法确定：按公式（额定载重量/75）计算结果向下圆整到最近的整数或按表 3-1 取其较小的数值。

2. 轿厢的空间尺寸

我国对乘客电梯的额定速度在 2.5 m/s 以下的电梯轿厢空间尺寸的规定见表 3-3 ~ 表 3-6。货梯轿厢的有效面积与电梯最小额定载重量的关系在我国未做出规定，可参照表 3-2 执行。

表 3-3　载客电梯（Ⅰ类）的参数、尺寸

主要用途		非住宅楼电梯					住宅楼电梯			
额定载重量/kg		630	800	1 000	1 250	1 600	320①	400②	630	1 000
轿厢	宽度 A/mm	1 100	1 350	1 600	1 950		900	1 100		
	深度 B/mm	1 400				1 750	1 000		1 400	2 100
	高度/mm	2 200（2 300）		2 300			2 200			

注：额定载重量 320 kg 和 400 kg 的电梯轿厢不允许残疾人乘轮椅进出。

表 3-4　病床电梯（Ⅲ类）的参数尺寸

额定载重量/kg		40	100	250
可乘人数/人		21	26	33
轿厢	宽度 A/mm	1 400	1 500	1 800
	深度 B/mm	2 400	2 700	
	高度/mm	2 300		

表 3-5　载货电梯（Ⅳ类）的参数、尺寸

额定载重量/kg		630	1 000	1 600	2 000	3 000	5 000
轿厢	宽度 A/mm	1 100	1 300	1 500	1 500	2 200	2 400
	深度 B/mm	1 400	1 750	2 250	2 700	2 700	3 600
	高度/mm	2 200	2 200	2 200	2 200	2 500	2 500

表 3-6　杂物电梯（Ⅴ类）的参数尺寸

额定载重量/kg		40	100	250
轿厢	宽度 A/mm	600	800	1 000
	深度 B/mm	600	800	1 000
	高度/mm	800	800	1 200

小知识：轿厢类别

根据电梯的类别，轿厢的类别也有很多种，常见的轿厢有客梯轿厢、货梯轿厢、病床电梯轿厢、杂物电梯轿厢、观光电梯轿厢、汽车电梯轿厢等。

（1）客梯轿厢，如图 3-8 所示，是给乘客提供一个空间，输送乘客去到目的楼层，所以对乘客的舒适性、方便程度就成为客梯主要考核的目标。客梯内部装饰一般都讲究色彩的搭配和装潢，在轿厢壁上往往进行一些装修，如在轿厢壁上贴装蚀刻、抛磨或电镀出美观花纹图案的金属薄板，张贴各类广告等，也有直接对轿厢壁板做装饰；现在还有一些高档电梯在其中装设有电视，既给乘客提供丰富的节目，同时又避免了陌生人近距离相处时产生的尴尬；客梯轿厢内的采光一般都使用柔和的光线，往往将灯装设在吊顶上侧，光线通过反射后再进

入乘客区，避免刺眼；为了有效改善轿厢内的空气质量，还会装设换气风扇，随时向轿厢内提供新鲜空气；某些高档电梯，还会加装电梯专用空调，保持轿厢凉爽舒适。

图 3-8　客梯轿厢

（2）货梯轿厢，如图 3-9 所示，由于其运送货物的特点，它均采用普通碳钢材料制作，无装饰要求，轿底采用较厚的花纹钢板制作，便于承重和防止货物滑移。由于货梯在运载密度较大的物品或用拖车、小车运送货物时，会使载荷集中在轿厢底某一较小面积上，使轿厢承受集中载荷；当拖车等进出轿厢时，轿厢会受到很大的偏重力作用，使导靴、导轨、轿厢架等受到大的载荷；加之拖车等进入轿厢后，往往不停在轿厢的中间，从而产生很大的偏重载荷。根据货梯的这些特点，对其结构设计提出了不同的要求，同时在使用电梯时，应尽量使货物置于轿厢中部并避免集中载荷。货梯有时还会采用直通式轿厢，会开设两个直接相对的轿门，以方便货物装卸或配合工厂建筑结构。但须特别说明的是，严禁将两扇相对方向打开门的轿厢作为通道使用。

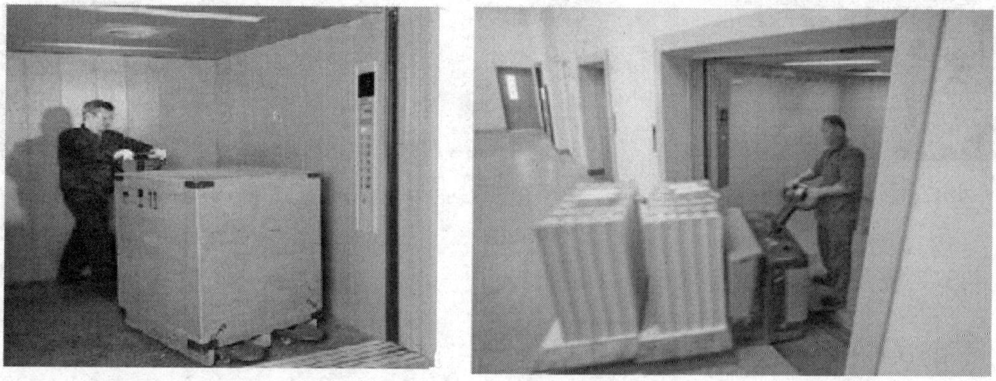

图 3-9　货梯轿厢

（3）病床电梯轿厢，如图 3-10 所示，主要是以病床或担架（含病人）为装运对象，同时还会有随行的医疗器械及医护人员，因此轿厢一般是长而窄，其有效面积在额定载重量相同的情况下，要大于客梯。我国对其轿厢的空间有效尺寸的规定见表 3-4。病床电梯的轿厢内部一般比较简单，为适应病人仰卧的特点，轿厢的照明设置以间接照明式为宜，多为有司机操作方式；由于医用梯长期在多病菌环境中工作，须定期做清洁消毒处理，所以轿厢内壁较为光洁平整，多采用不锈钢壁板，易于清理消毒，同时电梯运行的平稳性要求较高。

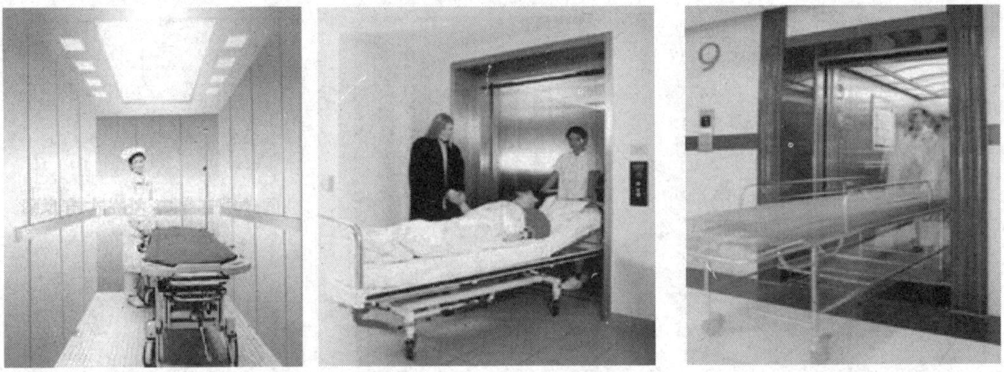

图 3-10 病床电梯轿厢

（4）杂物电梯轿厢，如图 3-11 所示，以运送书籍、食品等小件物品为目的，其载重量较小。为了限制人进入轿厢，我国对杂物电梯轿厢尺寸进行了限制，如表 3-6 所示。

（5）观光电梯轿厢，如图 3-12 所示，多为圆弧形，装饰美观，轿顶及轿底安装弧形挡板，以遮蔽在轿顶、轿底上安装的电梯部件，给人以整齐、美观之观感。

（6）汽车电梯轿厢，如图 3-13 所示，是垂直提升汽车所用，所以其轿厢面积必须较大，通常在轿厢底板设有双拉杆结构，有时还会设置楔形垫块，置于车轮下防止车辆溜滑。汽车梯轿厢有时还不设全封闭轿顶和轿壁。

图 3-11 杂物电梯轿厢

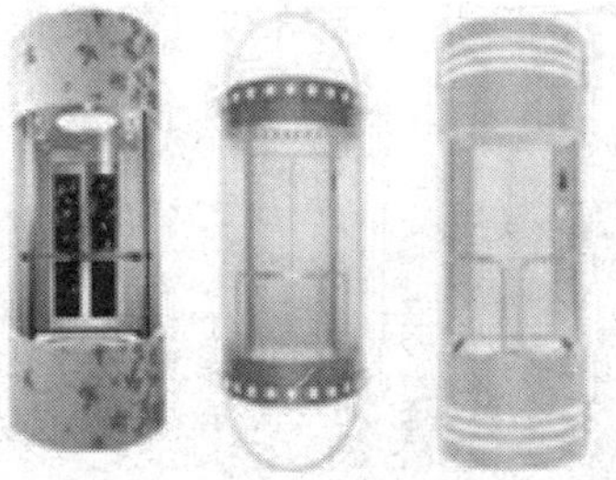

图 3-12 观光电梯轿厢

图 3-13 汽车电梯轿厢

3.1.3 轿厢的其他装置

1. 轿厢操纵装置

轿厢操作装置包括轿厢内操纵箱和轿厢外操纵箱。轿厢内操纵箱位于轿厢内靠近轿厢门的轿厢壁上，用户能方便地通过它来控制电梯运行。有些电梯出于对残疾人无障碍使用电梯的考虑，在轿厢内较低位置设置一个操纵箱，以方便轮椅乘客使用，同时在按钮上使用盲文、加设语音报站等装置，如图 3-14（a）所示。轿厢内操纵的造型、美观及豪华程度都是与轿厢内装饰相互协调搭配的。常见的开关及按钮有楼层选择按钮（按钮有单排、双排或多排按钮，数量由楼层数确定）、快关门按钮、报警按钮、对讲按钮、通风及照明按钮、直驶按钮（电梯专用按钮，当此按钮开启时，厅外召唤无响应）。

轿厢外操纵箱如图 3-14（b）所示，位于每个层站厅门旁，包括楼层召唤箱（外召）、楼层及方向显示、消防开关（一般设在底层）、楼层位置、运行方向显示、特殊装置等（如报站音乐、电梯电视、监控设施）。

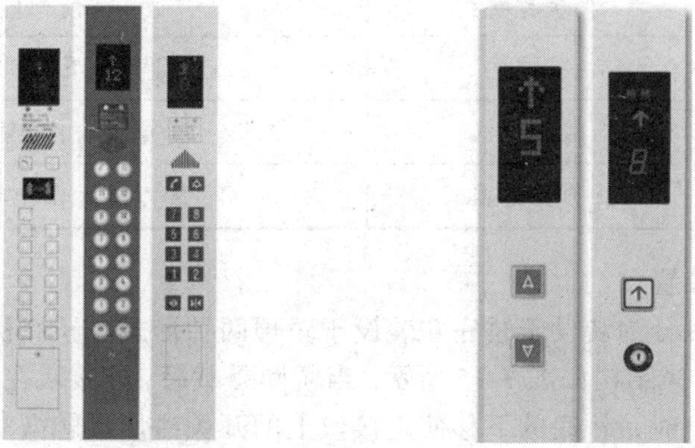

（a）轿厢内操作箱　　（b）轿厢外操作箱

图 3-14　轿厢操纵装置

轿厢的其他装置

2. 轿厢内紧急报警与救援系统

轿厢内应装有紧急报警装置，该装置应采用一个对讲系统，以便与救援服务保持联系。当电梯行程大于 30 m 以及液压电梯机房与井道之间无法直接通过正常对话的方式进行联络时，则在轿厢和机房之间应设置对讲系统或类似装置。上述装置在停电时应由自动再充电的紧急电源供电。

3. 轿厢照明和应急照明

轿厢应设置永久性的电气照明装置，控制装置上的照度宜不小于 50 lx，轿厢地板上的照度宜不小于 50 lx。如果照明是白炽灯，至少要有两只并联的灯泡。使用中的电梯，轿厢应连续照明。

轿厢应有自动再充电的紧急照明电源，在正常照明电源中断的情况下，它能至少供 1 W 灯泡用电 1 h。在正常照明电源一旦发生故障的情况下，应自动接通紧急照明电源。

4. 超载保护装置

为了保证电梯安全可靠运行，不出现超载现象，电梯中有必要装设超载称重装置，对电梯轿厢的载重量实行自动控制，当载重量达到电梯额定载重的 110% 时，电梯不能关门启动运行，同时蜂鸣器响、超载灯亮。

轿厢超载称重装置按设置位置可分为轿底称重式、轿顶称重式、机房称重式；按结构形式可分为机械式、橡胶块式、压力传感器式，如表 3-7 所示。

表 3-7　超载称重装置分类

类　别	形　式	说　明
按装设的位置分类	轿底称重式	活动轿厢式：设于轿厢底部，轿厢整体为浮动 活动轿底式：设于轿厢底部，轿底部分为浮动
	轿顶称重式	设于轿厢上梁
	机房称重式	设于机房
按结构原理分类	机械式	称重装置为机械式结构
	橡胶块式	橡胶块作为称重元件
	压力传感器式	压力传感器作为称重元件

（1）机械式称重装置

机械式称重装置可分为装设于轿底和装设于轿顶两种形式。轿底机械称重装置是采用磅秤工作的杠杆原理，具体结构如图 3-15 所示。当轿厢受载后，连接块在重力作用下向下移动，当轿内重量达到设定值时，轿底的下移使连接块上的开关碰块接触微动开关，电梯控制线路被触发，此时电梯不能启动，报警器报警，直至超载状态解除后方可恢复。称量值可以通过移动秤砣和副秤砣来调节。

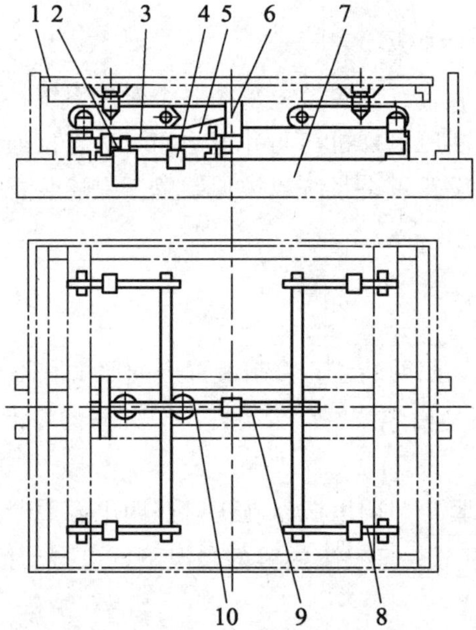

1—轿厢底；2—主秤砣；3—秤杆；4—副秤砣；5—微动开关；6—连接块；
7—轿底梁；8—悬臂架；9—悬臂Ⅰ；10—悬臂Ⅱ。

图 3-15　轿底机械式称重装置

轿顶或机房机械式称重装置如图 3-16 所示，它也利用杠杆原理，称重装置与轿顶或机房中绳头连接板结合在一起，维修保养较方便。由于钢丝绳及补偿绳长度变化导致其称重会发生变化，称重值必须随时修正。

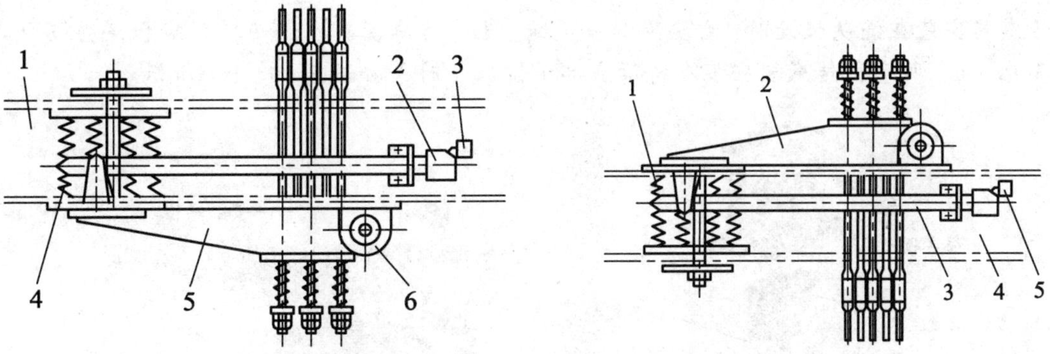

（a）机械式轿顶称重装置

1—上梁；2—摆杆；3—微动开关；
4—压簧；5—秤杆；6—秤座。

（b）机房机械式称重装置

1—压簧；2—秤杆；3—摆杆；
4—承重梁；5—微动开关。

图 3-16　轿顶和机房机械式称重装置

（2）橡胶式称重装置

该称重装置利用橡胶块受力压缩变形后触及微动开关，从而达到切断控制回路的目的，其可分为轿顶式和轿底式两种形式，如图 3-17 所示。

（3）压力传感器式称重装置

将应变式压力传感器装于轿顶或机房，可以对轿厢负荷进行称重，也可以将压力传感器安装在活动轿底进行称重，超载则控制电路工作，主电机切断，报警器鸣叫，超载灯亮，如图 3-18 所示。

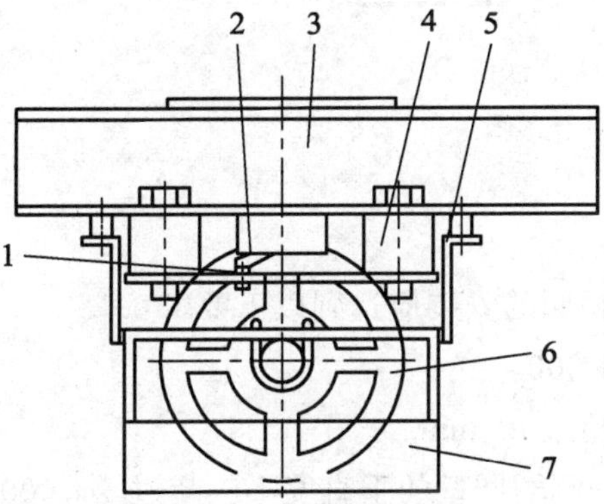

1—触头螺钉；2—微动开关；3—上梁；4—橡胶块；
5—限位板；6—轿顶轮；7—防护板。

图 3-17　橡胶块式轿顶称重装置

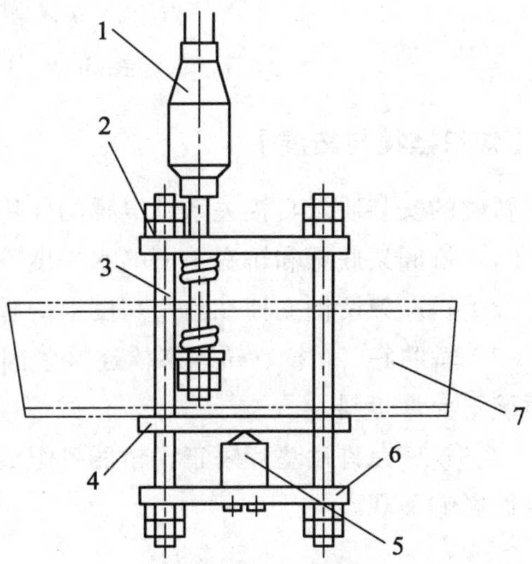

1—绳头组合；2—绳吊板；3—螺栓；4—托板；
5—传感器；6—底板；7—承重梁。

图 3-18　压力传感器式称重装置

小知识：传感器的安装

传感器安装在绳头板处时，需要附加一块绳头板，传感器放在绳头板与附加绳头板中间，如图 3-19（a）所示；传感器安装在轿厢底部（轿底）时，如图 3-19（b）所示。

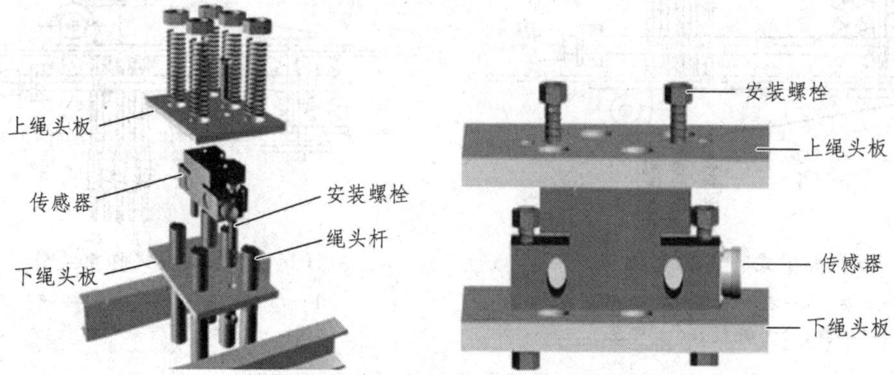

（a）传感器安装在绳头板示意图

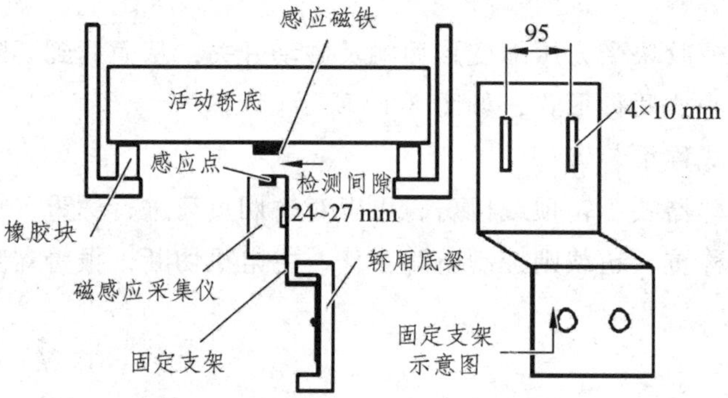

（b）传感器安装在轿底示意图

图 3-19　传感器安装示意图

【知识链接与拓展】

轿厢的安装质量直接关系到电梯的使用性能，轿厢的安装应达到以下要求：

（1）桥厢架底梁和轿底平面的水平度不超过 2/1 000。

（2）轿厢架两侧立柱在整个高度上的垂直度不超过 1.5 mm。

（3）轿厢底、轿壁、轿顶螺栓连接紧固，轿门一侧轿厢壁的垂直度不应超过 1/1 000，其余轿壁不允许歪斜。

（4）轿底允许用垫片矫正，轿厢各组成部分的接合处应保持垂直或水平，不得有过大的拼缝而影响美观。

【练习与思考】

（1）电梯轿厢的主要功能是什么？

（2）电梯轿厢主要由哪些部件组成？

【认知实训】

轿厢的认知

1. 实训目的

了解轿厢结构，掌握两种称重装置工作原理并能调整超载装置。

2. 实训设备

迅达 3300 轿厢、康力电梯轿厢。

3. 实训内容

（1）认识轿厢结构：电梯轿厢是用以承载、运送人员和物资的箱形结构部件，由轿厢架、轿厢体及有关构件和装置组成。在老师的指导下认知轿厢结构，能够准确地指出轿厢的组成部件及各部分的功能、原理等。

（2）认识轿厢超载称重装置：轿厢超载称重装置一般设在轿厢底、轿厢顶或机房等部位，根据其工作原理分为机械式、橡胶块式和压力传感器式等。在老师的指导下认知轿厢超载称重装置的结构，能够准确地指出轿厢超载称重装置的组成部件及各部分的功能、原理等。

4. 实训过程

学生能先根据图及课堂原理的讲解认知电梯轿厢实物，并能讲解其各部件的作用及原理。

5. 实训小结

完成实训指导书中的相应项目，并填写实训报告。

任务 3.2　门系统

【学习目标】

知识目标：

- 了解门系统的组成、作用与要求；
- 掌握层门、轿门的形式和结构特点以及使用要求；
- 掌握开关门机构的工作原理及运动装置的分类和调整方法。

能力目标：

- 能够对轿门、厅门进行安装与调整并熟记操作流程，通过实训操作，进一步掌握厅门、轿门的技术参数。

电梯门系统的组成及作用

【知识讲解】

3.2.1　电梯门系统的组成及作用

电梯门系统主要由轿门（轿厢门）、层门（厅门）与开关门机构（门机）及其附属部件组成，它是电梯的重要安全设施之一。

电梯门系统的作用是防止乘客和物品坠入井道或与井道相撞，避免乘客或货物未能完全进入轿厢而被运动的轿厢剪切等危险的发生，是电梯的重要安全保护设施。

1. 轿　门

轿门是设置安装在轿厢入口处，由轿厢顶部的开关门机构驱动而开闭，同时带动层门开闭。轿门是随同轿厢一起运行的门，乘客在轿厢内部只能见到轿门，供乘客和货物的进出。简易电梯用手工操作开闭的称为手动门，当前一般的电梯都装有自动开、关门机构，称为自动门。

2. 层　门

层门又称为厅门，安装在候梯大厅电梯入口处，是为了确保候梯厅中的乘客安全而设置在各楼层通向井道轿厢入口处的门，每一层站都设有此门。层门除了有保证安全的作用，同时还有装饰美化候梯厅的作用。层门平时必须是关闭的，只有当轿厢到达本层站平层停站后，才会随轿门被打开。根据不完全统计，电梯发生的人身伤亡事故约有 70%是由于层门的故障或使用不当等引起的，故层门的开闭与锁紧是使电梯使用者安全的首要条件。

3. 层门和轿门的关系

层门是设置在层站入口的封闭门，当轿厢不在该层门开锁区域时，层门保持锁闭；此时如果强行开启层门，层门上装设的机械-电气联锁门锁会切断电梯控制电路，使轿厢停驶。层门的开启，必须是当轿厢进入该层站开锁区域，轿门与层门相重叠时，随轿门驱动而开启和关闭。所以轿门称为主动门，层门称为被动门，只有轿门、层门完全关闭后，电梯才能运行。

3.2.2　层门、轿门的形式及结构

1. 层门的形式

电梯层门有水平滑动门、垂直滑动门、旋转门及折叠门等几种。乘客电梯、载货电梯通常采用水平滑动门；垂直滑动门在杂物电梯中有采用；旋转门在家用电梯中有采用；折叠门在老式手动门电梯中有采用，现在生产的电梯已很少见。

（1）水平滑动门

电梯的水平滑动门可分为中分式门、旁开式门两种。

中分式门，开门时左右两扇门分别以相同的速度向两侧滑动；关门时，则以相同的速度向中间合拢。中分式门按其门扇的数量分为两扇中分式门和四扇中分式门。其中，四扇中分式门用于开门宽度较大的电梯，此时单侧两扇门的运动与两扇旁开式门相同，如图 3-20 所示。中分式门具有出入方便、工作效率高等优点，广泛应用于乘客电梯上。

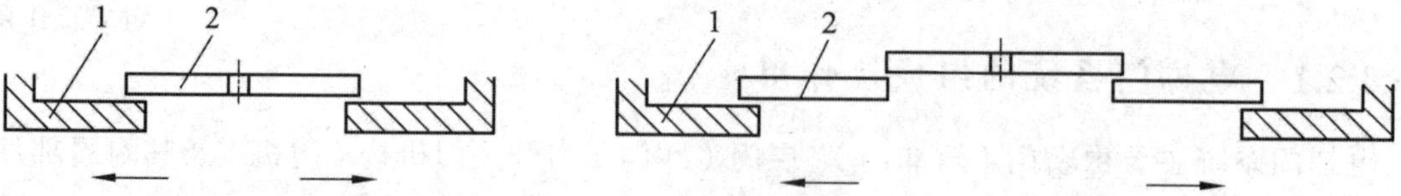

（a）两扇中分门　　（b）四扇中分门

1—轿厢；2—门扇。

图 3-20　中分式门

旁开式门，是由一侧向另一侧推开或合拢，如图 3-21 所示。按照门扇的数量，常见的有单扇、双扇和三扇旁开门，因此各个门扇的速度有快慢之分。当旁开门为两扇以上时，每一个门扇在开关门时各自的行程不同，但运动的时间必须相同。旁开门具有开门宽度大、对井道要求小的优点，广泛应用于货梯上。速度快的称快门，反之称慢门，所以双扇旁开式门又称双速门。由于门在打开后是折叠在一起的，因而又称双折式门。同理，当旁开式门为三扇时，称为三速门和三折式门。

旁开式门按开门方向，又可分为左开式门和右开式门。区分的方法是：人站在轿厢内，面向外，门向右开的称右开式门；反之，为左开式门。图 3-21 均为左开式门。

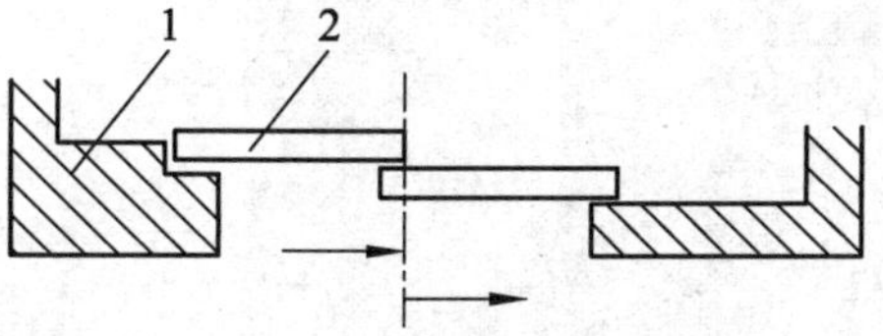

（a）两扇旁分式门

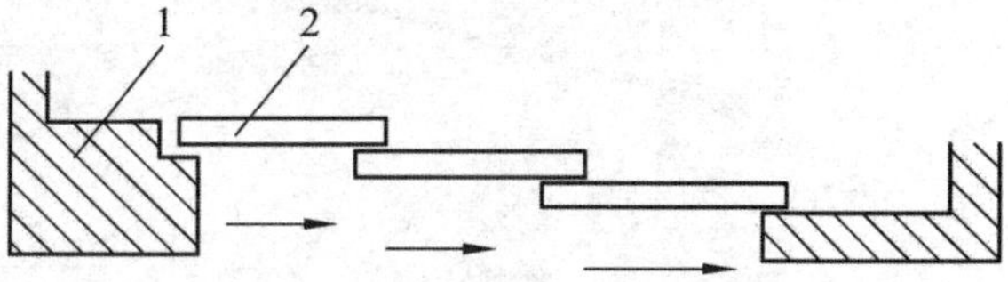

（b）三扇旁分式门

1—轿厢；2—门扇。

图 3-21　旁分式门

（2）垂直滑动门

垂直滑动门也称为直分式门（或上下分门），垂直滑动门的门扇不占用井道的宽度和轿厢的宽度，能使电梯具有最大的开门宽度，常用在杂物电梯和大吨位的货梯上，如图 3-22 所示。

图 3-22　垂直滑动门

2. 门的结构及特点

电梯轿门和层门是乘客或货物进出轿厢的通道，通常由门扇、门导轨、门滑轮、门地坎和门滑块等组成，如图 3-23 所示。

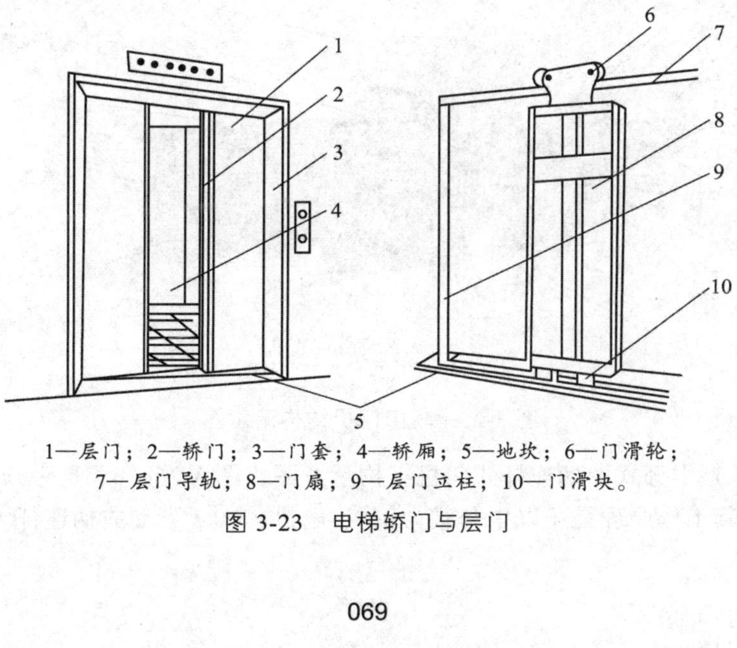

1—层门；2—轿门；3—门套；4—轿厢；5—地坎；6—门滑轮；
7—层门导轨；8—门扇；9—层门立柱；10—门滑块。

图 3-23　电梯轿门与层门

轿门主要由门机、轿门门扇、轿门导轨、轿门滑轮及踢脚板组成，如图 3-24（a）所示；层门主要由门机、层门门扇、层门导轨、层门滑轮组成，如图 3-24（b）所示。

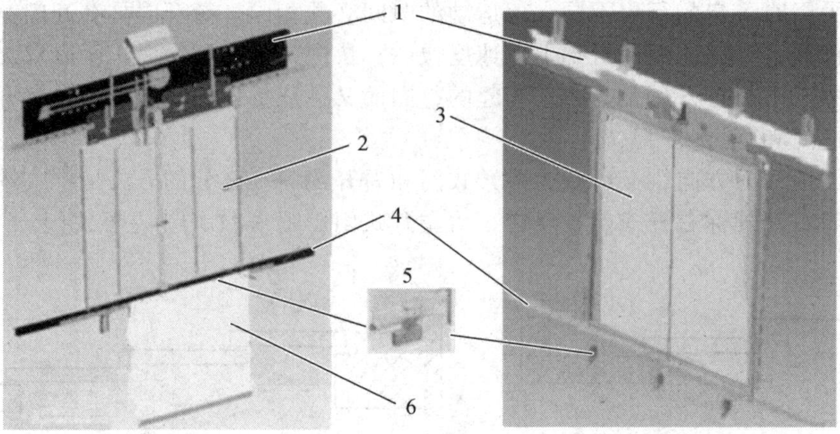

（a）轿门结构示意图　　（b）层门结构示意图

1—门机；2—轿门门扇；3—层门门扇；4—导轨；5—门滑轮；6—轿门踢脚板。

图 3-24　电梯轿门、层门结构示意图

3. 轿门和层门的联动

（1）开门机（轿门门机）

水平滑动自动门是现代电梯最常见的门系统，依靠开门机自动打开和关闭。开门机安装在轿门门头上，它既是悬吊轿门的支撑件，也是轿门开闭的驱动件。图 3-25 为轿门门机，由电机带动主动轮，同步带通过主动轮和从动轮做水平方向的移动，同步带带动门吊板使门吊板沿导轨运动，左右门吊板通过钢丝绳同步运动。开门机主要有两种结构：曲柄连杆式和同步带式。

层门门锁及联动机构

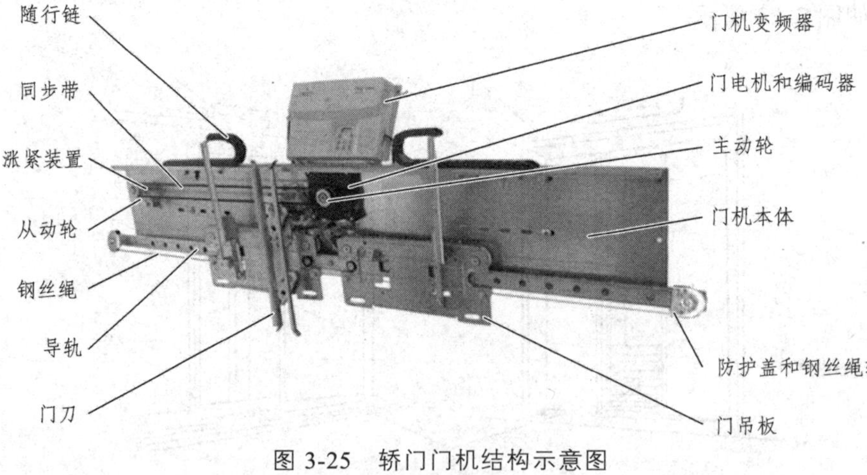

图 3-25　轿门门机结构示意图

图 3-26（a）是中分式曲柄连杆式门机结构示意图，图 3-26（b）是旁开式曲柄连杆式门机结构示意图。其工作原理是（以中分式为例）：电机（10）带动曲柄连杆（9）转动，曲柄

连杆再通过摇杆（4）和连杆（5）组成的传动机构带动左边主动门扇向左移动，右边从动门扇由门联动绳轮（3）、钢丝绳（11）组成的联动机构向右驱动，实施开门。关门过程与开门类似，运行方向相反。

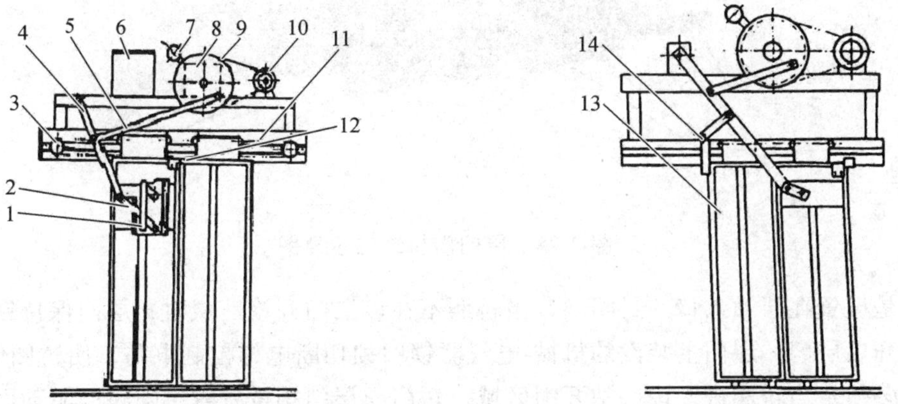

（a）中分式　　（b）旁开式

1—门锁靠压机构；2—门连杆；3—绳轮；4—摇杆；5，14—连杆；6—电器箱；7—平衡器；8—凸轮箱；9—曲柄连杆；10—带齿轮减速器直流电机；11—钢丝绳；12—门锁；13—慢门。

图 3-26　曲柄连杆机构门机结构示意图

曲柄连杆式门机结构复杂、传动节点多，用变频门机配以齿形同步带传动，有效克服了门机的一些缺点，是当前主流门机传动机构。图 3-27 是一种同步带中分式门机，它的主要特点是由电机驱动齿形同步带运动，再由齿形带驱动门扇挂板运动，使门开启和关闭。

由于轿厢门常处于频繁的开、关过程中，所以在客梯和医用电梯轿门的背面常做消声处理，以减少开关门过程中由于振动所引起的噪声。

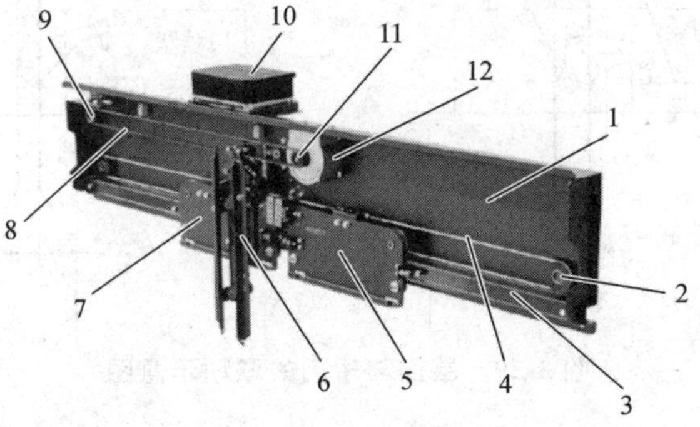

1—机架；2—钢丝绳轮；3—导轨；4—钢丝绳；5，7—门吊板；6—门刀；8—齿形同步带；9—从动轮；10—控制箱；11—驱动轮；12—电动机。

图 3-27　同步带传动门

（2）层门门机结构

图 3-28 为层门门机结构，当轿厢停在层站时，门刀就卡在门锁轮两边。当轿门开启时，门刀挤压门球使门锁开启，然后通过门锁带动左门扇向左开启，同时通过传动钢丝绳使右门扇也同步向右侧开启。

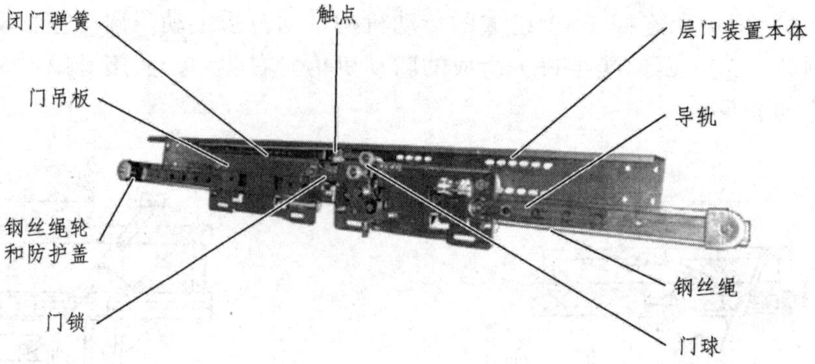

图 3-28　层门门机结构示意图

层门是设置在层站入口的封闭门，当轿厢不在该层门开锁区域时，层门保持锁闭；此时如果强行开启层门，层门上装设的机械-电气联锁门锁切断电梯控制电路，使轿厢停驶。

层门必须是当轿厢进入该层站开锁区域，轿门与层门相重叠时，随轿门驱动而同时开启和关闭。为了将轿门的运动传递给层门，实现层门与轿门的联动，轿门上一般设有开门联动装置——门刀，通过轿门门刀与层门门锁的配合，使轿门带动层门运动。所以轿门又称为主动门，层门又称为被动门。图 3-29 是一种中分式自动层门的开关门示意图，其工作过程为：当轿厢停在层站时，门刀就卡在门锁轮的两边。当轿门开启时，门刀挤压门锁轮使门锁开启，然后通过门锁带动左门扇向左开启，同时通过传动钢丝绳使右门扇也同步向右侧开启。轿厢关门时，门刀向左移动，带动层门关闭，门锁闭合。只有轿门、层门完全关闭并得到电气安全保护开关的验证后，轿厢才能启动运行。

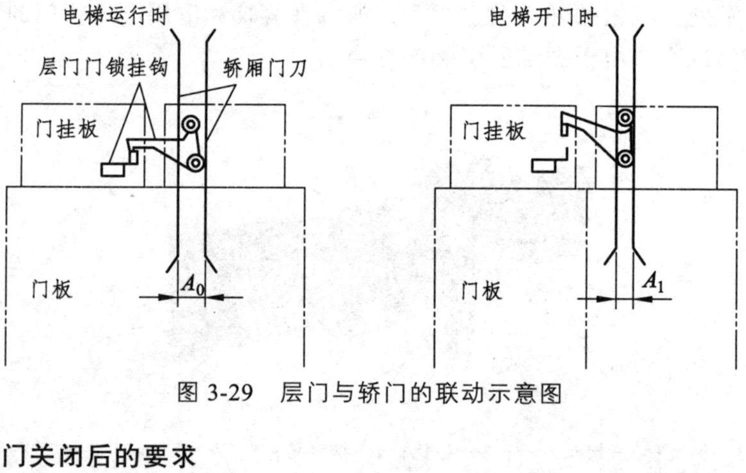

图 3-29　层门与轿门的联动示意图

小知识：层门关闭后的要求

层门关闭后，门扇之间及门扇与门框之间的间隙应尽可能小。客梯的间隙应小于 6 mm，货梯的间隙应小于 8 mm。磨损后最大间隙也不应大于 10 mm。

由于层门是分隔和连通候梯大厅的井道的设施，所以在层门附近，每层的自然或人工照明应足够亮，以便乘用人员在打开层门进入轿厢时，即使轿厢照明发生故障，也能看清楚前面的区域。如果层门是手动开启的，使用人员在开门前，应能通过面积不小于 0.01 m^2 的透明视窗或一个“轿厢在此”的发光信号知道轿厢是否在那里。

3.2.3 电梯层门门锁的形式及技术要求

1. 电梯层门门锁的结构

电梯层门门锁是电梯最重要的安全保护装置之一，门锁装置一般位于层门内侧，是确保层门不被随便打开的重要安全保护设施。将层门锁紧，同时接通门联锁电路，此时电梯方能启动运行。当电梯运行过程中所有层门都被门锁锁住，一般人员无法将层门撬开。只有电梯进入开锁区，并停站时层门才能被安装在轿门上的刀片带动而开启。

层门门锁一般由底座、机械锁钩、滚轮、触点开关和紧急开锁顶杆组成，如图 3-30 所示。图中的门锁装置可分为静止件和运动件两部分，左边的电气开关静触点和锁钩一般固定安装在层门门头上，在层门开闭过程中静止不动，称为静止件；右边的电气开关动触点、锁臂、锁紧弹簧、滚轮、底座、紧急开锁顶杆等安装在层门门扇上，层门开门过程中随门扇一起向右移动，称为运动件。只有当锁臂与锁钩啮合，电气开关动静触点连通以验证层门完全闭合后，电梯才能启动运行。

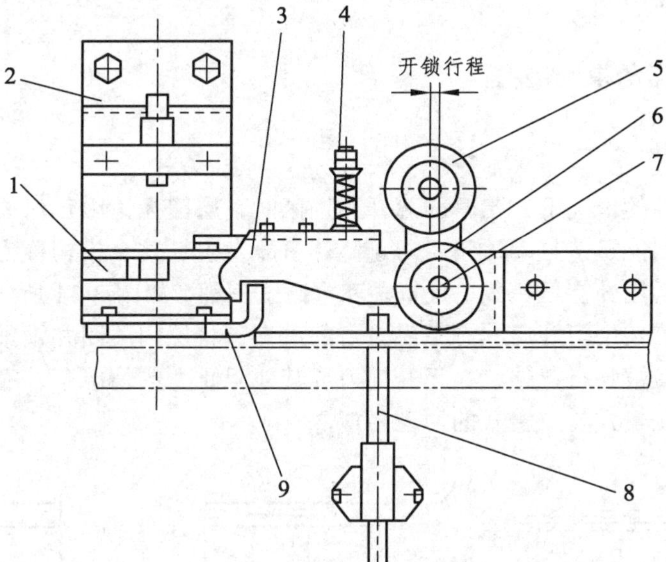

1—触点开关；2—锁钩底板；3—锁臂；4—复位弹簧；5—动锁轮；6—定滚轮；7—定滚轮转轴；8—手动开锁推杆；9—锁钩。

图 3-30 层门门锁结构示意图

2. 层门门锁开启方式及要求

电梯轿门、层门的开启和关闭，通常有自动和手动两种方式。

电梯正常运行时，电梯轿门、层门通常可以自动开启和关闭。当轿厢停在层站时，由轿门门刀卡在门锁轮的两边，当轿门开启时，门刀挤压门锁轮，开启层门门锁。

当电梯需要进入电梯井道进行急救抢修或进行日常检修维护保养工作时，就需要使用专用的电梯三角钥匙在层门外手动旋转钥匙口开启电梯门。三角钥匙被旋转，通过紧急开锁顶杆解除锁闭，从层门外打开层门。这种机件每层层门都应该设置，且均能用相应的三角钥匙有效打开，同时在紧急开锁之后，当层门闭合时锁闭装置不应保持开锁位置。

紧急开锁装置是供经过培训许可的专职人员使用的。这种三角钥匙只能由一个负责人持有，钥匙应带有书面说明，详细讲述其使用方法，以防止开锁后因未能有效重新锁上而引起事故。实践证明三角钥匙应由专人负责并掌握正确的使用方法，且了解使用安全知识。因不了解三角钥匙的安全使用方法，操作不当而坠入井道的人身伤害事故时有发生。所以，提高相关人员的安全知识，制定相应的管理制度，严格管理好三角钥匙等是非常重要的。

门锁的机电联锁开关，是证实层门闭合的电气装置，该开关应是安全触电式的，当两电气触电刚接通时，锁紧元件之间啮合深度至少为 7 mm，否则应调整。

如果滑动门是数个间接机械连接（如钢丝绳、皮带或链条）的门扇组成，且门锁只锁紧其中的一扇门，用这扇单一锁紧门来防止其他门扇的打开，而且这些门扇均未装设手柄或金属钩装置时，未被直接锁住的其他门扇的闭合位置也装一个电气安全触点开关来证实其闭合状态。这个无门锁门扇上的装置称为副门锁开关。当门扇传动机构出现故障时（如传动钢丝绳脱落等），门扇关不到位，副门锁开关不闭合，电梯也不能启动和运行，副门锁开关起到安全保护的作用。

3.2.4 门系统的其他装置

1. 强迫关门装置

在轿门驱动层门的情况下，当轿厢离开开锁区时，层门无论因任何原因而开启，层门上应有一套机构使层门能迅速自动关闭，防止坠落事故发生，这套机构称为层门自闭装置。

层门自闭装置常用的有压簧式、拉簧式和重锤式三种，如图 3-31 所示。重锤式是依靠挂在层门侧面的重锤，在层门开启状态下靠自身的重量，将层门关闭并锁紧的装置。拉簧式是靠层门打开时，弹簧被强行拉伸，在无开门刀或其他阻止力的情况下，靠弹簧收缩力将层门迅速关闭的装置。压簧式与拉簧式的原理相似。

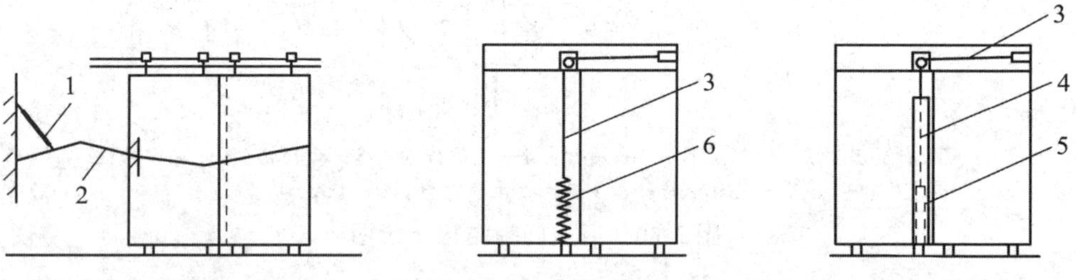

（a）压簧式　　（b）拉簧式　　（c）重锤式

1—压簧；2—连杆；3—钢丝绳；4—导管；5—重锤；6—拉簧。

图 3-31　层门自闭装置

2. 电梯门的防夹人保护装置

大多数电梯的轿门还装有“防撞击人”的装置，这种装置在开关门过程中，能防止动力驱动的自动门门扇撞击乘用人员。常用的防撞击人装置有安全触板式、光电式、红外线光幕式等多种形式。常见的电梯门防夹人保护装置有安全触板式与光幕式两种。

安全触板式的结构如图 3-32（a）所示，它由门触板、控制杆和微动开关等组成。平时，触板在自重的作用下凸出门扇 30 mm 左右。在关门过程中，如果有人或物体尚未完全进入轿厢，那么首先碰到的将是凸出门扇的触板。当触板被推入门扇时，控制杆就会压下微动开关触头，使门电机迅速反转，门重新被打开。中分式门的安全触板通常要双侧安装，旁开式门则单侧安装。

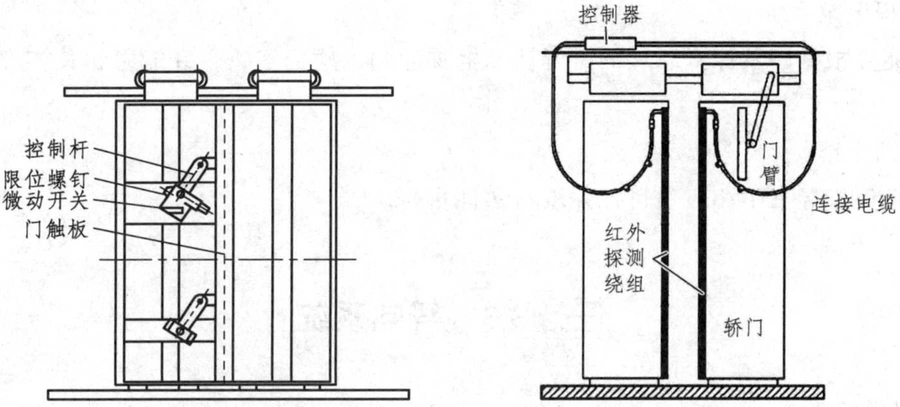

（a）安全触板式　　（b）光电式

图 3-32　电梯门的防夹人装置示意图

小知识：玻璃门扇的要求

轿门除了用钢板制作外，还可以用夹层玻璃制作，玻璃门扇的固定方式应能承受 GB 7588—2003 规定的作用力，且不损伤玻璃的固定件。玻璃门的固定件，应确保即使玻璃下沉时，也不会滑脱固定件。玻璃门扇上应有供应商名称或商标、玻璃的形式和厚度的永久性标志。对于动力驱动的自动水平滑动玻璃门，为了避免拖拽孩子的手，应采取减少手与玻璃之间的摩擦系数，使玻璃不透明部分高达 1.1 m 或感知手指的出现等有效措施，使危险降低到最低程度。

【练习与思考】

（1）电梯门系统由哪几个部件构成？其主要作用是什么？

（2）为什么说门系统对电梯安全运行意义重大？

（3）说明轿门与层门之间的关系。

【认知实训】

门系统的认知

1. 实训目的

（1）掌握厅门、轿门的组成、特点及种类；

（2）掌握厅门、轿门的技术参数及调整方法；

（3）掌握开关门机构的工作原理。

2. 实训设备

轿门 Hydra Plus MIDI 6 台、Augusta 厅门 6 台。

3. 实训内容

（1）掌握厅门、轿门的组成、特点及种类；

（2）掌握开关门机构的工作原理及运动装置的分类和调整方法。

4. 过程记录

学生能先根据图及课堂原理的讲解认知电梯厅门、轿门实物，并能讲解其各部件的作用及原理。

5. 实训小结

完成实训指导书中相应项目，并填写实训报告。

任务 3.3　导向系统

【学习目标】

知识目标：

- 了解导向系统的功能、组成部件；
- 掌握电梯导轨的作用、技术性能要求；
- 掌握导靴的功能、组成及分类；
- 掌握导轨支架的形式及固定方式。

能力目标：

- 能够根据安全文明生产要求认知导向系统各部件的功能、作用及技术性能要求。

【知识讲解】

电梯导向系统

3.3.1　导向系统的组成

导向系统在电梯运行过程中，限制轿厢和对重的活动自由度，使轿厢和对重只沿着各自的导轨做升降运动，不会发生横向的摆动和振动，保证轿厢和对重运行平稳。电梯的导向系统包括轿厢导向和对重导向两部分。

不论是轿厢导向还是对重导向，均由导轨、导靴和导轨支架组成，如图 3-33 所示。

轿厢导轨和对重导轨限定了轿厢与对重在井道中的相互位置。导轨架作为导轨的支撑件，被固定在井道壁上。导靴安装在轿厢和对重架的两侧（轿厢和对重各自装有至少 4 个导靴），导靴的靴衬（或滚轮）与导轨工作面配合，使一部电梯在曳引绳的牵引下，一边为轿厢，另一边为对重，分别沿着各自的导轨做上、下运行。

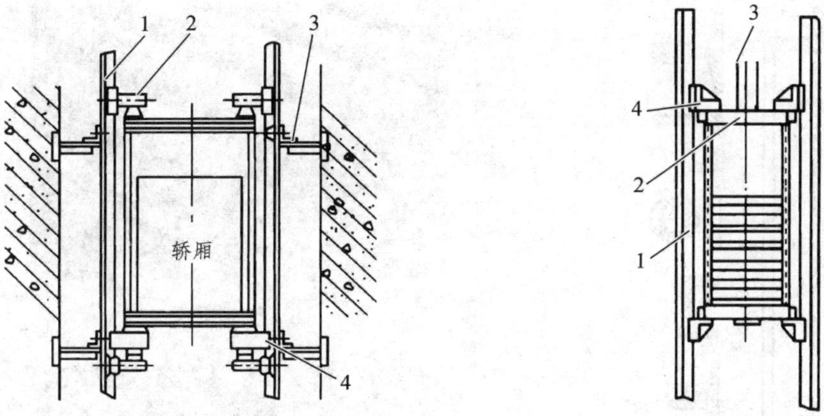

（a）轿厢导向系统　　　　（b）对重导向系统

1—导轨；2—导靴；3—导轨支架；4—安全钳。　　1—导轨；2—对重；3—曳引绳；4—导靴。

图 3-33　导向系统

导轨的作用：一是为轿厢和对重在竖直方向运动时的导向，限制轿厢和对重的活动自由度（轿厢运动导向和对重运动导向使用各自的导轨，通常轿厢用导轨要稍大于对重用导轨）；二是当安全钳动作时，导轨作为固定在井道内被夹持的支承件，承受着轿厢或对重产生的强烈制动力，使轿厢或对重制停可靠；三是防止由于轿厢的偏载而产生歪斜，保证轿厢运行平稳并减少振动。

3.3.2　导　轨

1. 导轨的种类和标识

根据电梯导轨的横截面（断面）形状，常见的电梯导轨的横截面（断面）形状如图 3-34（a）所示，其中常用的导轨为 T 形导轨[见图 3-34（b）]和空心型导轨[见图 3-34（c）]。一般钢质导轨常采用机械加工或冷轧加工方式制作，如 T 形导轨就属于冷拔型或机械加工型。所使用的钢材抗拉强度应至少为 370 N/mm^2 且不大于 520 N/mm^2。宜使用 Q235 作为原材料钢，机械加工导轨的原材料钢的抗拉强度宜不少于 410 N/mm^2。空心导轨用薄钢板滚轧而成，用于不设置安全钳的电梯对重导轨。

但对于货梯对重导轨和额定速度为 1 m/s 以下的客梯对重导轨，一般多采用 L 形[见图 3-34（a）中的 b]导轨。图 3-34（a）中的 c、d、e 常用于速度低于 0.63 m/s 的电梯，导轨表面一般不作机械加工；图 3-34（a）中的 f、g 为冷轧成型的导轨。

2. T 形导轨横截面

T 形导轨是电梯常见的专用导轨，具有良好的抗弯性能及加工性能。

T 形导轨的主要参数是底宽 b、高度 h 和工作面厚度 k，如图 3-35 所示。我国原先用 $b \times k$ 作为导轨规格标识，现已推广使用国际标准 T 形导轨，共有 13 个规格，以底面宽度和工作面加工方法作为规格标志，如表 3-8 ~ 表 3-10 所示。

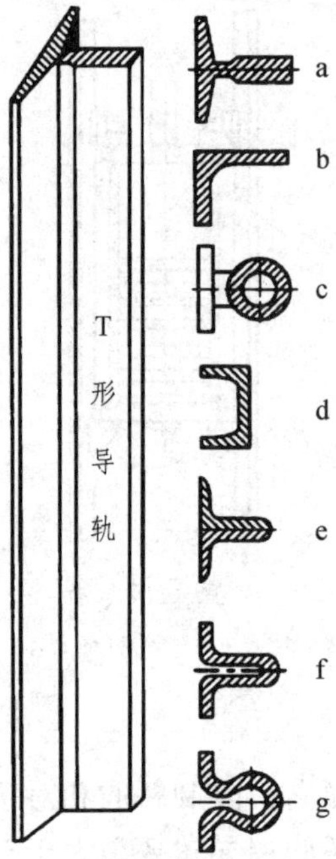

（a）导轨横截面示意图

（b）T 形导轨

（c）空心型导轨

图 3-34　导轨

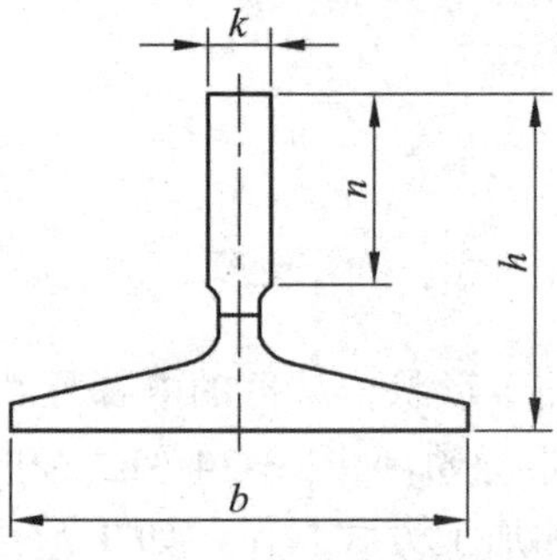

图 3-35　T 形导轨参数示意图

表 3-8　标准 T 形导轨规格　　单位：mm

规格标志	底宽 b	高度 h	工作面厚度 k
T45/A	45	45	5
T50/A	50	50	5
T70-1/A	70	65	9
T70-2/A	70	70	8
T75-1/A	75	55	9
T75-2/A	75	62	9
T75-3/A（B）	75	62	10

续表

规格标志	底宽 b	高度 h	工作面厚度 k
T82/A（B）	82.5	68.25	9
T89/A（B）	89	62	15.88
T90/A（B）	90	75	16
T125/A（B）	125	82	16
T127-1/A（B）	127	88.9	15.88
T127-2/A（B）	127	88.9	15.88

注：A 为冷轧加工方式；B 为机械加工方式。导轨长度为 3 m/根或 5 m/根。

表 3-9 优先选用导轨的主要尺寸　　单位：mm

规格标志	b	h	n	k
T50/A	50	50	—	5
T75-3/B	75	62	30	10
T89/B	89	62	33.4	15.88
T90/A	90	75	42	16
T127/B	127	88.9	50.8	15.88

表 3-10 我国原有常用导轨尺寸　　单位：mm

规格标志	底宽 b	高度 h	工作面厚度 k
T74×16	90	74	16
T90×16	120	90	16

有的国家（如日本）是以导轨最终加工后每一米长度重量多少千克作为规格区分，如 8 kg、13 kg 导轨等。

3. 导轨的技术性能要求

（1）材质要求。电梯导轨多采用普通碳素钢轧制，要求具有足够的强度和韧性，在受到突发性冲击时，不致发生断裂。导轨材料应符合 GB 700—2006 中关于 Q235 钢的要求，其强度应为 370 ~ 500 MPa。有些国家还对导轨用钢规定了延伸率要求，其意义与我国规定强度值一样，目的是保证材料的韧性。

（2）截面几何特性。导轨的抗弯扭能力取决于横截面的几何特性；承受弯矩是电梯导轨的主要受力形式，导轨的抗弯强度与截面的抗弯模量有关，抗弯刚度与截面的轴惯性矩有关。T 形导轨能得到广泛应用，原因就是其截面形状具有理想的抗弯模量与轴惯性矩，从而使导轨具有良好的抗弯能力。

（3）工作面的粗糙度。导轨的工作面就是指导轨与导靴接触并作用的表面。导轨工作面的粗糙度对电梯运行平稳性有不可忽视的影响，特别是对高速电梯的影响尤为显著。对机械加工导轨，加工纹路的形状和方向也会影响电梯的运行。实践证明，导轨宜采用刨削加工，其加工刀痕的方向与电梯运动方向一致，而不宜采用铣加工。

我国导轨标准规定，导轨加工方法可分为机械加工和冷轧加工两种。对于机械加工导轨，长度方向的粗糙度要求高于横向，其意义是考虑加工刀痕的方向对电梯运行的影响，其具体规定如下：

纵向机械加工导轨：$Ra = 1.6\ \mu m$；

冷轧导轨：$3.2\ \mu m < Ra < 6.3\ \mu m$；

横向机械加工导轨和冷拉导轨均为 $3.2\ \mu m < Ra < 6.3\ \mu m$。

对于工作面粗糙度不作要求的导轨，只能应用在杂物梯、低速梯的对重侧等。

（4）几何形状精度。导轨的几何形状误差主要指工作面的直线度和扭曲。导轨工作面的粗糙度是工作面的微观不平，直线度表示工作面的宏观不平，后者对电梯的运行平稳性影响自然更大。

直线度是限制实际直线对理想直线变动量的一种形状公差。我国导轨标准以 B/A 的比值来评价导轨的直线度。A 为测量点与基准点之间的最短距离，B 为测量点与基准平面之间的最大距离；a 是检查最短长度为 1 m（见图 3-36）。B/A 的值应符合表 3-11 的规定。

表 3-11　标准导轨的 B/A 值

导轨加工方法和规格		B/A（最大值）
冷拉导轨	T45/A、T50/A	0.001 6
	其他	0.001 4
机械加工导轨		0.001 0

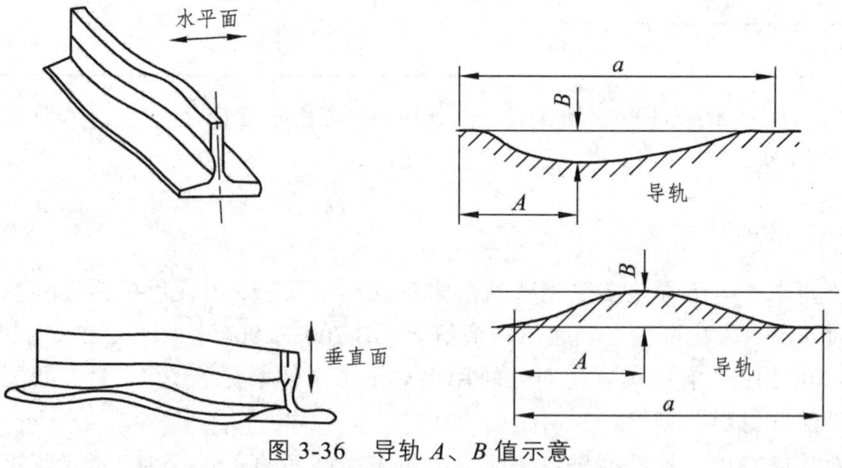

图 3-36　导轨 A、B 值示意

导轨的扭曲，是导轨在内部应力作用下的一种永久性变形，变形过大的导轨将无法安装和使用。我国导轨标准以导轨的扭转角 γ 来评价扭曲程度，如图 3-37 所示。在测量时，要求在导轨长度不小于 1 m 的条件下进行，并应符合表 3-12 的要求。

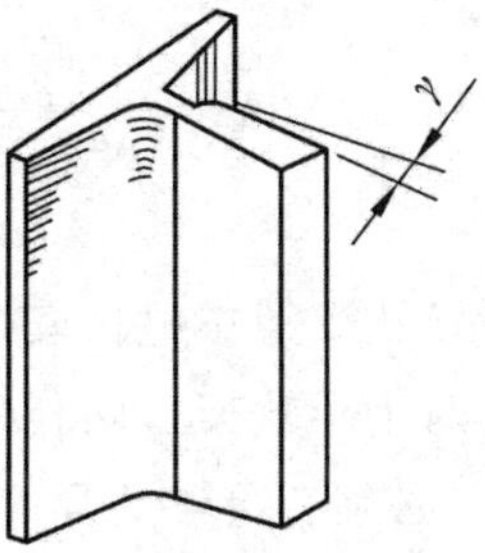

图 3-37 导轨的扭转角示意图

厚度偏差：导轨厚度 k 的偏差应不大于 0.1 mm。

表 3-12 导轨的扭转角 γ

导轨加工方法和规格		γ
冷轧导轨	T45/A、T50/A	50′/m
	其他	40′/m
机械加工导轨		30′/m

【知识链接与拓展】

电梯导轨的安装要求

（1）每根导轨至少应有 2 个导轨支架，其间距不大于 2.5 m，特殊情况，应有措施保证导轨安装满足 GB 7588 规定的弯曲强度要求。导轨支架水平度不大于 1.5%，导轨支架的地脚螺栓或支架直接埋入墙的埋入深度不应小于 120 mm。如果用焊接支架，其焊缝应是连续的，并应双面焊牢。

（2）当电梯冲顶时，导靴不应越出导轨。

（3）每列导轨工作面（包括侧面与顶面）对安装基准线每 5 m 的偏差均应不大于下列数值：轿厢导轨和设有安全钳的对重导轨为 0.6 mm；不设安全钳的 T 形对重导轨为 1.0 mm。

在有安装基准线时，每列导轨应相对基准线整列检测，取最大偏差值。电梯安装完成后检验导轨时，可对每 5 m 铅垂线分段连续检测（至少测 3 次），测量值间的相对最大偏差应不大于上述规定值的 2 倍。

（4）轿厢导轨和设有安全钳的对重导轨工作面接头处不应有连续缝隙，且局部缝隙不大于 0.5 mm，导轨接头处台阶用直线度为 0.01/300 的平直尺或其他工具测量，应不大于 0.05 mm，如超过，应修平，修光长度为 150 mm 以上；不设安全钳的对重导轨接头处缝隙不得大于 1 mm，导轨工作面接头处台阶应不大于 0.15 mm，如超差，应校正。

（5）两列导轨顶面间的距离偏差：轿厢导轨为 0～2 mm，对重导轨为 0～3 mm。

（6）导轨应使用压板固定在导轨架上，不应采用焊接或螺栓直接连接。

（7）轿厢导轨与设有安全钳的对重导轨的下端应支承在地面坚固的导轨座上。

3.3.3 导轨支架

1. 导轨支架结构及安装形式

导轨支架，是固定导轨的部件。导轨支架按电梯安装平面图的要求，固定在电梯井道内侧的墙壁上，每根导轨上至少应设置两个导轨架，两相邻导轨架的间距不得大于 2.5 m。

固定导轨用的导轨架由金属制成，必须有足够的强度和刚性，同时具有因电梯井道存在建筑误差而进行调整的功能。较常见的轿厢导轨架如图 3-38 所示，对重导轨架如图 3-39 所示。

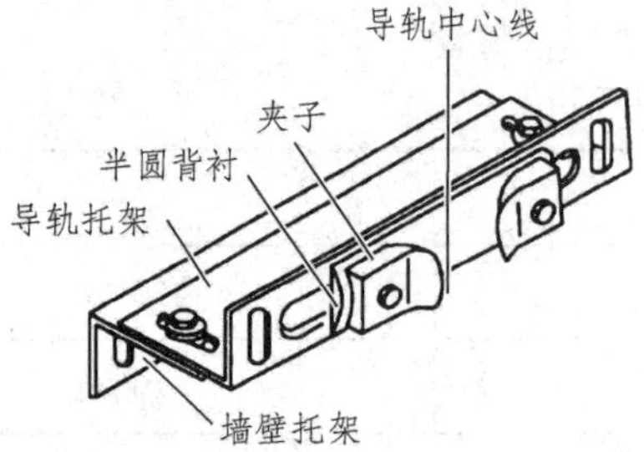

图 3-38 轿厢导轨支架结构图

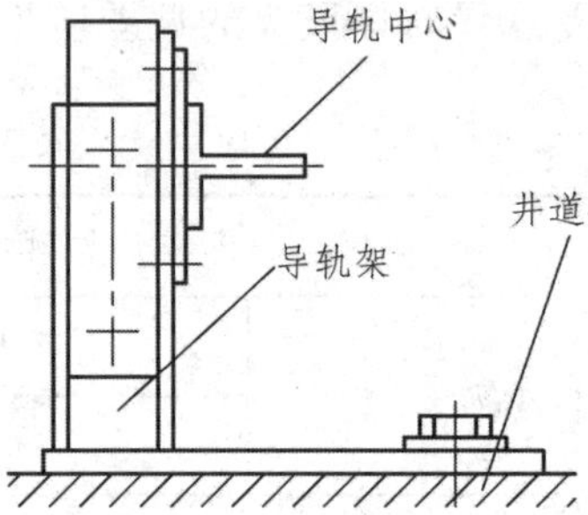

图 3-39 对重导轨支架结构图

鉴于建筑物的沉降变形等因素，导轨、导轨架与电梯井道建筑之间的固定，应具有自动调整或调节简便的功能，以利于适应建筑物正常下沉、混凝土收缩及建筑偏差等问题。一般采用压道板将导轨固定在导轨架上，如图 3-40 所示。两压道板与导轨之间为点接触，使导轨能够在混凝土收缩或建筑下沉时较为容易地在压道板间滑动。

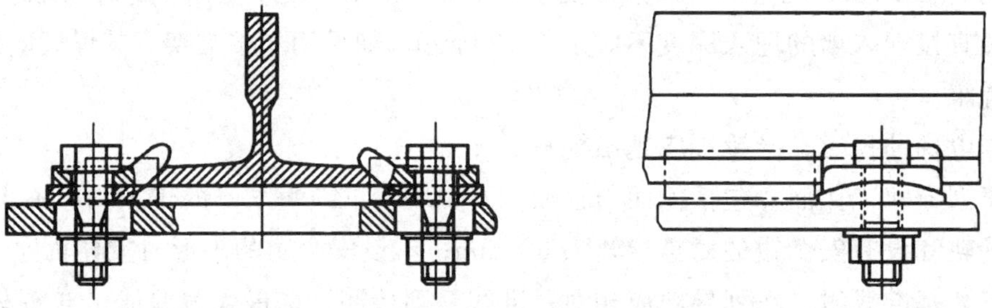

图 3-40 导轨与导轨支架连接结构

导轨及其附件不仅能保证轿厢与对重之间的导向，同时将导轨的变形限制在一定的范围内，不出现由于导轨变形过大导致轿门的意外开启、安全装置动作及移动部件与其他部件碰撞等安全隐患，确保电梯安全运行。

导轨架在井道墙壁上的固定方法可分为预埋螺栓式、膨胀螺栓式、焊接式、对穿螺栓固定式及埋入式等几种。

（1）预埋螺栓式

将尾部预先开叉或折弯的地脚螺栓埋在井道壁中，埋深不小于 120 mm，然后将导轨架旋紧固定，如图 3-41 所示。

（2）膨胀螺栓式

以膨胀螺栓代替地脚螺栓（见图 3-42），只需在现场安装时在井道墙壁上打孔，放入膨胀螺栓，将导轨架安装定位后拧紧螺母，至螺杆外侧开槽套管被胀开固死即可，因此具有简单、方便、灵活、可靠的特点，是目前常用的一种方法。

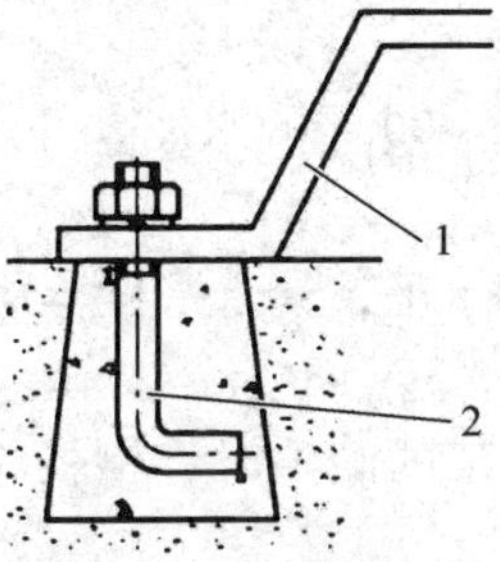

1—导轨架；2—地脚螺栓。

图 3-41　预埋脚螺栓固定

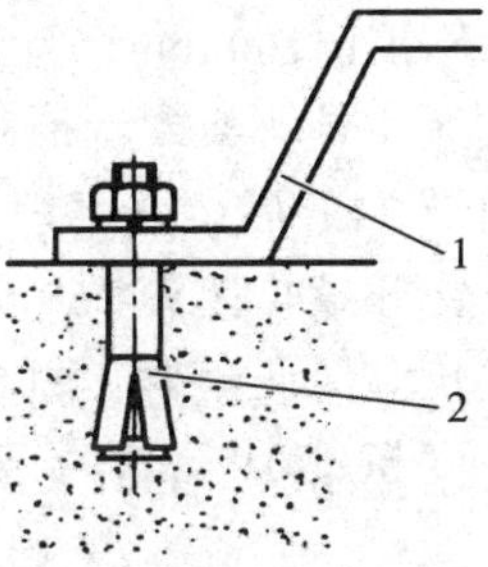

1—导轨架；2—膨胀螺栓。

图 3-42　膨胀螺栓固定

预埋螺栓式和膨胀螺栓式一般用于整体式导轨架。为了调整导轨架的高度，允许在导轨架与墙面之间加金属垫板，但当垫板厚度超过 10 mm 时，应与撑臂焊成一体。

（3）焊接式

预先将钢板弯钩按导轨架安装位置在建筑施工时预埋在井道壁中，在安装导轨时将导轨架焊在上面，如图 3-43 所示。

（4）对穿螺栓固定式

当井道壁的厚度小于 100 mm 时，以上几种方法都不能采用，这时可采用螺栓穿过井道壁，同时要在外部加垫尺寸不小于 100 mm × 100 mm × 10 mm（长 × 宽 × 厚）的钢板，如图 3-44 所示。

（5）埋入式

土建时在井道壁上预留埋入孔，然后在安装时将导轨架端部开叉埋入，深度不小于 120 mm，如图 3-45 所示。

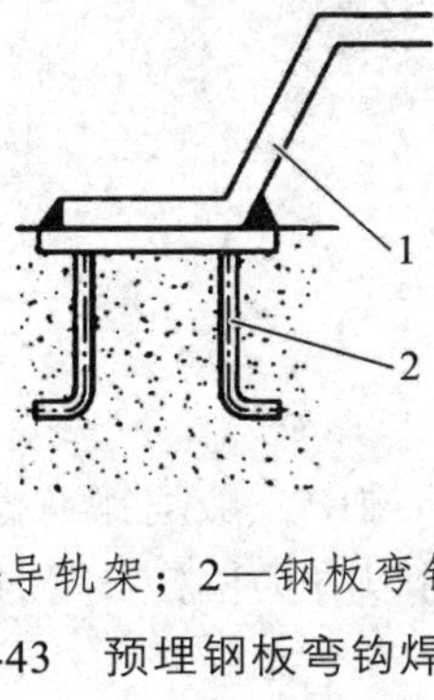

1—导轨架；2—钢板弯钩。

图 3-43　预埋钢板弯钩焊接式

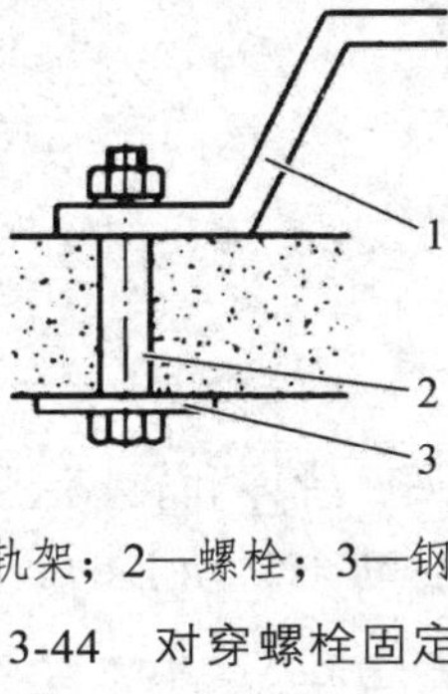

1—导轨架；2—螺栓；3—钢板垫。

图 3-44　对穿螺栓固定式

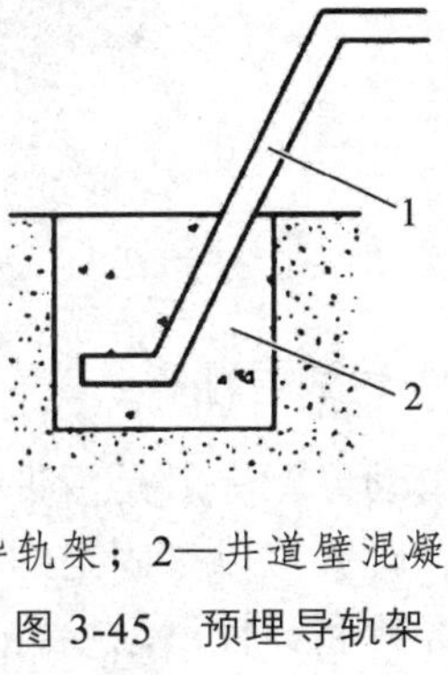

1—导轨架；2—井道壁混凝土。

图 3-45　预埋导轨架

2. 导轨架的安装要求

无论采用何种方式安装导轨，导轨架的安装均应符合以下要求：

（1）导轨架的水平度，无论长度及种类，其两端的误差不准超过 5 mm。

（2）导轨支架埋入墙内的深度不应小于 120 mm。

（3）标号 150 以上的混凝土结构井壁上准许使用预埋螺栓固定支架，但其规格不应小于 M16 mm，埋深不小于 100 mm，且混凝土边缘不应小于 200 mm 以上。

（4）直埋式灌注导轨架或者地脚螺栓时，应用不低于 400 号的水泥，并用水清洗外小内大的空洞，待阴干 24 h 后，方可进行下道工序。

（5）支架应错开导轨接头 250 mm 以上，支架应安装水平，其水平度不应大于 1.5%。

（6）每根导轨应保证至少有两个支架支撑。

（7）使用厚度超过 10 mm 的钢板调整井壁与导轨支架的间隙时，钢板应与导轨架焊为一体。

3.3.4 导 靴

导靴是为了防止对重和轿厢在上下运行时发生偏斜，保证电梯平稳运行的装置。工作时导靴的凹形槽（或滚轮）与导轨的凸形工作面配合，使轿厢和对重装置仅沿着导轨上下运动，防止轿厢和对重装置运行过程中偏斜或摆动。

导靴分别装在轿厢和对重装置上。轿厢导靴安装在轿厢上梁和轿厢底部安全钳座的下面；对重导靴安装在对重架的上部和下部，如图 3-33 所示。

电梯常用导靴有滑动导靴与滚动导靴两类，滑动导靴有一个滑槽卡在导轨上，一般用于速度在 2 m/s 以下的电梯；滚动导靴用 3 个或 6 个滚轮顶在导轨上，用于速度较高的电梯。如图 3-46（a）所示为常用滑动导靴，图 3-46（b）所示为滚动导靴。

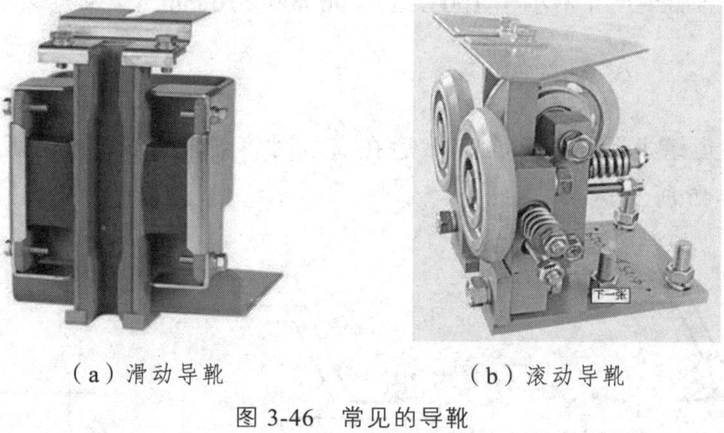

（a）滑动导靴　　　（b）滚动导靴

图 3-46 常见的导靴

1. 滑动导靴

滑动导靴一般是由带凹形槽的靴头、靴体和靴座组成，在靴头凹槽中一般均镶有耐磨的靴衬，靴头可以是固定的，也可以是活动（浮动）的。滑动导靴又可以分为固定式（刚性）滑动导靴和弹性滑动导靴。

（1）固定式（刚性）滑动导靴

固定式（刚性）滑动导靴，其靴头是不动的，直接由靴头中的凹形槽与导轨工作面配合，三个配合的面需保留一定量的间隙（0.5 ~ 1.0 mm）。刚性（固定）滑动导靴可分为简单型无靴衬滑动导靴和简单型有靴衬滑动导靴两种。

简单型无靴衬滑动导靴，结构比较简单，靴头和靴座制成一体，用一块铸铁经刨削加工而成，如图 3-47 所示。这种导靴靴头的凹形槽与导轨的接触面要求有较高的加工精度和表面粗糙度，并需定期涂抹适量润滑油脂，以提高其润滑能力。

简单型有靴衬滑动导靴，导靴总体构造与上一种相同，但在靴头的凹形槽内镶嵌有减磨材料（如尼龙）等制成的靴衬，必要时可仅更换靴衬，如图 3-48 所示。

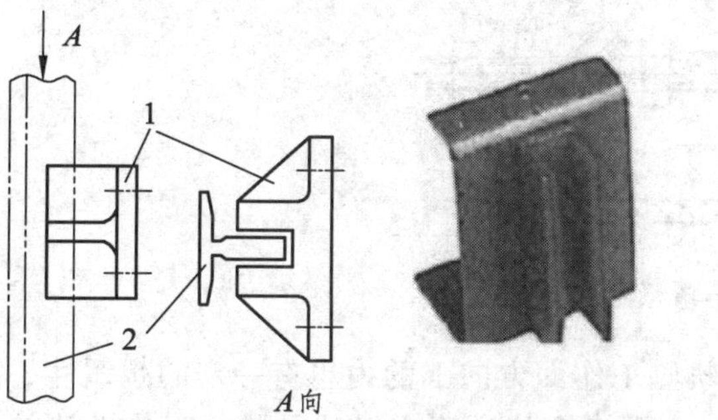

1—导靴；2—导轨。

图 3-47　简单型无靴衬导靴

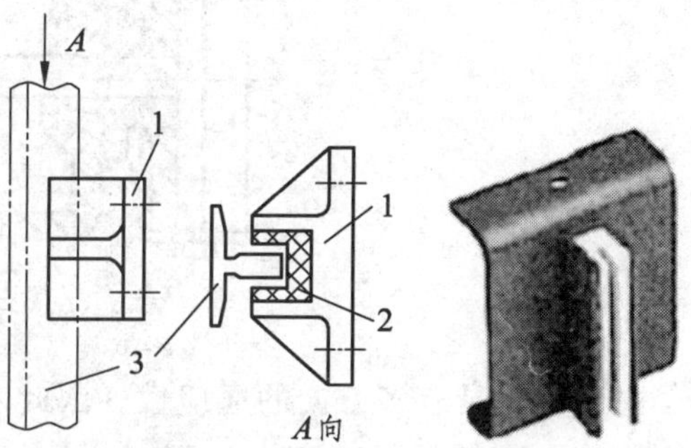

1—导靴；2—尼龙靴衬；3—导轨。

图 3-48　简单型有靴衬导靴

刚性（固定）滑动导靴的靴头没有调节机构，是不动的，导靴与导轨之间必须存有一定间隙。随着运行时间的增加，其间隙会越来越大。这样轿厢在运行中就会产生一定的晃动，甚至冲击，因此固定式导靴只用于额定速度低于 0.63 m/s 的轿厢或对重。

（2）弹性（浮动式）滑动导靴

弹性滑动导靴由靴座、靴头、靴衬、靴轴、压缩弹簧或橡胶弹簧、调节套或调节螺母等组成。常见的弹性（浮动式）滑动导靴可分为弹簧式滑动导靴、橡胶弹簧式滑动导靴两种。

弹簧式滑动导靴的靴头只能在弹簧的压缩方向上做轴向浮动，因此又称为单向弹性导靴，如图 3-49 所示。在弹簧力的作用下，靴衬的底部始终贴压在导轨端面上，因此能使轿厢保持

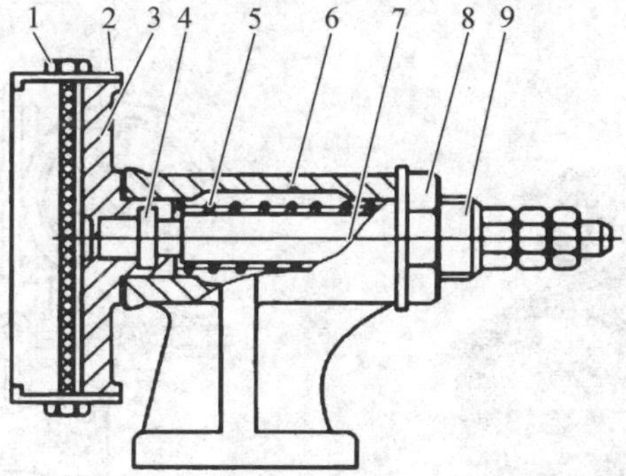

1—靴衬；2—座盖；3—靴头；4—销；5—弹簧；6—靴座；7—靴轴；8—六角扁螺母；9—调节套筒。

图 3-49　弹簧式滑动导靴

较稳定的水平位置，同时在运行中具有吸收振动与冲击的作用。单向浮动性的弹簧式滑动导靴，由于在导轨侧工作面方向没有浮动性，因此只能对垂直于导轨端面的力起缓冲作用；为了补偿导轨侧工作面的直线性偏差及接头处的不平顺性，其与导轨侧工作面间仍要留有约 0.5 mm 以上的间隙（单侧），这就使得它对导轨侧工作面方向上的振动与冲击没有减缓作用。这种导靴的适应速度一般为 1.75 m/s 以下。

橡胶弹簧式滑动导靴的靴头除了能做轴向浮动外，在其他方向上也能做适量的位置调整，因此具有多方向的适应性，如图 3-50 所示。

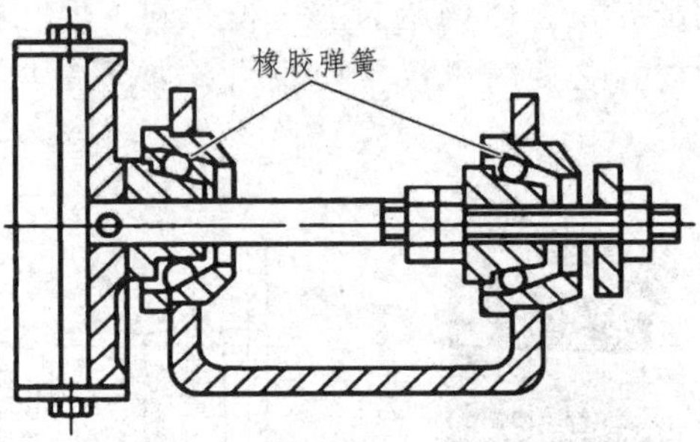

图 3-50　橡胶弹簧式滑动导靴

由于靴头具有多方向的适应性，因此对导轨侧工作面方向上的力也有一定的减缓性，同时侧工作面上的间隙值常为 0.25 mm（单侧），从而使橡胶弹簧式滑动导靴的工作性能较优秀，适用的速度范围也相应增大。

2. 滚动导靴

无论刚性滑动导靴和弹性滑动导靴的靴衬是用铸铁还是尼龙等高分子耐磨材料制成，在电梯运行过程中，靴衬与导轨之间总有摩擦力存在，间隙只会因磨损逐渐变大。这种现象不但增加曳引机的负荷，而且还是轿厢运行时引起振动和噪声的原因之一。为了减少导靴与导轨之间的摩擦力，节省能量，提高乘坐舒适感，在运行速度大于 2.0 m/s 的高速电梯中，常采用滚动导靴。

滚动导靴由滚轮、弹簧、靴座、轮臂等组成，如图 3-51 所示。滚动导靴以三个滚轮代替了滑动导靴的三个工作面，三个滚轮在弹簧力的作用下，贴压在导轨三个工作面上，电梯运行时，滚轮在导轨面上滚动。

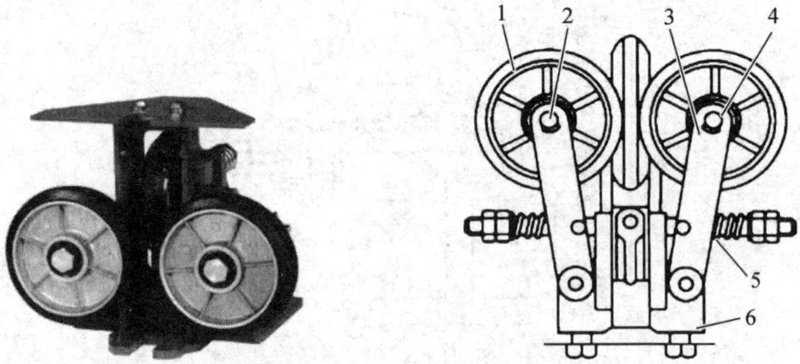

1—滚轮；2—轮轴；3—轮臂；4—轴承；5—弹簧；6—靴座。

图 3-51　滚动导靴

滚动导靴以滚动摩擦代替了滑动摩擦，大大减少了摩擦损耗，同时还在导轨的三个工作面方向实现了弹性支承，并能在三个方向上自动补偿导轨的各种几何形状误差及安装偏差。滚动导靴的这些优点，使它能适应电梯的高运行速度，所以在高速电梯上得到广泛应用。

滚动导靴的滚轮常用硬质橡胶或聚氨酯材料制成，为了提高与导轨的摩擦力和减少噪声，在轮圈上制出花纹。滚轮对导轨的压力，其意义与滑动导靴相同，初压力的大小可以通过调节弹簧的被压缩量加以调整。

滚动导靴不允许在导轨工作面上加润滑油，否则会使滚轮打滑，无法工作。滚轮转动应灵活、平稳、可靠，当发现滚轮橡胶有脱层、剥离等现象时必须及时更换。

对于重载高速电梯，为了提高导靴的承载能力，有时也采用六个滚轮的滚动导靴。滚动导靴必须在干燥的不加润滑的导轨上工作，因此不存在油污染，减少了火灾的发生。为了降低运行噪声，减少运行中的摩擦阻力，宜采用尽量大的滚轮直径。一般当额定速度为 5 m/s 时，轿厢的导靴滚轮直径至少为 250 mm，对重导靴滚轮至少为 150 mm；当额定速度为 2 m/s 时，轿厢和对重边的导靴滚轮直径至少分别为 150 mm 和 75 mm。

3. 滑动导靴使用要求

（1）滑动导靴靴衬的要求

靴衬是滑动导靴的主要零件，与导轨滑动摩擦而导向，故易磨损。靴衬的使用寿命在很大程度上取决于导轨表面的光洁度、加工纹理走向、安装质量高低以及靴衬材质。一般靴衬可分为整体和嵌片两种形式，所用材质有锡青铜、铸铁、酚醛树脂、尼龙等，目前广泛采用尼龙作为靴衬。

（2）滑动导靴与导轨配合的尺寸要求

对于刚性滑动导靴而言，因靴头是固定的，为保证电梯的正常运行，同时考虑到导轨安装时存在的安装偏差，要求这种导靴衬与导轨之间有一定间隙，其三面间隙均不超过 1 mm；对于弹性滑动导靴而言，其靴头是浮动的，但在弹簧的作用下，靴衬始终贴压在导轨上，于是就必须考虑靴衬对导轨面初始压力是否合理。初始压力过大，则使导靴失去减振作用，过小则会失去弹性支承能力。为此，对初压力必须有一定的要求（初压力由弹簧张紧程度决定，通过调节弹簧压缩量而得到最佳压力，电梯额定载重量不同，所要求的初压力也不同）。又因弹性滑动导靴在电梯运行时，受导轨间距及偏重力变化的影响，其靴头做轴向浮动，所以导靴在结构上必须允许靴头有合适的伸缩间隙值，其值必须与调节初压力的规定相配合。

（3）滑动导靴润滑的要求

为减小滑动导靴工作中的摩擦阻力，延长靴衬的使用寿命，通常在导靴的顶部安装润滑油盒，通过润滑油盒向导轨加润滑油（其安装示意参见图 3-52），也可以直接在导轨和靴衬中涂加润滑脂来实现润滑。

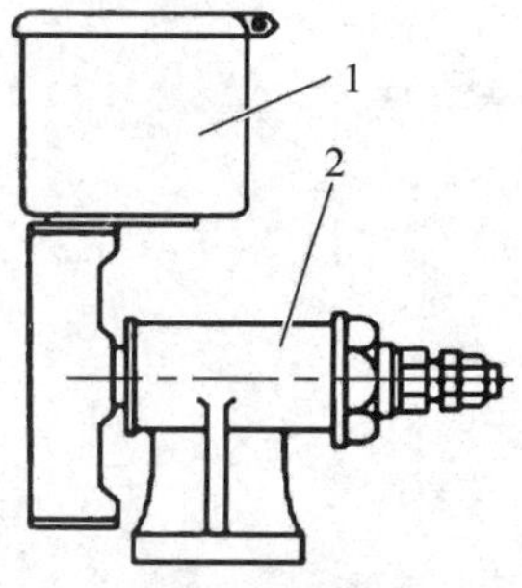

1—油盒；2—导靴。

图 3-52　滑动导靴与润滑油盒

4. 滚动导靴配用导轨的要求

凡是采用滚动导靴的高速电梯，其相应的导轨工作面上绝不允许加润滑油。对滚轮而言，滚轮对导轨的工作面不应有歪斜，在整个轮缘的宽度上与导轨工作面接触应均匀、平稳。

当滚轮外缘有剥落时，轿厢在运行中的水平振动明显增大，滚轮外缘的剥落点成为运行中的干扰力，因此滚轮一旦有剥落现象，应及时更换。

【练习与思考】

（1）导向系统的功能是什么？其主体构件是什么？

（2）电梯导轨有何作用？导轨的技术性能要求有哪些？导轨架一般采用哪几种方式固定？

（3）导轨在导轨架上固定时，为什么要采用压板固定，而不是采取直接螺栓固定或焊接方式？

（4）导靴的功能与组成是什么？导靴主要分为哪几个种类？

【认知实训】

导向系统的认知

1. 实训目的

掌握导向系统的功能、导向系统的组成及各部分的作用原理。

2. 实训设备

导轨若干，DX1B 滑动导靴 12 个，GDX160A 滚动导靴 12 个，导轨支架 20 个。

3. 实训内容

（1）认识导轨，了解导轨的技术性能要求；

（2）对比滑动导靴与滚动导靴的结构差异，并叙述两种导靴的技术要求；

（3）认识导轨支架结构，并了解其固定方式。

4. 过程记录

学生能根据课堂原理的讲解认知电梯导轨、导靴、导轨支架的实物，并能讲解其各部件的作用及原理。

5. 实训小结

完成实训指导书中的相应项目，并填写实训报告。

模块 4　安全保护系统

任务 4.1　安全保护系统概述

【学习目标】

知识目标：

- 了解电梯可能发生的事故和故障；
- 了解电梯安全保护装置的联动关系；
- 了解电梯安全保护系统的组成。

能力目标：

- 能够阐述电梯可能发生的事故和故障；
- 能够说出电梯安全保护装置的联动关系。

【知识讲解】

电梯是高层建筑中必不可少的垂直运输工具，其运行质量直接关系到人员的生命安全和货物的完好，所以电梯运行的安全性必须放在首位。为了保障电梯安全使用，防止和消除电梯在运行中可能发生的一切不安全状态，从电梯设计、制造、安装及日常维保等各个环节都要充分考虑到防止危险发生，并针对各种可能发生的危险，设置专门的安全装置。根据 GB 7588—2003《电梯制造与安装安全规范》中的规定，现代电梯必须设有完善的安全保护系统。

电梯安全保护系统包括机械保护装置、电气保护装置和安全防护装置三大类。机械保护装置有超速保护装置、缓冲器和门锁等。其中有些机械保护装置与电气安全保护装置配合共同承担保护任务。还有一些是电气系统的自身保护，如电动机短路保护、过载保护、接地接零保护、错断相保护等。安全防护装置有机械设备的防护，如曳引轮、滑轮、链轮等机械运动部件防护以及各种护栏、罩、盖等安全防护装置。

4.1.1　电梯常见的安全事故

1. 不安全运行

由于限速器失灵，层门和轿门不能关闭或关闭不严时，电梯运行、轿厢超载运行、曳引电动机在缺相或错相等状态下运行等。

2. 终端越位

由于平层控制电路出现故障，轿厢运行到顶层端站或底层端站时，未停车而继续运行或超出正常的平层位置。

3. 冲顶或蹲底

上终端限位装置失灵等，造成轿厢或对重冲向井道顶部，称为冲顶。

下终端限位装置失灵或电梯失控，造成电梯轿厢或对重跌落井道底坑，称为蹲底。

4. 轿厢失控或超速运行

当曳引机电磁制动器失灵，减速器中的轮齿、轴、销、键等折断，以及曳引绳在曳引轮绳槽中严重打滑等情况发生，正常的制动手段已无法使电梯停止运动，轿厢失去控制，造成运行速度超过额定速度。

5. 非正常停止

控制电路出现故障、安全钳误动作、制动器误动作或电梯停电等原因，都会造成在运行中的电梯突然停止。

6. 关门障碍

电梯在关门过程中，门扇受到人或物体的阻碍，使门无法关闭。

4.1.2 电梯安全保护系统的组成

电梯安全保护系统主要由制动器、限速器、安全钳、缓冲器、门锁装置等部件组成，如图 4-1 所示。

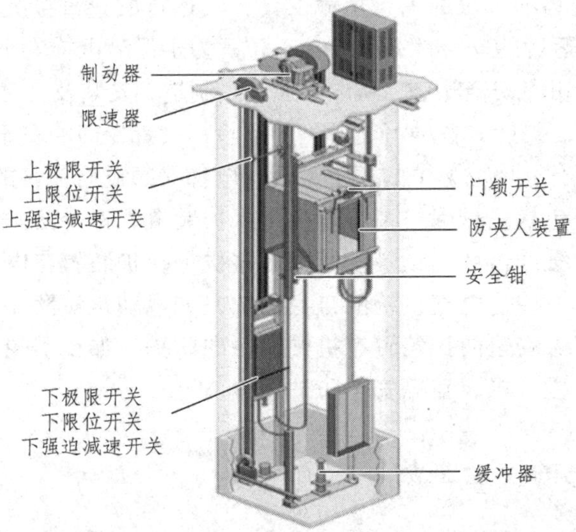

电梯安全保护系统的组成

图 4-1 电梯安全保护装置主要组成部件示意图

预防常见的电梯安全事故发生的保护装置及对应安全部件如下：

（1）超速（失控）保护装置：限速器、安全钳。

（2）超越上下极限工作位置保护装置：强迫减速开关、限位开关、极限开关。上述三个开关分别起到强迫减速、切断控制电路、切断动力电源三级保护。

（3）蹲底（与冲顶）保护装置：缓冲器。

（4）层门、轿门门锁电气联锁装置：确保门不可靠关闭电梯不能运行。

（5）近门安全保护装置：层门、轿门设置光电检测或超声波检测装置、门安全触板等，保证门在关闭过程中不会夹伤乘客或货物，关门受阻时保持门处于开启状态。

（6）电梯不安全运行防止系统：轿厢超载控制装置、限速器断绳开关、安全钳误动作开关、轿顶安全窗和轿厢安全门开关等。

（7）供电系统断相、错相保护装置：相序保护继电器等。

（8）停电或电气系统发生故障时，轿厢慢速移动装置。

（9）报警装置：轿厢内与外联系的警铃、电话等。

（10）其他保护装置：电梯设置轿厢顶安全护栏、轿厢护脚板、底坑对重侧防护栏等设施。

4.1.3　电梯安全保护装置的联动关系

当电梯出现紧急故障时，分布于电梯系统各部位的安全开关被触发，切断电梯控制电路，曳引机制动器动作，制停电梯。当电梯出现极端情况，如曳引绳断裂，轿厢将沿井道坠落，当到达限速器动作速度时，限速器会触发安全钳动作，将轿厢制停在导轨上。当轿厢超越顶、底层站时，首先触发强迫减速开关减速，如无效则触发限位开关，使电梯控制线路动作，将曳引机制停，若仍未使轿厢停止，则会采用机械方法强行切断电源，迫使曳引机断电并使制动器动作制停。当曳引钢丝绳在曳引轮上打滑时，轿厢速度超限会导致限速器动作触发安全钳，将轿厢制停，如果打滑后轿厢速度未达到限速器触发速度，最终轿厢将触及缓冲器减速制停。当轿厢超载并达到某一限度时，轿厢超载开关被触发，切断控制电路，导致电梯无法启动运行。当安全窗、安全门、层门或轿门未能可靠锁闭时，电梯控制电路无法接通，会导致电梯在运行中紧急停车或无法启动。当层门在关闭过程中，安全触板遇到阻力，则门机立即停止关门并反向开启，稍作延时后重新尝试关门动作，在门未可靠锁闭时电梯无法启动运行。电梯安全系统关联图如图 4-2 所示。

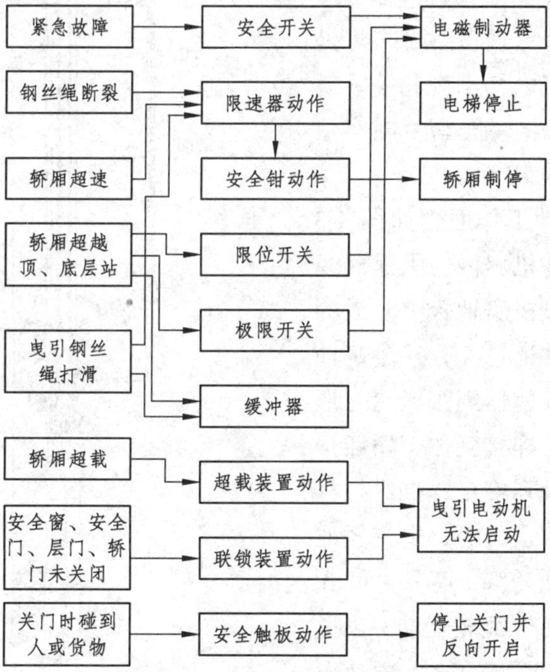

图 4-2　电梯安全系统关联图

【练习与思考】

（1）电梯安全保护系统由哪三类装置组成？

（2）电梯安全保护系统的主要组成部件有哪些？

任务 4.2　限速器与安全钳

【学习目标】

知识目标：

- 了解电梯限速器的结构及工作原理；
- 了解电梯安全钳的结构及工作原理；
- 了解限速器与安全钳的联动。

能力目标：

- 能够检验限速器的装置；
- 能够检验安全钳的装置。

【知识讲解】

4.2.1　限速装置及联动工作原理

防超速和断绳的保护装置称为限速装置。限速装置的主要组成部件有限速器、限速器钢丝绳、安全钳和张紧装置。限速装置是在限速器的操纵下，当电梯出现超速、断绳等非常严重的故障后，将轿厢紧急制停并夹持在导轨上的一种安全装置。

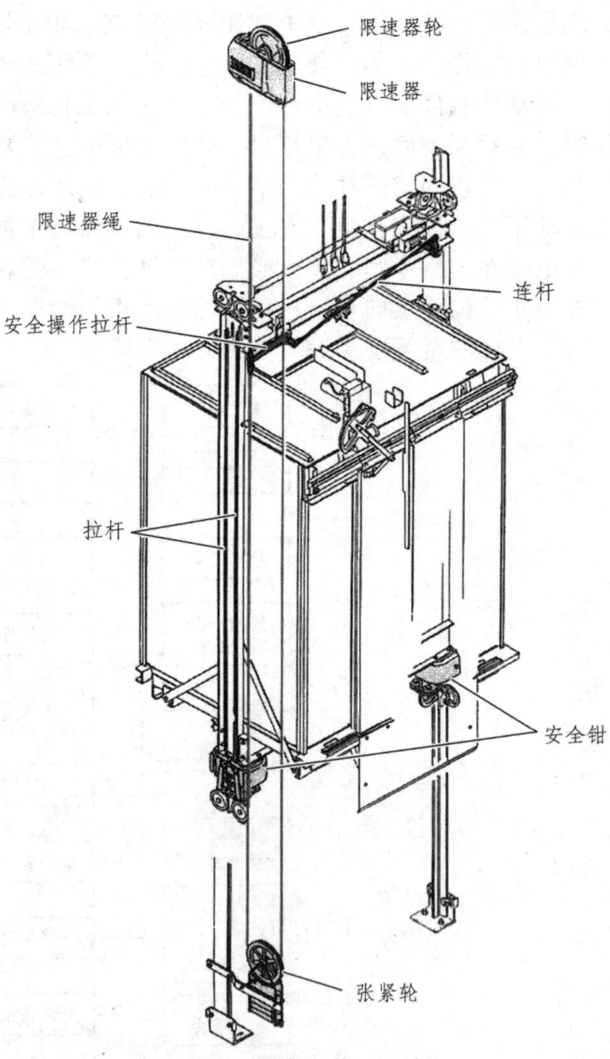

图 4-3　限速器装置示意图

限速器与安全钳联动工作原理如图 4-3 所示。限速器一般安装在机房内，限速器绳绕过限速器绳轮后，穿过机房地板上开设的限速器绳孔，竖直穿过井道总高，一直延伸到装设于电梯底坑中的限速器绳张紧轮并形成回路；限速器绳绳头处连接到位于轿厢顶的连杆系统，并通过一系列安全钳操纵拉杆与安全钳相连。电梯正常运行时，电梯轿厢与限速器绳以相同的速度升降，两者之间无相对运动，限速器绳绕两个绳轮运转；当电梯出现超速并达到限速器设定值时，限速器中的夹绳装置动作，将限速器绳夹住，使其不能移动，但由于轿厢仍在运动，于是两者之间出现相对运动，限速器绳通过安全钳操纵拉杆拉动安全钳制动元件，安全钳制动元件则紧密地夹持住导轨，利用其间产生的摩擦力将轿厢制停在导轨上，保证电梯安全。

对于传统的电梯，都必须使用限速器来随时监测并控制轿厢的下行超速，但随着电梯的使用，人们发现轿厢上行超速并且冲顶的危险也确实存在，其原因是轿厢空载或极小载荷时，对重侧重量大于轿厢，一旦制动器失效或曳引机轴、键、销等折断，或由于曳引轮绳槽严重磨损导致曳引绳在其中打滑，极可能造成轿厢上行超速。所以在 GB 7588—2003 中规定，曳引驱动电梯应装设上行超速保护装置，该装置包括速度监控和减速元件，应能检测出上行轿厢的失控速度，当轿厢速度大于等于电梯额定速度的 115%时，应能使轿厢制停，或至少使其速度下降至对重缓冲器的允许使用范围。该装置应作用于轿厢、对重、钢丝绳系统（悬挂绳或补偿绳）或曳引轮上，当该装置动作时，应使电气安全装置动作或控制电路失电，电机停止运转，制动器动作。通过图 4-4 可以清楚地了解限速器与安全钳的联动过程。

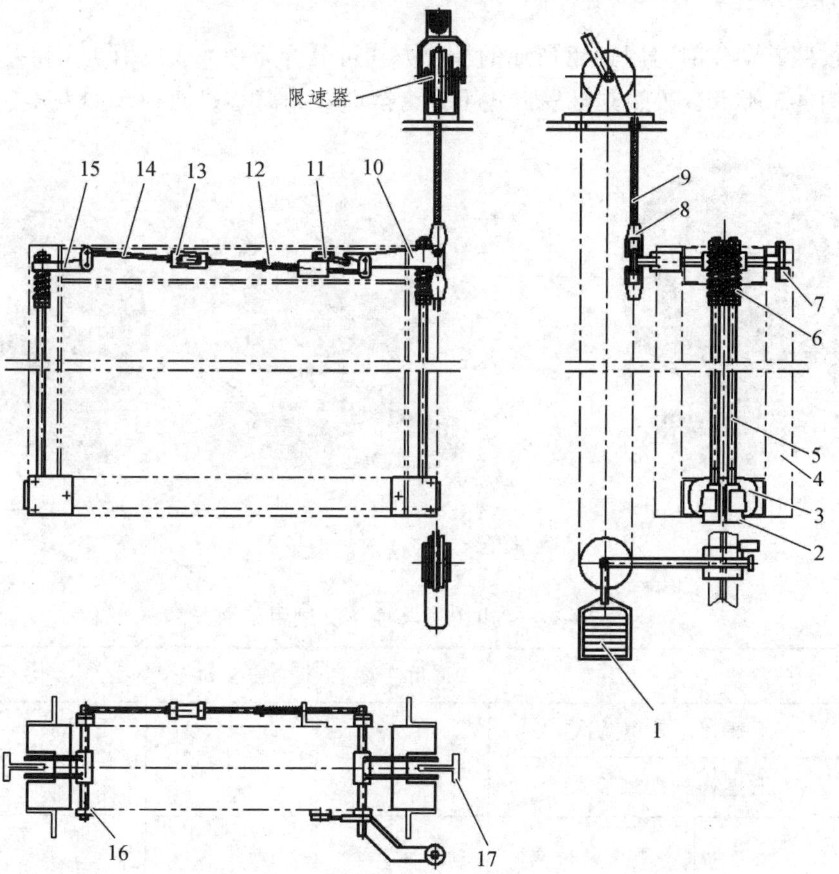

1—张紧装置；2—安全钳楔块；3—安全钳座；4—轿厢架；5—垂直拉杆；6，12—复位弹簧；
7—防跳器；8—绳头；9—限速器绳；10—安全钳拉杆；11—安全钳急停开关；
13—正反扣螺母；14—横拉杆；15—从动拉杆；
16—转轴；17—导轨。

图 4-4　限速装置与安全钳

4.2.2 限速器

限速器是电梯设备中用于监控轿厢运行速度的机械安全装置，一般安装在机房，随时监测控制着电梯的运行速度。当电梯的运行速度超过额定速度一定值时，限速器的动作能够切断电气安全回路或进一步超速导致安全钳或轿厢上行超速保护装置制动元件起作用，从而起到对电梯的安全保护作用。

电梯安全保护装置
——限速器

控制轿厢超速的限速器触发速度和相关要求，在 GB 7588—2003《电梯制造与安装安全规范》中有明确的规定：即该速度至少等于电梯额定速度的 115%限速器动作时，限速器绳的张力不得小于安全钳起作用所需力的两倍或 300 N；限速器绳的最小破断载荷与限速器动作时产生的限速器绳张力安全系数应大于 8，限速器绳公称直径不应小于 6 mm，限速器绳必须配有张紧装置，且在张紧轮上装设导向装置。

1. 限速器的类型

限速器按照其动作时对限速钢丝绳的提拉方式可分为摩擦（或曳引）式和夹持（或夹绳）式两种，如图 4-5 所示；按照其触发方式可分为摆锤式和离心式两种，如表 4-1 所示。

（a）摩擦式（或曳引）限速器　　（b）夹持（或夹绳）式限速器

图 4-5　限速器类型

表 4-1　常用限速器种类及适用范围

<table>
<tr><th colspan="3">种　　类</th><th>适用速度</th><th>安全钳</th><th>使用特点</th></tr>
<tr><td rowspan="2">摆锤式</td><td colspan="2">下摆杆凸轮棘爪式</td><td rowspan="2">1 m/s 以下</td><td rowspan="2">瞬时式</td><td rowspan="2">结构简单，制造维护方便，缺乏可靠的夹绳装置，多用于低速电梯</td></tr>
<tr><td colspan="2">上摆杆凸轮棘爪式</td></tr>
<tr><td rowspan="3">离心式</td><td rowspan="2">甩块式</td><td>刚性夹持式</td><td>1 m/s 以下</td><td>渐进式</td><td>夹持力不可调，工作时对钢丝绳损伤较大</td></tr>
<tr><td>弹性夹持式</td><td>1 m/s 以上</td><td>渐进式</td><td>工作时对钢丝绳损伤小，多用于快速电梯</td></tr>
<tr><td colspan="2">甩球式
（多为弹性夹持式）</td><td>各种速度</td><td>渐进式</td><td>结构简单可靠，反应灵敏，用于快、高速电梯</td></tr>
</table>

2. 限速器工作原理

限速器种类很多，以常见的离心甩块式、有压绳装置限速器为例，如图 4-6 所示。该限速器由限速器绳轮、甩块、甩块联动拉杆、甩块回位弹簧、触发锁舌、棘爪、棘轮、限速器底座、左右夹绳臂、夹块、超速电器开关组成。两个绕各自枢轴转动的甩块由连杆连接在一起，以保证同步运动，甩块由弹簧牵引固定。

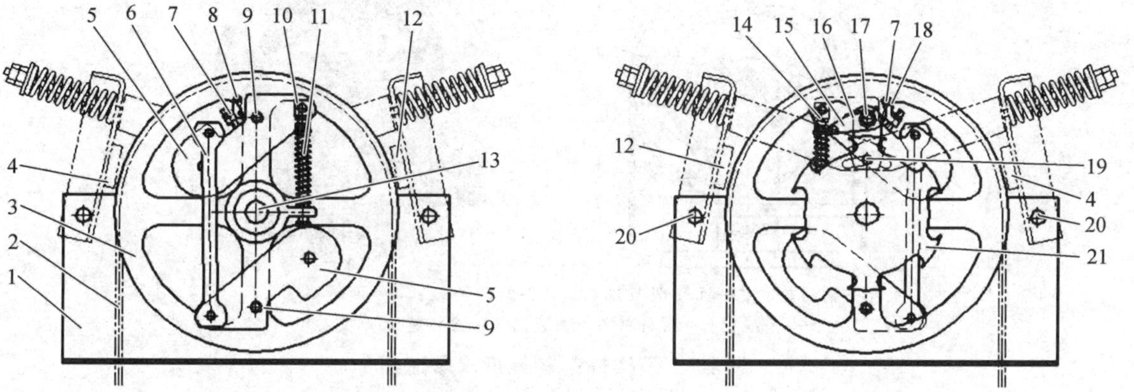

（a）正视方向　　　　（b）后视方向

1—限速器体；2—限速器绳；3—限速器绳轮；4—左夹绳臂与夹块；5—甩块；6—联动拉杆；7—触发锁舌；8—触发锁舌转轴；9—甩块转轴；10—甩块回位接头；11—甩块回位弹簧；12—右夹绳臂与夹块；13—限速器绳轮转轴；14—制动块销轴；15—制动块；16—制动块扭簧；17—制动块转轴；18—触发锁舌扭簧；19—花盘销轴；20—夹绳臂转轴；21—棘轮。

图 4-6　限速器结构

轿厢运行时通过限速器绳带动限速器轮随之旋转，与限速器轮同轴的离心甩块因离心力作用而向外甩动，甩动幅度与限速器轮的转速相关，当轿厢下行速度超过额定速度的一定值时，甩块在离心力的作用下向外甩开，甩块上的螺钉触动超速电气开关动作，切断电梯安全回路，使制动器失电抱闸。轿厢速度若在电气开关动作后仍继续增大到限定值，离心甩块被进一步甩开，触发锁舌触发棘爪动作，卡在棘轮上，棘轮拉动触杆，通过压块压在限速器钢丝绳上，限速器钢丝绳被刹住，从而向上提拉安全钳提拉机构，使安全钳动作，夹住导轨，将轿厢制停在导轨上。

安全钳和限速器动作后，必须由专业人员将轿厢或对重提起，并经调整后方能恢复使用。

3. 其他限速器

（1）摆锤式限速器及工作原理

当限速器轮转动时，因其中的摆杆不断地摆动而得名，称为摆锤式。摆锤式限速器按结构形式特点又称为凸轮式，也称为惯性式。根据摆杆与凸轮的相对位置，摆锤式限速器可分为下摆杆凸轮棘爪式限速器和上摆杆凸轮棘爪式限速器。

摆锤式限速器，是利用绳轮上的凸轮在旋转过程中与摆锤一端的滚轮接触，摆锤摆动的频率与绳轮的转速有关，当摆锤的振动频率超过某一预定值时，摆锤的棘爪进入绳轮的止停爪内，从而使限速器停止运转。在机械触发装置动作之前，限速器或其他装置上的一个电气安全保护装置会被触发，使电梯驱动主机停止运转。

下摆杆凸轮棘爪式限速器结构如图 4-7 所示。上摆杆凸轮棘爪式限速器结构如图 4-8 所示。

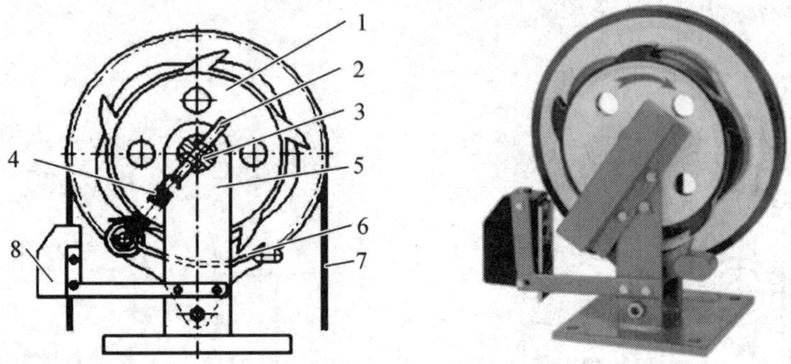

1—制动轮；2—拉簧调节螺钉；3—制动轮轴；4—调速弹簧；
5—支座；6—摆杆；7—限速器绳；8—超速开关。

图 4-7　下摆杆凸轮棘爪式限速器

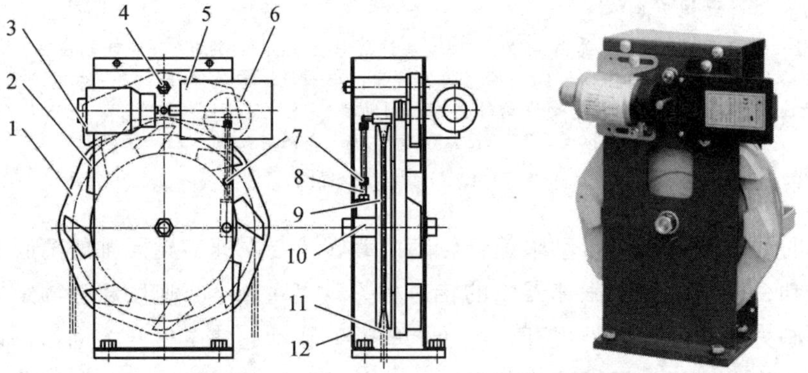

1—凸轮；2—棘爪；3—摆杆；4—摆杆转轴；5—超速电气开关；6—限速胶轮；
7—调速弹簧；8—拉簧调节螺杆；9—限速器绳轮；
10—转轴；11—限速器绳；12—机架。

图 4-8　上摆杆凸轮棘爪式限速器

（2）甩块式限速器及工作原理

甩块式限速器是利用旋转离心力随着转速变化而加大的原理来完成动作的，当限速器绳轮转动时，由于离心力的作用导致其中的甩块产生远离回转中心的趋势，一旦超速到限定值时，甩块触发超速安全开关，从而带动安全钳动作。甩块式限速器根据在动作时对钢丝绳的夹持形式，可分为刚性夹持式和弹性夹持式限速器。

刚性夹持式甩块限速器的结构如图 4-9 所示，限速器底座上装有心轴，限速器绳轮和制动圆盘各自均可在心轴上转动。在限速器绳轮上固定着两个销轴，两个离心重块（甩块）通过连接板和拉簧铰接在销轴上，它们可以绕各自的销轴摆动。在甩块的外缘面上各有一个棘爪（夹绳钳局部），而在制动圆盘的内圆面上有五个均匀分布的棘齿。

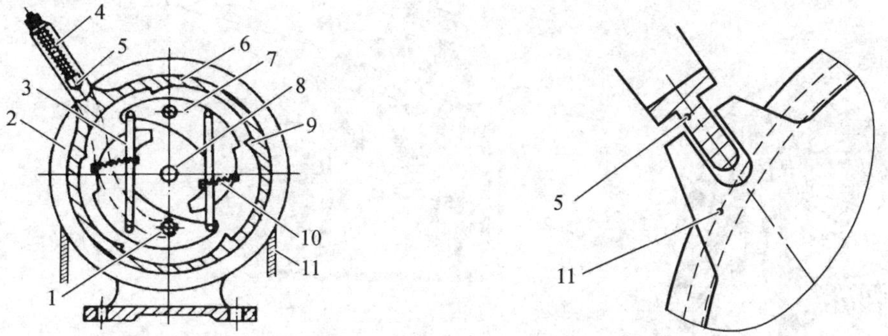

1—销轴；2—限速器绳轮；3—连接板；4—夹绳钳弹簧；5—夹绳钳；
6—制动圆盘（棘齿罩）；7—甩块（离心重块）；8—心轴；
9—棘齿；10—拉簧；11—限速器钢丝绳。

图 4-9　刚性夹持式甩块限速器

刚性夹持式甩块限速器工作原理：当限速器绳轮静止不动时，甩块在拉簧作用下保持向中心缩紧的位置，甩块的棘爪与制动圆盘内的棘齿之间保持一定间隙。电梯运行时，轿厢通过限速器绳带动限速器绳轮顺时针转动，轿厢速度正常时，离心力使甩块绕销轴向外摆动并与弹簧力保持平衡，棘爪与棘齿之间的径向空隙缩小，当轿厢超速到达限速器设定的速度时，在离心力的作用下，限速器内的甩块向外摆动到使甩块上的棘爪与制动圆盘内的棘齿啮合，进而带动偏心拨叉一起顺时针方向摆动。由于拨叉摆动中心同限速器绳轮和制动圆盘的回转中心存在一个偏距，偏心拨叉在回转一定角度后，夹绳钳即将限速器钢丝绳压住且越压越紧，直至限速器绳不能移动，但此时轿厢仍在下降，于是已被卡紧的限速器绳将安全钳的操纵拉杆提起，带动轿厢两边的安全钳楔块同步动作，将超速下滑的轿厢夹持在导轨上。

限速器、安全钳动作瞬间会断开控制电路，使制动器失电制动，只有当所有安全开关复位，轿厢向上提起时，才能释放安全钳，安全钳未恢复到正常位置，电梯不能启动。刚性夹持式甩块限速器在动作时，对限速器钢丝绳的夹持是刚性的，动作灵敏可靠，但相对来说冲击大，对限速器绳损伤大，仅适用于低速电梯，必须配用瞬时式安全钳。通过调整弹簧 4 的张力，可以允许限速器绳被夹后有少许的滑动，以减少冲击。

弹性夹持式限速器动作原理如图 4-10 所示，两个绕各自枢轴转动的甩块（2）由连杆（3）连接在一起，以保证两甩块同步运动，甩块（2）被螺旋弹簧（4）作用而收拢到靠近回转中心处，限速器绳轮（1）在垂直平面内转动。如果轿厢速度超过额定速度预定值，甩块（2）因离心力的作用压缩弹簧（4）并向外甩开，使超速开关动作，从而切断电梯的控制回路，使制动器失电制动。如速度进一步增大，甩块进一步向外甩开并撞击锁栓（6），松开摆动钳块（7）。正常情况下，摆动钳块由锁栓（6）拴住，与限速器绳（11）间保持一定的间隙，当摆动钳块松开后，钳块下落，将限速器绳夹持在固定钳块（8）上，使限速器绳不再随轿厢自由下行，绳与钳块间的摩擦力向上提拉安全钳提拉机构，使安全钳动作，将轿厢制停在导轨上。固定钳块由压紧弹簧（9）压紧，压紧弹簧可利用调节螺栓（10）进行调节，以保证限速器绳的夹紧处于弹性状态，避免了刚性夹持。

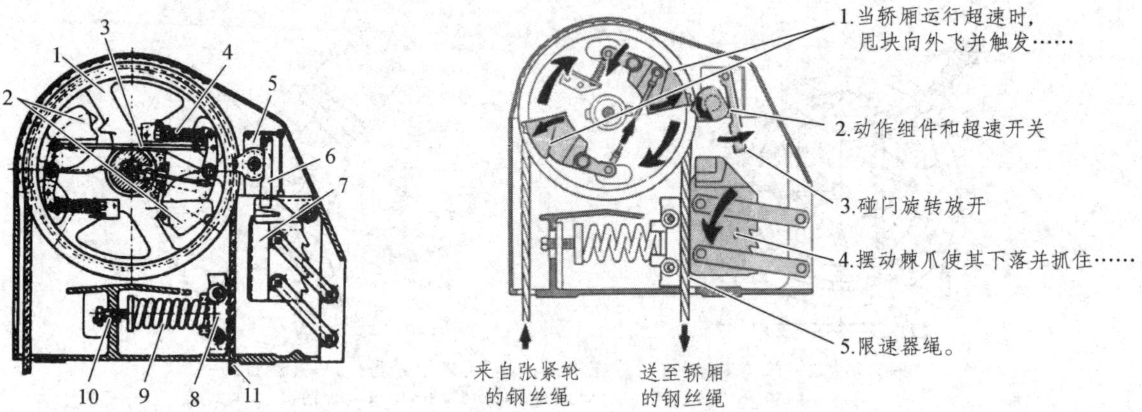

1—限速器绳轮；2—甩块；3—连杆；4—螺旋弹簧；5—超速开关；
6—锁栓；7—摆动钳块；8—固定钳块；9—压紧弹簧；
10—调节螺栓；11—限速器绳。

图 4-10 弹性夹持限速器

（3）双向限速器

轿厢上行超速保护装置是为防止电梯运行过程中出现轿厢冲顶事故而设置的安全装置，是对电梯安全保护系统的进一步完善。这是由于在电梯正常使用过程中，当载重量小于额定载荷的一半时，对重侧的重量将大于轿厢侧，此时一旦制动器失效或曳引机齿轮、轴、键、销等发生断裂，造成曳引轮不受制动器控制，或由于曳引轮绳槽严重磨损造成曳引绳在绳槽内打滑等，这些均会造成轿厢冲顶事故发生。

GB 7588—2003 中规定，曳引驱动电梯应装设上行超速保护装置，该装置包括速度监控和减速元件，应能检测出上行轿厢的失控速度，当轿厢速度大于等于电梯额定速度的 115% 时，应能使轿厢制停或至少使其减速至对重缓冲器的设计范围。该装置应该作用于轿厢、对重、钢丝绳系统（悬挂绳或补偿绳）或曳引轮上。该装置动作时，应使电气安全装置动作，使控制电路失电，电机停止运转，制动器动作。轿厢上行超速保护装置按其制停和减速装置作用位置的不同，可分为作用在轿厢、对重、钢丝绳和曳引轮上 4 种。常见有双向限速器——双向安全钳方式、双向限速器——曳引绳夹绳器、对重限速器——对重安全钳等，其中采用双向限速器配合双向安全钳方式较多，在旧梯改造过程中，则采用双向限速器配合夹绳器方式较多。

双向限速器结构如图 4-6 所示；双向限速器电气装置如图 4-11 所示。

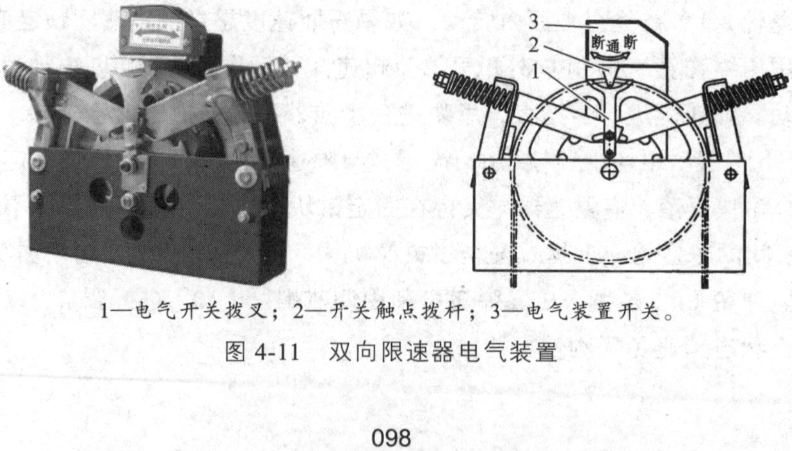

1—电气开关拨叉；2—开关触点拨杆；3—电气装置开关。

图 4-11 双向限速器电气装置

4.2.3 限速器张紧装置

为保证限速器与限速器钢丝绳轮间有足够的摩擦力，准确反映轿厢运行速度，在井道底坑设有限速器张紧装置。限速器张紧装置主要由支架、张紧轮、重陀（配重块）、断绳开关及检测钢丝绳张紧情况的电气安全装置组成。常用的限速器张紧装置有两种形式：悬挂式张紧装置和悬臂式张紧装置，如图 4-12 所示。

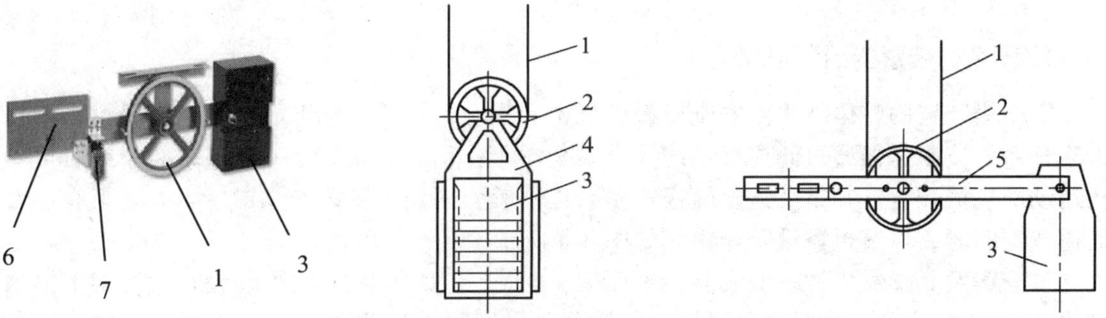

（a）张紧装置组成　（b）悬挂式张紧装置　（c）悬臂式张紧装置

1—限速器钢丝绳；2—张紧轮；3—配重；4—配重架；
5—悬臂；6—支架；7—断绳开关。

图 4-12　限速器张紧装置

张紧轮的作用主要是使限速器钢丝绳保持一定的张力，从而保证限速器的运转速度与轿厢的运行速度保持一致。张紧轮导向装置限位导向，防止限速器绳扭转和张紧装置摆动。张紧轮安装在张紧装置支架上，可以灵活转动。调整重砣的数量，可以调整限速器绳的张力。限速器绳的张（拉）力：限速器动作时，限速器绳的张力应大于安全钳启动时所需力的两倍，且不小于 300 N。

张紧装置的侧面装有断绳保护开关。当限速器绳断裂或限速器绳过度伸长，张紧装置向下垂落，断绳保护开关被触发，切断电梯控制电路，防止电梯在没有限速器和安全钳保护下行驶。

电梯工作时，由张紧轮导向装置限位导向，以防止限速器绳扭转和张紧装置摆动。为了补偿限速器钢丝绳在工作中的伸长，张紧装置能在导向装置作用下上下浮动。同时，为了防止钢丝绳的破断或过于伸长而失效，张紧装置的底部与底坑要有一定的高度，如表 4-2 所示。

表 4-2　张紧装置底部距底坑的高度

序号	电梯类型	合适高度
1	低速电梯	（400 ± 50）mm
2	快速电梯	（550 ± 50 ）mm
3	高速电梯	（750 ± 50 ）mm

4.2.4 安全钳

安全钳是轿厢超速时制停轿厢的执行机构。轿厢的速度由限速器实时监测，一旦轿厢失控超速，限速器动作并触发安全钳，由安全钳将轿厢制停在导轨上。它对电梯的安全运行提供有效的保护作用，一般将其安装在轿厢架或对重架上。随着轿厢上行超速保护要求的提出，现在双向安全钳也有较多使用。

电梯安全保护装置
——安全钳

1. 安全钳装置的结构组成

安全钳装置的整体结构由安全钳操纵机构和安全钳体两部分组成。安全钳操纵机构是一组连杆系统，限速器通过此连杆系统操纵安全钳起作用。安全钳是一种使轿厢（或对重）停止运动的机械装置。凡是由钢丝绳或链条悬挂的载人轿厢均要设安全钳。当底坑下有过人的通道或空间时，对重也需设安全钳，如图 4-4 所示。

安全钳及其操纵机构一般安装在轿厢架（4）上，安全钳体（3）装设在轿厢架下梁内，楔块（2）在安全钳动作时夹紧导轨使轿厢制停。轿厢架上梁的两侧各装有一根转轴（16），操纵机构的一组杠杆固定在这两根轴上。主动杠杆（10）的端部通过绳头（8）与限速器绳（9）连接。4 个从动杠杆（15）分别安装在两侧的转轴（16）上。横拉杆（14）连接两侧的转轴，以保证两侧的从动杠杆同步摆动，横拉杆（14）上的正反扣螺母（13）可调节从动杠杆的位置。从动杠杆的端部各连接一条垂直拉杆（5），通过它带动安全钳的楔块（2）。横拉杆上的复位弹簧（12）使拉杆系统复位，垂直拉杆上的复位弹簧（6）促使安全钳楔块（2）在正常情况下处于松开状态。

当电梯超速达到限速器设定值时，限速器绳（9）被夹住不动，随着轿厢继续向下运动，主动杠杆（10）被限速器绳带动向上摆动，通过转轴（16）使 4 个从动杠杆（15）同时向上摆动，带动 4 根垂直拉杆（5）提起安全钳楔块（2），使楔块（2）与电梯导轨（17）发生接触，接着依靠自锁楔紧作用使楔块夹紧在导轨上，轿厢被制停。这里要注意操纵机构拉杆的作用只是移动一定距离，使安全钳楔块与导轨接触，一旦接触之后，将靠楔块的楔紧作用而产生制动力，不再依赖操纵机构。楔块在自锁楔紧过程中，将继续抬起垂直拉杆（5），压缩复位弹簧（6），此时从动杠杆（15）将不再起作用。主动杠杆（10）上附有碰铁，当操纵机构带动安全钳动作时，此碰铁使安全钳急停开关（11）被触发，制动器制动，曳引机断电停转。

2. 安全钳在轿厢上的安装位置

安全钳是一种使轿厢（或对重）停止运动的机械装置。凡是由钢丝绳或链条悬挂的载人轿厢均要设安全钳。当底坑下有过人的通道或空间时，对重也需设安全钳。安全钳与限速器必须联合动作才能起作用。

安全钳体一般安装在轿厢架的底梁或立柱上，处于上下导靴之间，并保证其安装牢固可靠。垂直拉杆装在轿厢外壁两侧立柱上，两侧垂直拉杆之间采用横拉杆相连接以保证同步动作。一个轿厢设有两组安全钳及与它相配合的垂直拉杆。安全钳的操纵机构装在轿厢架上梁，并通过主动杠杆（10）与限速器钢丝绳（9）相连，如图 4-4 所示。目前有些厂家将导靴和安全钳制成一个整体，此结构可以减少安装及调整的工作量。

如果轿厢和对重都需装置安全钳，其安全钳的动作应由各自的限速器来控制。

3. 安全钳的种类与结构特点

目前电梯用安全钳，按照其制动元件结构形式的不同可分为楔块型、偏心轮型和滚柱型三种；按制停减速度（制停距离）可分为瞬时式和渐进式安全钳。上述安全钳根据电梯额定速度和用途不同来区别选用。

（1）瞬时式安全钳

瞬时式安全钳也叫刚性急停型安全钳，它的承载结构是刚性的，动作时产生很大的制停力，使轿厢立即停止。安全钳从限速器卡住钢丝绳，到提起安全钳拉杆的楔块为止，轿厢走的距离比较短，一般只有几厘米到十几厘米。

瞬时式安全钳的使用特点：制停距离短，轿厢承受冲击严重，在制停过程中楔块或其他形式的卡块将迅速地卡入导轨表面，从而使轿厢瞬间停止。

瞬时式安全钳按照制动元件结构形式可分为楔块型、偏心轮型和滚柱型三种。

如图 4-13 所示为双楔块型瞬时式安全钳，它安装在轿厢架的下梁。安全钳座一般用铸钢制成整体式结构，楔块用优质耐热钢制造，表面淬火使其有一定的硬度；为加大楔块与导轨工作面间的摩擦力，楔块工作面常制出齿状花纹。电梯正常运行时，楔块与导轨侧面保持 2 ~ 3 mm 的间隙，楔块装于钳座内，并与安全钳拉杆相连，由于拉杆弹簧的张力作用，楔块保持固定位置，与导轨侧工作面的间隙保持不变。当限速器动作时，通过传动装置将拉杆提起，楔块沿钳座斜面上行并与导轨工作面贴合楔紧，随着轿厢的继续下行，由于楔块斜面的作用，导轨会被越夹越紧，最终将轿厢制停。

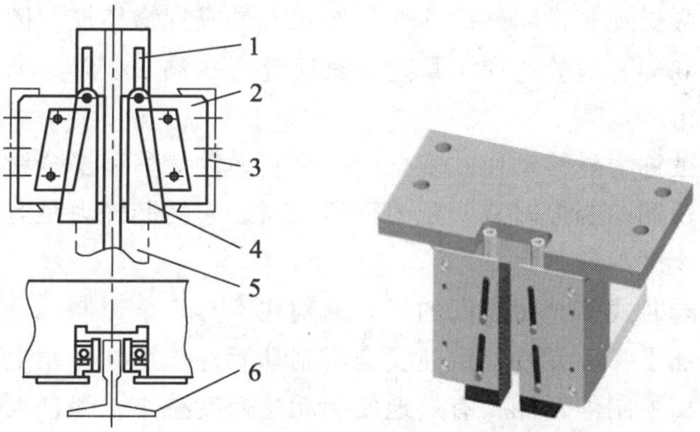

1—拉杆；2—安全钳座；3—轿厢下梁；4—楔（钳）块；5—导轨；6—盖板。

图 4-13　楔块型瞬时式安全钳

为了减小楔块与钳体之间的摩擦，一般可在它们之间设置表面经硬化处理的镀铬滚柱，当安全钳动作时，楔块在滚柱上相对钳体运动。

偏心轮型安全钳由两个硬化钢制成的带有半齿的偏心块组成，如图 4-14 所示，它有两根联动的偏心块连接轴，轴的两端用键与偏心块相连。当安全钳动作时，两个偏心块连接轴相对转动，并通过连杆使 4 个偏心块保持同步动作。偏心块的复位由一个弹簧来实现，通常在偏心块上装有一根提拉杆，应用这种类型的安全钳，偏心块卡紧导轨的面积很小，接触面压力极大，动作时往往使齿或导轨表面受到破坏。

滚柱型瞬时式安全钳如图 4-15 所示，当提拉杆提起时，淬硬的（表面硬度为 HRC40 ~ 45）滚花钢制滚柱在钳体楔形槽内向上滚动，当滚柱贴上导轨时，钳座就在钳体内做水平移动，这样就消除了另一侧的间隙。为了使两根导轨上的滚柱同时动作，两边的连杆用一根共用轴。滚柱型安全钳常用在低速重载的货梯上。

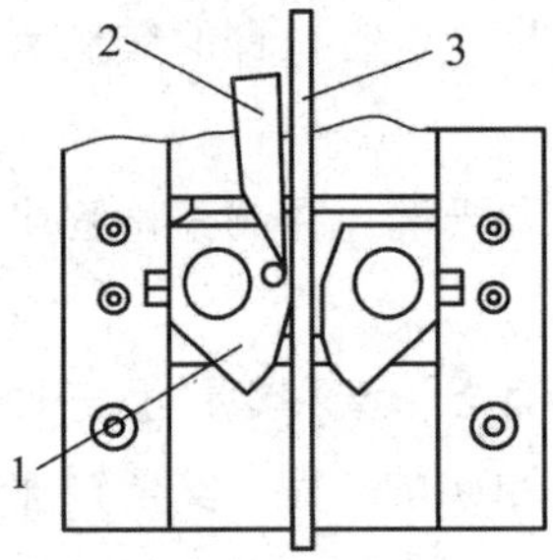

1—偏心轮；2—提拉杆；3—导轨。

图 4-14　偏心块型瞬时式安全钳

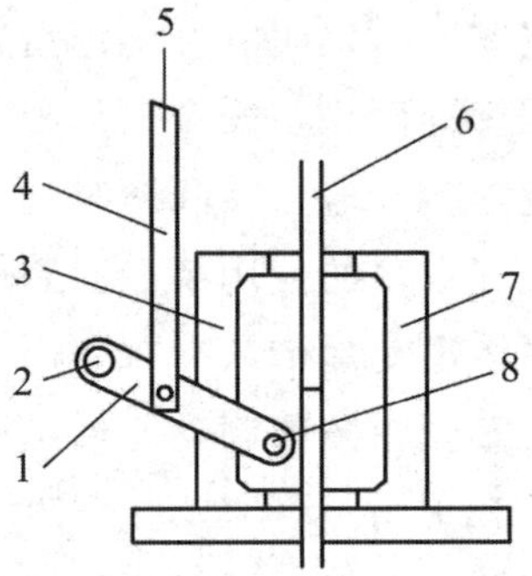

1—连杆；2—支点；3—爪；4—操纵杆；5—提拉杆；6—导轨；7—钳体；8—滚子。

图 4-15　滚柱型瞬时安全钳

滚柱型瞬时安全钳的制停时间约为 0.1 s，而双楔块瞬时式安全钳的瞬时制停力最高时的区段只有 0.01 s 左右，整个制停距离也只有几十毫米乃至几个毫米，轿厢最大制停减速度为 5 ~ 10g 甚至更大，而一般人员所能承受的瞬时减速度为 2.5g 以下。由于上述特点，电梯及轿厢内的乘客或货物会受到非常剧烈的冲击，导致人员或货物伤损，因此瞬时式安全钳只适用于额定速度不超过 0.63 m/s 的电梯（某些国家规定为 0.75 m/s 以下）。

（2）渐进式安全钳

渐进式安全钳又被称为滑移动作式安全钳，也叫弹性滑移型安全钳。它能使制动力限制在一定范围内，并使轿厢在制停时有一定的滑移距离，它的制停力是有控制地逐渐增大或保持恒定值，使制停减速度不致很大。

渐进式安全钳与瞬时式安全钳之间的根本区别在于其安全钳制动开始之后，其制动力并非刚性固定，而是增加了弹性元件，致使安全钳制动元件作用在导轨上的压力具有缓冲的余地，在一段较长的距离上制停轿厢，有效地使制动减速度减小，保证人员或货物的安全。渐进式安全钳均使用在额定速度大于 0.63 m/s 的各类电梯上。

常见的渐进式安全钳有 U 形板簧渐进式安全钳、蝶形弹簧渐进式安全钳、π形弹簧渐进式安全钳等。

U 形板簧渐进式安全钳，也叫楔块型渐进式安全钳。其结构原理如图 4-16 所示，它与瞬时动作安全钳的根本区别在于钳座是弹性结构（弹簧装置），当楔块（3）被拉杆（2）提起，贴合在导轨上起制动作用，楔块（3）通过导向滚柱（7）将推力传递给导向楔块（4），导向楔块后侧装置有弹性元件（弹簧），使楔块作用在导轨上的压力具有了一定的弹性，产生相对柔和的制停作用。增加导向滚柱（7）可以减少动作时的摩擦力，使安全钳动作后容易复位。

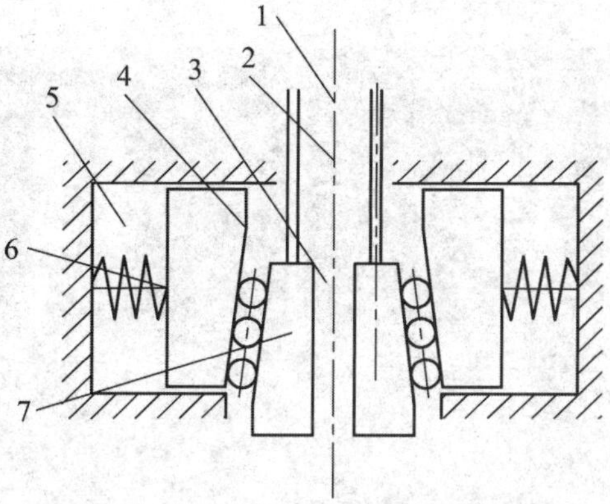

1—导轨；2—拉杆；3—楔块；4—导向楔块；5—钳座；6—弹性元件；7—导向滚柱。

图 4-16　楔块型渐进式安全钳（U 形板簧）

图 4-17 是蝶形弹簧渐进式安全钳，弹簧截面是锥形的，制动元件为两个楔块，楔块背面有滚柱排。滚柱可在钳体的钢槽内滚动，当提拉杆提住楔块时，相对于钳体而言，楔块在滚柱的滚动下上行。当楔块与导轨面接触后，楔块继续上滑，一直到限位板后停止。此时楔块夹紧力达到预定的最大值，形成一个不变的制动力，使轿厢以较低的减速度平滑制动。最大夹紧力可由钳臂尾部的碟形弹簧预定的行程设定。

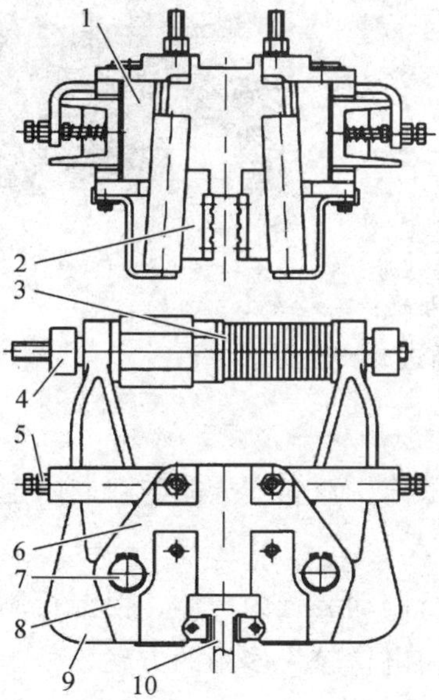

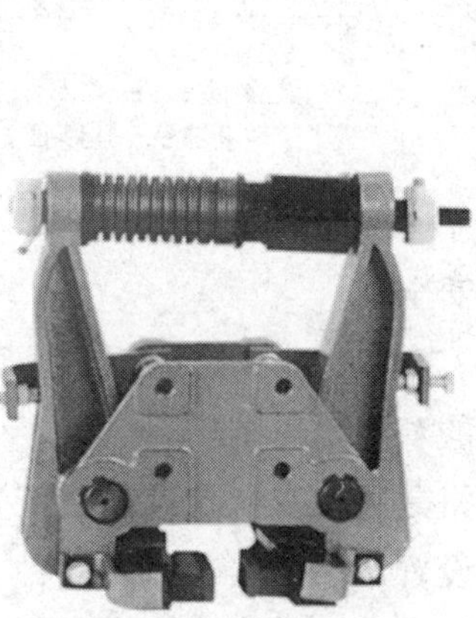

1—导向楔块；2—制动楔块；3—碟簧；4—碟簧张力调整螺母；5—间隙调整螺母；6—钳体；7—圆柱销；8—安全钳体；9—导向钳；10—导轨。

图 4-17　弹性导向钳式（蝶形弹簧）安全钳

图 4-18 是侧支蝶形弹簧渐进式安全钳。当安全钳动作时，制动楔块向右挤压导轨靠到制

动体的另一侧，用安全钳与导轨的相对水平移动消除了另一侧的间隙。因此，这种安全钳需要与相应的电梯导向系统配合。

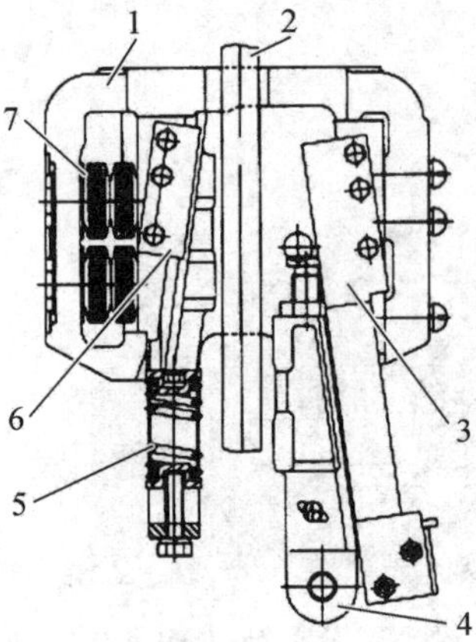

1—安全钳体；2—导轨；3—提拉楔块盖板；4—提拉楔块；
5—楔块复位弹簧；6—盖板；7—碟簧。

图 4-18　弹性导向钳式（侧支蝶形）渐进式安全钳

π形弹簧渐进式安全钳的结构如图 4-19 所示。

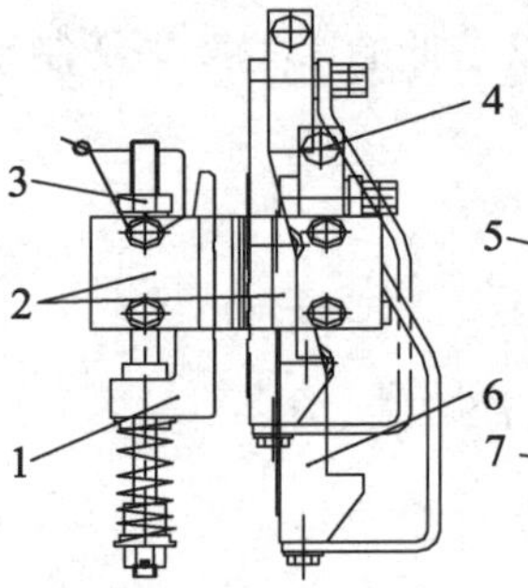

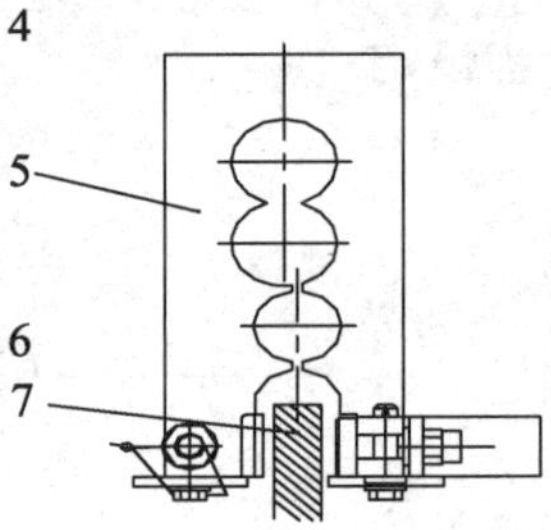

1—定楔块；2—盖板；3—间隙调整螺母；4—安全钳提拉杆；
5—π形弹性钢板；6—动楔块；7—导轨。

图 4-19　π形弹簧渐进式安全钳

（3）双向安全钳

GB 7588—2003 中指出必须对轿厢施行双向限速，双向安全钳与双向限速器相配合，构成了一种可靠的双向限速结构。

双向安全钳是电梯双向超速保护装置，上下行制动装置为一体，但上行制动力和下行制动力可以单独设置调整的安全钳，这种方式是当前电梯较为多用的方案。

双向安全钳系统主要由两部分组成，双向安全钳和安全钳联动提拉机构如图 4-20 所示。双向安全钳制动功能的实现需要上、下行安全钳制动元件与联动提拉机构协调工作，不论双向安全钳系统实施上行制动还是下行制动，都不会影响非制动方向制动元件的初始平衡位置。双向安全钳装置首先需要双向限速器来操纵。

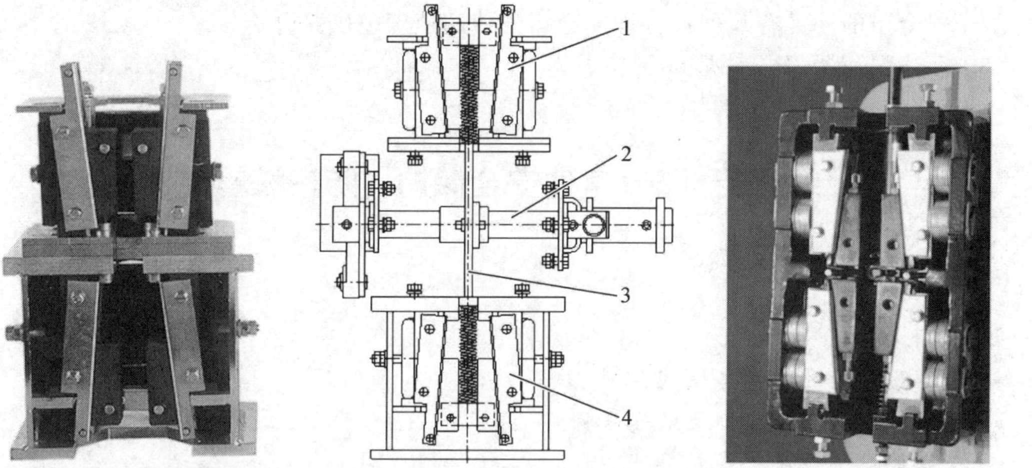

1—上行安全钳；2—安全钳操作机构；3—楔块连接杆；4—下行安全钳。

图 4-20　双向安全钳

小知识：

1. 安全钳使用条件

制停减速度指电梯被安全钳制停过程中的平均减速度。过大的制停减速度会造成剧烈的冲击，使人员、货物以及电梯都受到损伤，因此安全钳对电梯制停的减速度必须加以限制。GB 7588—2003 中规定，滑移动作安全钳制动时的平均减速度应为 0.2 ~ 1g（g 为重力加速度 9.8 m/s^2），同时还规定了各种安全钳的使用条件：

（1）电梯额定速度大于 0.63 m/s，轿厢应采用渐进式安全钳。若电梯额定速度小于或等于 0.63 m/s，轿厢可采用瞬时式安全钳。

（2）若轿厢装有数套安全钳，则它们应全部是渐进式的。

（3）若额定速度大于 1 m/s，对重安全钳应是渐进式的，其他情况下，可以是瞬时式的。

（4）轿厢和对重安全钳的动作应由各自的限速器来控制。若额定速度小于或等于 1 m/s，对重安全钳可借助悬挂机构的断裂或借助一根安全绳来动作。

（5）不得采用电气-液压或气动操纵的装置来操纵安全钳。

2. 安全钳的主要技术参数

（1）瞬时式安全钳

总允许质量（kg）、额定速度（m/s）、限速器最大动作速度（m/s）、导向面宽度（mm）、限速器最大动作速度时的自由降落距离（mm）。

（2）渐进式安全钳

总允许质量（kg）、总允许质量极限值（kg）、额定速度（m/s）、限速器动作速度（m/s）、导轨加工方式、导轨导向面宽度（mm）、导轨表面状况、导轨表面硬度。

【练习与思考】

（1）限速器的功能是什么？常见的有几种结构形式？

（2）安全钳的功能是什么？它如何与限速器配合起来使用？

（3）为什么要装设轿厢上行超速保护装置？

（4）安全钳的种类有几种？各种安全钳的使用速度范围是什么？

（5）简述限速器-安全钳联动工作过程。

任务 4.3　其他安全保护、防护装置

【学习目标】

知识目标：

- 了解缓冲器的结构与原理；
- 了解层门锁与轿门锁及电气联锁；
- 了解终端限位保护装置；
- 了解紧急救援装置、电气安全装置、安全防护装置。

能力目标：

- 能够检验缓冲器装置；
- 能够分析门锁电气回路；
- 能够操作救援装置、电气安全装置和检修安全防护装置。

电梯其他
安全保护装置

【知识讲解】

4.3.1　缓冲器

缓冲器是一种吸收、消耗运动轿厢或对重的能量，使其减速停止，并对其提供最后一道安全保护的电梯安全装置。电梯在运行中，由于安全钳失效、曳引轮槽摩擦力不足、抱闸制动力不足、曳引机出现机械故障、控制系统失灵等原因，轿厢（或对重）超越终端层站底层，并以较高的速度撞向缓冲器，由缓冲器起到缓冲作用，以避免电梯轿厢（或对重）直接撞底或冲顶，保护乘客、运送货物及电梯设备的安全。

当轿厢或对重失控竖直下落时，具有相当大的动能，为了尽可能减少和避免损失，就必须吸收和消耗轿厢（或对重）的能量，使其减速并安全、平稳地停在底坑。所以，缓冲器的原理就是使轿厢（或对重）的动能、势能转化为一种无害的能量形式。采用缓冲器将使运动着的轿厢或对重在一定的缓冲行程或时间内逐渐减速停止。

缓冲器是电梯底坑中最后一道保护装置，安装在井道底坑内，要求其安装牢固可靠，承载冲击能力强。缓冲器应与地面垂直并正对轿厢（或对重）下侧的缓冲板。

缓冲器按照其工作原理不同，可分为蓄能型和耗能型两种。

1. 蓄能型缓冲器

此类缓冲器又称为弹簧式缓冲器，一般由缓冲橡胶、上缓冲座、缓冲弹簧、弹簧座等组成，用地脚螺栓固定在底坑基座上，如图 4-21 所示。

弹簧缓冲器的工作原理是利用弹簧的弹性变形，将轿厢或对重的动能和势能转化为缓冲

器的弹性变形能，通过弹簧的反作用力，使轿厢或对重减速。由于弹簧的压缩力与压缩行程呈线性关系，所以称此类型缓冲器为线性缓冲器。在弹簧缓冲器被撞击压缩的过程中，其对轿厢或对重的反作用力随压缩行程的增大而增大。电梯中曾采用的线性缓冲器主要是弹簧缓冲器，当弹簧压缩到极限位置后，弹簧要释放缓冲过程中的弹性变形能，轿厢仍要反弹上升产生冲击，撞击速度越高，反弹速度越大。因此，弹簧缓冲器只适用于额定速度不大于 1 m/s 的电梯。

为了适应大吨位轿厢，压缩弹簧由组合弹簧叠合而成。行程高度较大的弹簧缓冲器，为了增强弹簧的稳定性，在弹簧下部设有导管或在弹簧中设导向杆，如图 4-22 所示。

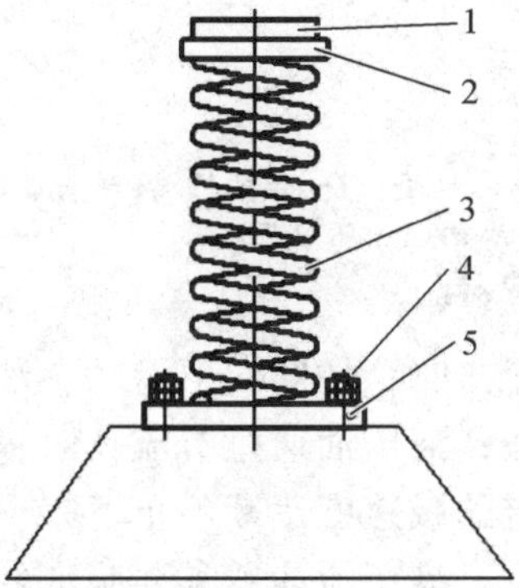

1—缓冲橡胶；2—上缓冲座；3—缓冲弹簧；
4—地脚螺栓；5—弹簧座。

图 4-21　弹簧缓冲器

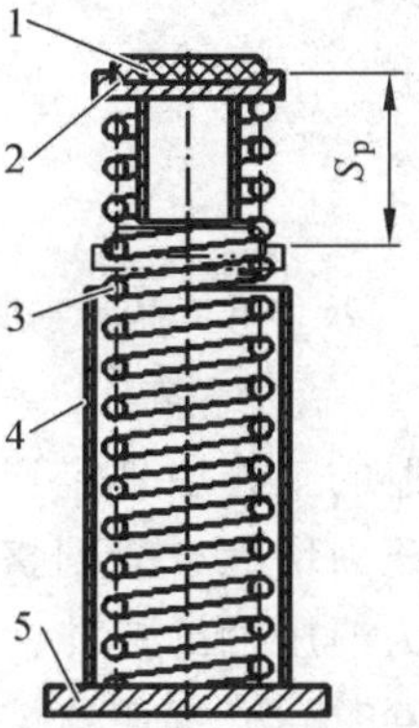

1—缓冲橡胶；2—上缓冲座；3—弹簧；
4—外导管；5—弹簧座。

图 4-22　带导套弹簧缓冲器

弹簧缓冲器的特点是缓冲后有回弹现象，存在缓冲不平稳的缺点，所以弹簧缓冲器仅适用于额定速度小于 1 m/s 的低速电梯。弹簧缓冲器的设计要求之一是：在适用的最小和最大总质量撞击下，其复位回弹的上升速度在任何时候也不应超过 1 m/s。

聚氨酯缓冲器是目前在电梯上使用较多的一种缓冲器，其外形通常为圆柱状，如图 4-23 所示。聚氨酯材料是典型的非线性材料，受力后其变形有滞后现象；聚氨酯材料内部有很多微小的“气孔”，由于这些“气孔”的存在，缓冲器受到冲击后，将轿厢的冲击动能转变成热能释放出去，从而对轿厢产生较大的缓冲作用。聚氨酯缓冲器具有体积小、重量轻、软碰撞、无噪声、防水、防腐、耐油、安装方便、易保养维护、可减少底坑深度等特点。

图 4-23　聚氨酯缓冲器

2. 耗能型缓冲器

耗能型缓冲器又被称为油（液）压缓冲器，常用的油压缓冲器的结构如图 4-24 所示。它的基本构件由缸体（9）、柱塞（4）、缓冲橡胶垫（1）和复位弹簧（3）等组成。缸体内注有缓冲器油（12）。

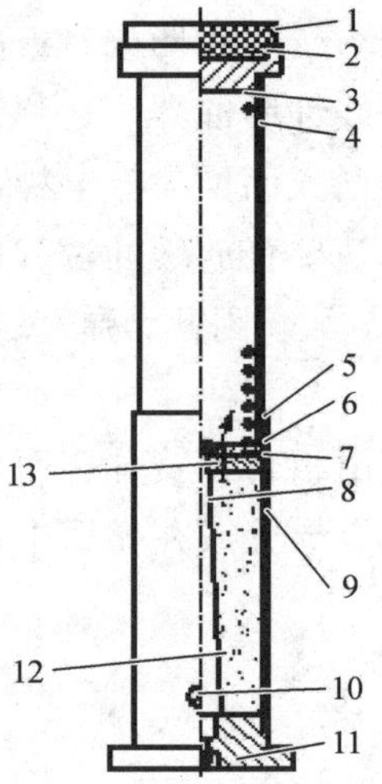

1—橡胶垫；2—压盖；3—复位弹簧；4—柱塞；5—密封盖；6—油缸套；7—弹簧托座；8—变量棒；9—缸体；10—放油堵；11—油缸座；12—缓冲器油；13—环形节流孔。

图 4-24　油孔柱式油压缓冲器

油压缓冲器的工作原理是当缓冲器受到轿厢或对重撞击时，柱塞向下运动，液压缸内的油液被挤压，压力增大，受到挤压的油液通过节流孔外溢；液压油通过节流孔时将轿厢或对重的动能转化为液压油的热能，从而使轿厢或对重以一定的减速度逐渐停止下来。当轿厢或对重离开缓冲器时，柱塞在复位弹簧的作用下，向上复位。液压缓冲器需要验证柱塞复位状况，柱塞被往下压缩时，固定于缓冲器头的动作顶杆一起往下，触动柱塞复位验证电气装置。在柱塞未复位时（完全伸出），电气安全装置由于顶杆限制而不接通。只有在柱塞复位后，电气安全装置才能自动或手动复位接通。

油压缓冲器是以消耗能量的方式实行缓冲的，因此无回弹作用，同时由于变量棒的作用，柱塞在下压时，环形节流孔的截面面积逐步变小，能使电梯的缓冲接近匀减速运动。因而，油压缓冲器具有缓冲平稳、有良好缓冲性能的优点，在使用条件相同的情况下，油压缓冲器所需的行程可以比弹簧缓冲器减少一半，所以油压缓冲器适用于快速和高速电梯。

根据节流孔布置的方案不同，液压缓冲器可以设计成有油孔柱式、多孔式、多槽式等几种形式，如图 4-25 所示。

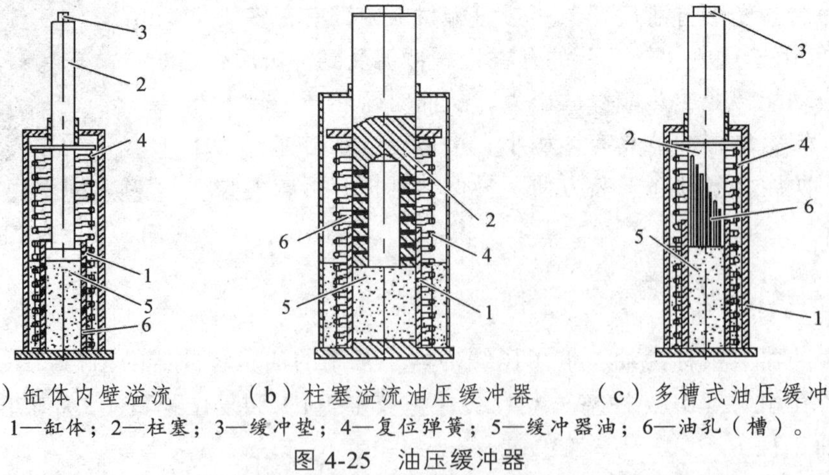

（a）缸体内壁溢流　　（b）柱塞溢流油压缓冲器　　（c）多槽式油压缓冲器

1—缸体；2—柱塞；3—缓冲垫；4—复位弹簧；5—缓冲器油；6—油孔（槽）。

图 4-25　油压缓冲器

上述耗能型缓冲器结构虽有所不同，但工作原理相同。即轿厢（对重）撞击缓冲器时，压缩油缸内的油，使油通过节流孔外溢并升温，将轿厢（对重）的动能转化为热能，并以一定的减速度逐渐停下来。当轿厢或对重离开缓冲器时，柱塞在复位弹簧的作用下复位，恢复正常状态。

4.3.2 终端限位保护装置

终端限位保护装置的功能就是防止由于电梯电气系统失灵，轿厢到达顶层或底层后仍继续行驶（冲顶或蹲底），造成超限运行的事故。限位保护装置主要由强迫减速开关、终端限位开关、终端极限开关三个开关及相应的碰板、碰轮和联动机构组成，如图 4-26 所示。

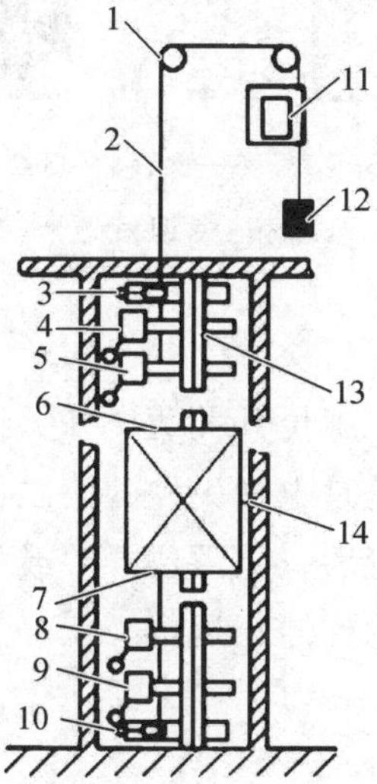

1—导轨；2—钢丝绳；3—极限开关上碰轮；4—上限位开关；5—上强迫减速开关；6—上开关打板；7—下开关打板；8—下强迫减速开关；9—下限位开关；10—极限开关下碰轮；11—终端极限开关；12—张紧配重；13—导轨；14—轿厢。

图 4-26 终端超越保护装置

1. 强迫减速开关

（1）一般强迫减速开关

强迫减速开关，是电梯失控有可能造成冲顶或蹲底时的第一道防线。

一般强迫减速开关由上强迫减速开关和下强迫减速开关两个开关组成，安装在井道的顶部和底部。当电梯失控，轿厢已到顶层或底层，而不能减速停车时，装在轿厢上的碰板，与强迫减速开关的碰轮相接触，使接点发出指令信号，迫使电梯减速停驶。

（2）快速梯和高速梯用的端站强迫减速开关

此装置包括分别固定在轿厢导轨上下端站处的打板以及固定在轿厢顶上，且具有多组触点的特制开关装置，如图 4-27 所示。电梯运行时，设置在轿顶上的开关装置跟随轿厢上下运行，达到上下端站楼面之前，开关装置的橡皮滚轮左、右碰撞固定在轿厢导轨上的打板，橡皮滚轮通过传动机构分别推动预定触点组依次切断相应的控制电路，强迫电梯到达端站楼面之前提前减速，在超越端站楼面一定距离时就立即停靠。

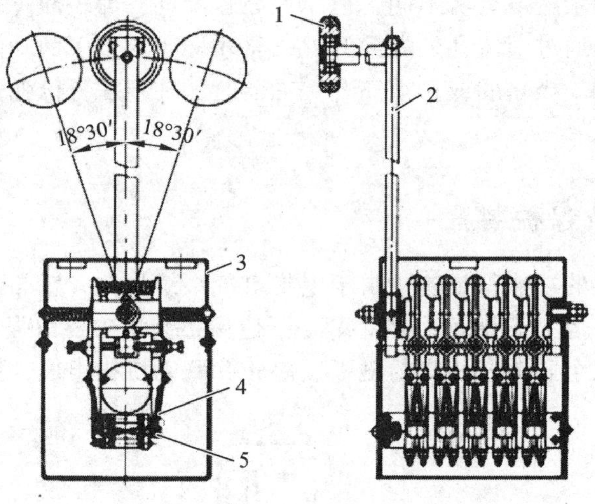

1—橡胶滚轮；2—连杆；3—盒；4—动触点；5—定触点。

图 4-27　端站强迫减速开关装置

2. 终端限位开关

终端限位开关由上限位开关和下限位开关两个开关组成，分别安装在井道顶部和底部，在强迫减速开关之后。终端限位开关是电梯失控的第二道防线。当强迫减速开关未能使电梯减速停驶，轿厢越出顶层或底层位置后，上限位开关或下限位开关动作，切断控制线路，使曳引机断电并使制动器动作，迫使电梯停止运行。

3. 终端极限开关

（1）机械电气式终端极限开关

终端极限开关是在强迫减速开关和终端限位开关失去作用时，控制轿厢上行（或下行）的主接触器失电后仍不能释放时（例如接触器触点熔焊粘连、线圈铁心被油污粘住、衔铁或机械部分被卡死等），切断电梯供电电源，使曳引机停车并使制动器制动。其工作时，当轿厢地坎超越上、下端站地坎 200 mm，轿厢或对重接触缓冲器之前，装在轿厢上的碰板与装在井道上、下端的上碰轮或下碰轮接触，牵动与装在机房墙上的极限开关相连的钢丝绳，使只有人工才能复位的极限开关动作，切断除照明和报警装置电源外的总电源，如图 4-26 所示。

终端限位保护装置动作后，应由专职的维修保养人员检查，排除故障后，方可投入运行。极限开关常用机械力切断电梯总电源的方法使电梯停驶。

（2）电气式终端极限开关

这种形式的终端极限开关，采用与强迫减速开关和终端限位开关相同的限位开关，设置在终端限位开关之后的井道顶部或底部，用支架板固定在导轨上。当轿厢地坎超越上下端站 20 mm，且轿厢或对重接触缓冲器之前，该终端极限开关动作。其动作是由装在轿厢上的碰板触动限位开关，切断安全回路电源或断开上行（或下行）主接触器，使曳引机停止转动，轿厢停止运行。

4.3.3 紧急救援装置

当电梯运行时遇到突然停电，造成电梯停止运行，且轿厢恰好停在两层站之间，乘客无法走出轿厢时，就需由维修人员到机房用制动器扳手和盘车手轮人为操纵使轿厢就近停靠，以便疏导乘客。

紧急救援分为手动救援与电动救援（无机房常用）两种形式。紧急救援装置主要有制动器（松闸）扳手（漆成红色）、盘车手轮（无辐条，漆成黄色）和层门开锁装置（三角钥匙），如图 4-28 所示。

1—制动扳手；2—盘车手轮。

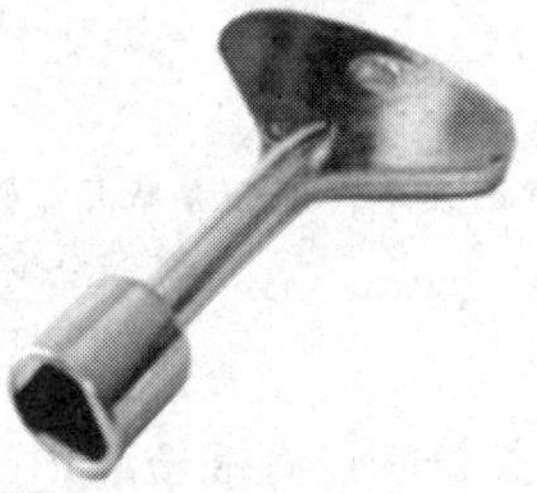

三角钥匙

图 4-28 紧急救援装置

制动器扳手的样式因电梯抱闸装置的不同而不同，其作用是用它将制动器的抱闸松开。盘车手轮是用来转动电动机主轴的轮状工具（有的电梯装有惯性轮，也可操纵电动机转动）。操作时应首先切断电源，并必须由两人操作，一人操作制动器扳手，一人盘动手轮，两人需配合好，以免因制动器的抱闸被打开而未能把持住手轮，致使电梯因对重和轿厢两侧的重量差造成轿厢快速行驶。

制动器扳手和盘车手轮平时应放在机房内明显位置并涂红漆以醒目。

三角钥匙用于电梯故障状态时打开厅门救出被困人员或用于电梯维修。

注意：操作人员打开厅门时应注意防止发生井道高空坠落事故。

4.3.4 其他电气安全保护装置

电梯电气安全保护装置除了前面讲到的终端保护开关、电气开关、层门锁闭装置的电气联锁保护等以外，还包括可切断电梯电源主开关、电梯急停开关以及电动机过载保护、控制系统中的短路保护、错相保护、断相保护安全开关等，如图 4-29 所示。

机房电气安全装置主要包括可切断电梯电源的主开关、主机急停开关、限速器开关。电梯急停开关，也称安全开关，是串接在电梯控制线路中的一种不能自动复位的手动开关。当遇到紧急情况或在轿顶、底坑、机房等处检修电梯时，为防止电梯的启动、运行，将开关关闭，切断控制电源以保证安全。

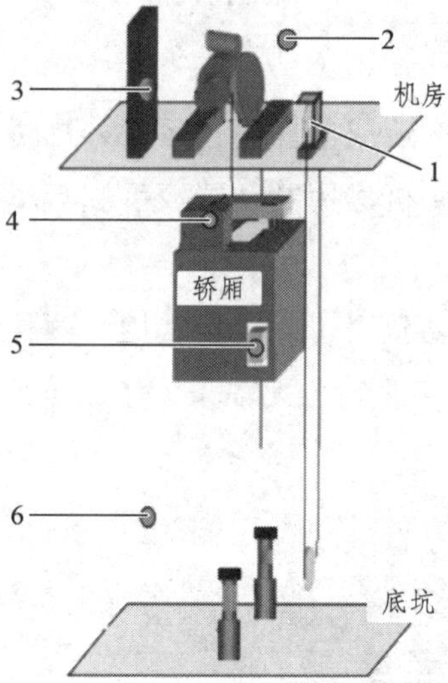

1—限速器开关；2—可切断电梯电源的主开关；3—主机急停开关；4—轿顶操作盒上的急停开关；
5—轿厢内操作箱上的急停开关；6—底坑内的急停开关。

图 4-29 电气安全装置安装位置

急停开关分别设置在轿厢内操纵箱上、轿顶操纵盒上、底坑内和机房控制柜壁上，有的电梯轿厢内操纵箱上不设此开关，可切断电梯电源的主开关。

每台电梯在机房中都应装设一个能切断该电梯电源的主开关，并具有切断电梯正常行驶的最大电流的能力，如有多台电梯，还应对各个主开关进行相应编号。

注意：主开关切断电源时不包括轿厢内、轿顶、机房和井道的照明、通风以及必须设置的电源插座等的供电电路。

4.3.5 电梯安全防护装置

电梯安全防护装置，主要分布在机房、轿厢和底坑内。

电梯安全防护装置

1. 机房中的防护装置

机房中的防护装置主要有机房曳引系统防护栏和曳引轮防护装置。在条件允许的情况下，可在曳引系统外加设防护栏，防止闲人进入，如图 4-30（a）所示。曳引轮上设置防护装置，是为了防止设备转动时对进入机房的人员产生伤害。曳引轮外侧面上应涂成黄色，以起警示作用，如图 4-30（b）所示。

（a）机房曳引系统防护栏

（b）曳引轮防护装置

图 4-30 机房中的防护装置

2. 轿厢安全防护装置

轿厢安全防护装置主要有电梯安全窗、轿顶护栏和轿厢底部护脚板。

（1）电梯安全窗

电梯安全窗一般设在轿厢顶部，只能向外开，并配有安全控制开关，同时还有检修盒、开门机、轿顶接线盒等。电梯安全窗的功能是当轿厢因故障停在楼房两层中间时，用户可通过安全窗到达轿顶，再设法打开层门；维修人员在处理故障时也可利用安全窗。当安全窗打开时，装于门上的触点断开，切断控制电路，此时电梯不能运行。由于控制电源被切断，可防止维修人员出入轿厢窗口时因电梯突然启动而造成人身伤害事故。出入安全窗时，还必须先将电梯急停开关按下（如果有的话）或用钥匙将控制电源切断。

（2）轿顶护栏

GB 7588—2003《电梯制造与安装安全规范》中规定：

① 离轿顶外侧边缘有水平方向超过 0.30 m 的自由距离时，轿顶应装设护栏。自由距离应测量至井道壁，井道壁上有宽度或高度小于 0.30 m 的凹坑时，允许在凹坑处有稍大一点的距离。

② 护栏应由扶手、0.10 m 高的护脚板和位于护栏高度一半处的中间栏杆组成。

③ 考虑到护栏扶手外缘水平的自由距离，扶手高度为：

当自由距离不大于 0.85 m 时，不应小于 0.70 m；

当自由距离大于 0.85 m 时，不应小于 1.10 m。

④ 扶手外缘和井道中的任何部件［对重（或平衡重）、开关、导轨、支架等］之间的水平距离不应小于 0.10 m。

⑤ 护栏的入口，应使人员安全和容易地通过，以进入轿顶。

⑥ 护栏应装设在距轿顶边缘最大为 0.15 m 之内。

⑦ 在有护栏时，应有关于俯伏或斜靠护栏危险的警示符号或须知，且固定在护栏的适当位置。

（3）轿厢护脚板

当轿厢地面（地坎）的位置高于层站地面时，会使轿厢与层门地坎之间产生间隙，这个间隙会使乘客的脚踏入井道，发生人身伤害的可能。

为避免以上事故发生，GB 7588—2003 规定：

① 轿厢地坎上均须装设护脚板（见图 4-31），其宽度应等于相应层站入口的整个净宽度。护脚板的垂直部分以下应成斜面向下延伸，斜面与水平面的夹角应大于 60°，该斜面在水平面上的投影深度不得小于 20 mm。

② 护脚板垂直部分的高度不应小于 0.75 m。

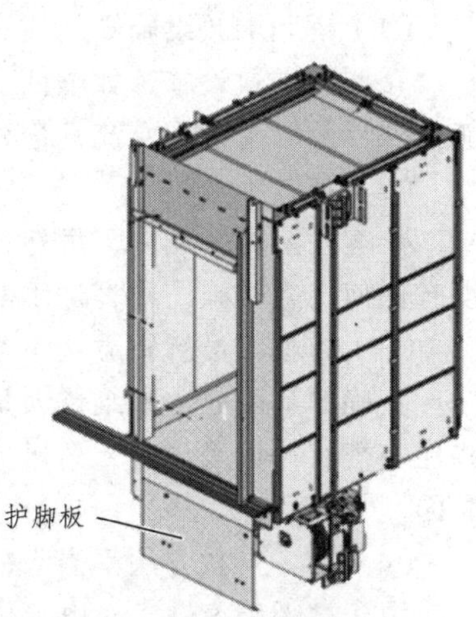

图 4-31　轿厢护脚板示意图

3. 底坑对重侧防护栏

为防止人员进入底坑对重下侧而发生危险，在底坑对重侧两导轨间应设防护栏，防护栏高度为 2.5 m，距地 0.3 m，宽度不小于对重宽度两边各加 0.1 m。防护网空格或穿孔尺寸，无论水平方向或垂直方向测量，均不得大于 75 mm。

【知识链接与拓展】

对于电梯困人的正确认识

这里所说的电梯困人，是指电梯因门锁回路或安全回路断开、控制系统失灵或误动作、供电系统停电以及人为等原因，造成正常行驶的电梯突然停驶，从而将乘客围困在轿厢内的现象。

1. 电梯困人是电梯故障现象的一种表现

当电梯某个部件或控制系统发生异常时，会对电梯正常运行产生障碍，从而导致电梯困人。从这个角度讲，电梯困人是电梯出现故障的具体表现。它告诉乘客，电梯出现了故障，同时也告知维修人员应即刻予以维修。

2. 电梯困人是一种保护状态

电梯困人不仅仅反映出电梯发生了故障，它还预示电梯再继续运行会使故障扩大或发生事故危及人身、设备安全，必须立即停止运行。从这个角度讲，电梯困人也是一种保护状态，就像电气线路中的漏电保护器一样，当线路或设备发生故障有可能危及人身安全的时候，它便自动切断电源，使设备处于失电状态，从而保护人身安全。

3. 电梯困人是设计人员出于安全设计理念而采取的一种技术措施

当电梯发生故障时，电梯立即停止运行，使电梯处于停止状态，这是让电梯不能在非正常状态下运行的控制手段，是设计人员为确保人身安全而采取的技术措施。如果不是这样，试想，假如门锁失灵，电梯仍能继续行驶，会产生什么样的后果。虽然表面上看，困人不是一件好事，但它的本质是要最大限度地保护乘客的人身安全。

电梯困人对乘客而言其实并没有什么危险，因为轿厢内有良好的通风，有求救警铃或者电话，有应急照明（在停电时自动投入），有的电梯还有困人时的语音抚慰装置。只要乘客放松心情，保持冷静，采取正当的措施等待救援，就不会受伤害。当电梯困人时，只要维修人员正确操作，及时解困，就不会发生人身伤害事故。在现实生活中就是因为乘客被困后未能得到及时解救，或施救方法不当才引发人身伤害事故。从以往的事故案例来看，造成事故的直接原因有以下几点：

（1）轿厢求救设施缺失或失灵

轿厢内求救设施（如电话、警铃等）缺失或失灵，造成求救信息传达不出去，使乘客不能与外界及时对话与交流，拖延解困时间，使乘客产生紧张、恐惧的心理从而引发疾病。

（2）施救不及时

乘客被困在轿厢内，虽然传出了求救信息，但因为施救人员未能及时赶到现场解困，也没有任何抚慰措施，乘客被困时间较长，心情急躁不安，心理负担加重，从而旧病复发。

（3）施救人员解救方法不当

正确的解困方法是维修人员采取安全技术手段，使轿厢就近停靠平层后开门放人。当有些住宅楼有司机操作时，司机应协助解困人员工作。不当的违规操作，也是引发事故的一大原因。

（4）乘客自救方法不当

由于被困乘客缺乏对电梯困人的正确认识，不是放松心情耐心等待解救，而是采取不当的自救方法，从而引发人身伤害事故。

【练习与思考】

（1）缓冲器的功能是什么？主要有几种结构形式？使用的范围各是什么？

（2）说明终端限位保护装置各部分的组成和作用。

（3）其他还有哪些安全保护装置？它们分别起何作用？

【认知实训】

安全保护系统的认知

1. 实训目的

通过对电梯安全保护系统的认知实训学习，熟悉电梯的安全保护组成和作用，了解主要构件和装置的安装位置。

2. 实训设备

真实电梯中的限速器、安全钳、缓冲器、终端保护开关、紧急救援装置。

3. 实训内容

（1）观察限速器的工作原理、结构特点、电气和机械动作触发过程、限速器调整过程和检测要点等。明确限速器与制动器、安全钳等之间的协调配合关系，明确限速器在机房组井道中的布置方式、限速器的驱动过程等。

（2）观察安全钳的工作原理、结构特点、机械动作触发过程、楔形块与导轨间隙调整过程和检测要点等。明确限速器与安全钳之间的协调配合关系，明确安全钳在轿厢中的布置方式、安全钳的驱动过程等。

（3）观察油压缓冲器的工作原理、结构特点、电气和机械动作过程、油压缓冲器调整过程、油量及油质检查要点等。熟悉更换缓冲器油的方法和布置，能够对动作后的缓冲器电气触点开关进行人工复位工作。通过对电梯现场的观察，了解缓冲器在井道底坑中的配置和安装等。

4. 实训过程

（1）由指导教师介绍限速器的结构组成、工作原理、安装要求等，学生必须做到准确区分离心锤、联动拉杆、调速弹簧、夹绳装置、电气触点开关，了解其调整夹绳力和触发速度的方法和步骤，进一步加深强化 GB 7588—2003 的讲解。由指导教师讲解拆装要领，各种工量具的合理使用、调整方法和技巧，良好的工作习惯并保持文明生产，杜绝野蛮操作要求等。工作完成后必须做好现场清理整洁工作，保证工量具等清洁回收。

（2）由指导教师介绍安全钳的结构组成、工作原理、安装要求等。学生必须做到准确区分导轨夹紧制动装置、夹绳装置、复位弹簧等，了解调整楔块与导轨间隙、夹紧力调整方法和步骤。由指导教师讲解操作要领，各种工量具的合理使用、调整方法和技巧，良好的工作习惯并保持文明生产，保证工量具清洁等回收。

（3）由指导老师介绍缓冲器的结构组成、工作原理、安装要求等。学生必须做到准确区分油标、加油口及放油螺塞、电气触点开关、复位弹簧等。由指导老师讲解操作要领，各种工具的合理使用、调整方法和技巧，良好的工作习惯并保持文明生产，杜绝野蛮操作要求等。工作完成后必须做好现场清理整洁工作，保证工量具等清洁回收。

5. 实训小结

指导教师对学生进行现场提问，了解学生知识的掌握程度并做出评价。观察学生拆装调整情况、分析解决问题的能力、各类工具的使用方法、文明生产情况、作业善后处理情况、遵章守纪等，给出此单项实训成绩。

模块 5　电梯电力拖动与控制

任务 5.1　电力拖动系统

【学习目标】

知识目标：

- 了解电梯电力拖动系统的种类；
- 了解电梯供电与主机控制。

能力目标：

- 能够阐述直流拖动、交流单速/双速拖动/交流调压调速拖动、交流变频变压调速拖动系统的构成。

【知识讲解】

5.1.1　电力拖动系统的类型及特点

电力拖动系统是电梯的动力来源，它驱动电梯部件完成相应的运动，对电梯的启动加速、稳速运行、制动减速起着控制作用。电梯电力拖动系统的优劣直接影响电梯启动制动加速度、平层精度、乘坐舒适性等指标。

1. 电梯的电力拖动类型

电梯电力拖动系统的种类主要有以下几种：直流拖动（DC）、交流单速/双速拖动（AC-2）、交流调压调速拖动（AVCC）、交流变频变压调速拖动（VVVF）四种类型。

（1）直流拖动系统（DC）

自 19 世纪直流电动机拖动和交流电动机拖动问世，直至 20 世纪前半叶，凡是对调试性能要求较高的电梯都采用直流驱动。直流驱动系统具有调试范围宽、可连续平稳调速以及控制方便、灵活、准确等优点。然而早期的直流驱动系统往往是直流发电机-电动机组调试系统，其体积、重量、能耗和噪声都很大。尽管后来用晶闸管可控整流器取代了直流发电机，但直流电动机由于结构复杂、价格较高、维护较困难等问题限制了其在电梯电力拖动系统中的应用。

电梯的直流拖动系统有直流发电机-电动机可控硅励磁拖动系统与可控硅直接供电拖动系统两种模式。随着交流调速技术的发展，目前已经很少使用直流拖动系统。

（2）交流单速/双速拖动系统（AC-2）

交流异步电动机开环控制，具有结构紧凑、线路简单、成本较低等特点。单速电动机用于运行速度低、无调速要求的电梯中，如杂物电梯、自动扶梯和液压电梯等；双速电动机通过切换定子绕组的极对数改变电动机转速，在早期的曳引电梯中曾被广泛应用，应用在运行速度低、要求不高的场合，大部分应用在工厂中的货梯中。

交流双速驱动电梯的主回路如图 5-1 所示，图中 LJ 为降压启动电抗器，用以将启动电流限制在额定电流的 2.5 ~ 3 倍以内；SK 和 XK 分别为上行接触器触点和下行接触器触点；KK 和 MK 分别为快速运行接触器触点和慢速运行接触器触点；LZ 为制动限流电抗器；*R* 为制动电阻；1K 为加速接触器触点；2K 为第一级减速接触器触点；3K 为第二级减速接触器触点。

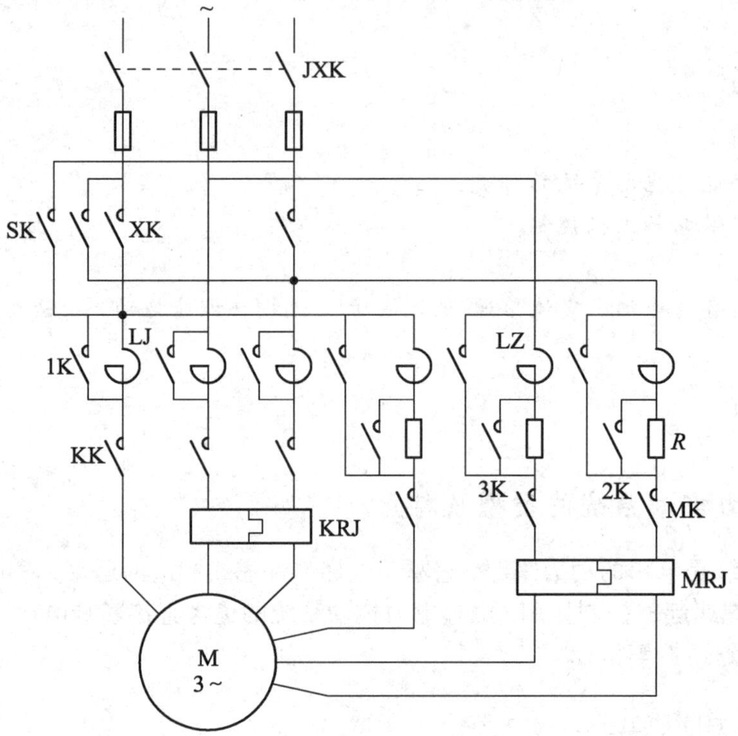

图 5-1　交流双速驱动主回路

交流双速驱动系统是变极调速系统，磁场极数一般为 6 极和 24 极，极数少的绕组称为快速绕组，极数多的绕组称为慢速绕组。其控制电路简单，成本低廉，电路中间环节少，电动机温升不高，故障率低。在动态过程中，交流双速电动机的电磁转矩会出现很大的波动，产生较大的加速度和加速度变化率，造成乘客的乘坐舒适感变差。另外，交流双速电梯的平层准确度低，运行速度慢。

（3）交流调压调速拖动系统（ACVV）

交流调压调速拖动采用可控硅对电动机的定子电压闭环调整，加上能耗或涡流等制动方式，舒适感好，平层准确度高，而造价却比直流电梯低。

交流调压调速驱动电梯的拖动系统原理框图如图 5-2 所示。曳引电动机的电动控制和制动控制使用同一个速度调节器。由测速环节将实时测速信号 U_n 反馈到速度调节器的输入端，与速度给定信号 U_n^* 进行比较，再将偏差信号 ΔU 输入速度调节器。当电梯实际运行速度低于给定速度时，偏差信号 ΔU 为正值，速度调节器输出的控制电压 U_{ct} 为正值，使电动触发器投入工作，改变电动机主回路三相调压电路正反向并联的晶闸管控制角，控制电动机加速运行；当电梯实际运行速度高于给定速度时，偏差信号ΔU为负值，速度调节器输出的控制电压 U_{ct} 为负值，倒相之后使制动触发器投入工作，改变接于电动机低速绕组的半控桥式整流电路晶闸管控制角，控制电动机能耗制动，实现减速运行。电梯运行过程中，根据实际运行状况，控制电动触发器和制动触发器分时交替工作，使电梯能一直跟踪给定速度曲线运行。

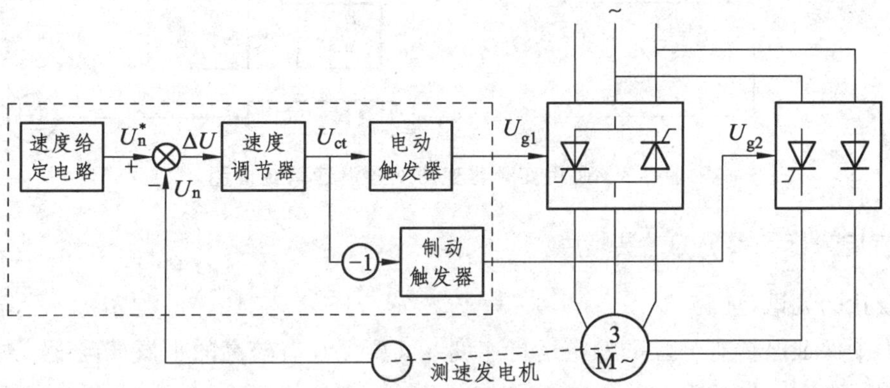

图 5-2　调压调速系统原理框图

交流调压电梯拖动系统在技术上较为成熟，其运行效率和乘坐舒适感较好，在 20 世纪 90 年代生产的乘客电梯中曾被广泛使用。但交流调压驱动的曳引电动机，在低速运行时转差功耗较大，且运行过程中电动、制动交替进行，电动机温升过高，损耗增加。交流调压电路由于输出电压含有高次谐波，对电网和附近通信系统会造成干扰，且使电动机运行性能下降，低速运行时转速不稳定，这些问题影响电梯乘坐舒适感和平层准确度，随着交流调速技术的进步已经被逐步淘汰。

（4）交流变频变压调速系统（VVVF）

随着电力电子技术和微电子技术的发展，交流电动机调速技术取得了巨大进展。通过改变电源频率与电压而调节电动机的转速，即 VVVF 拖动系统，其调速性能可以达到直流电动机的水平，是目前技术最先进、使用最广泛的电梯拖动系统。

变频器作为一种变频调速的通用控制装置，其主回路由整流器、滤波器和逆变器等部件组成，其控制系统由微型计算机和大规模集成电路等部分组成，采用正弦脉宽调制（SPWM）控制方式，输出频率范围为 0.3 ~ 250 Hz。它被广泛用于一般性生产机械的速度控制，适用于高温、强干扰等恶劣环境，平均无故障时间可达 20 000 h，可靠性较高。如今变频器已经用于电梯的拖动控制。

利用通用变频器构成的电梯调速系统原理框图如图 5-3 所示。由测速反馈环节输出与实测转速频率对应的信号 U_ω，并与速度给定值 U_ω^* 比较，通过调节器输出转差频率信号 $U_{\omega s}$，通过加法器实现 $U_{\omega s}+U_\omega=U_{\omega 1}$。变频器 U 端不需要判别极性，只要求固定极性的输入信号，故 $U_{\omega 1}$ 信号还要通过绝对值电路，再送到变频器 U 端。需要另外加设符号判断电路来对 $U_{\omega 1}$ 信号的极性进行判别，将该电路连接于变频器的选择端。

变压变频调速系统使用的是交流异步电动机，与同容量的直流电动机相比具有体积小及结构简单、可靠、经济等优点，同时其调速范围广、控制精度高、动态性能好。变压变频调速系统明显改善了电动机供电电源的质量，减少了谐波，提高了效率，节约了能源，并且可以融入先进的微机控制技术，使所控电梯更加智能化。

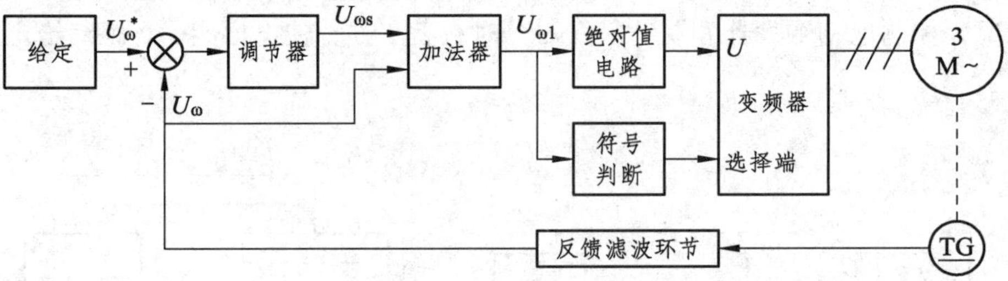

图 5-3　通用变频器变压变频调速系统框图

2. 电梯电力拖动系统的主要特点

（1）较宽的调试范围。

（2）为了保证电梯有一定的额定运行速度，又要保证有较高的平层准确度，对电梯停车前的低速爬行要有一定的限制。

（3）对电梯的启动、制动过程要有适当的措施并加以控制，从而实现电梯舒适平稳运行。

（4）为了保证电梯不动负载时的平层准确度，电梯电力拖动系统必须具有硬特性，这样在负载变换时，可以保证电梯速度基本不变或变化很小。

5.1.2　电梯供电与主机控制

1. 电梯供电与供电要求

电梯的供电电源应由专用开关单独控制供电，每台电梯分设动力、照明电源开关。电梯专用电动机的供电电压要求在 ± 7%范围内波动，且要具有相对稳定性。为便于线路维修，单相电源开关一般安装于动力开关旁，要求安装牢固、横平竖直。

注意：轿厢井道机房照明电源必须与电梯驱动主机电源分开。控制轿厢照明的开关和控制机房、滑轮间、井道、底坑照明电源的开关应该分别设置，各自具有独立的保护功能。

2. 主开关

在机房中每台电梯都应单独设置一个能切断该台电梯电路的主开关，该开关整定容量应稍大于所有电路的总容量，并有切断电梯正常使用情况下最大电流的能力。

主开关应具有稳定的断开和闭合位置，其断开位置最好能够锁住，以防误操作造成事故。主开关安装在机房入口处能迅速接近和操作的位置，应避免雨水淋湿和长时间日照，周围不应有杂物或有碍操作的设备或结构。若同一机房有几台电梯时，各台电梯主开关应易于识别。若主开关装在电气柜内，则电气柜应能随时打开，不应上锁。

主开关不能切断下列供电电路：轿厢、机房、滑轮间、井道和底坑的照明电路；机房、轿顶、底坑的插座及通风和报警装置。

3. 配线与布线

电梯用的导线、电缆应符合 GB/T 5013—2003《额定电压 450/750 V 及以下橡皮绝缘电缆》和 GB/T 5023—2008《额定电压 450/750 V 及以下聚氯乙烯绝缘电缆》的规定，其中聚氯乙烯绝缘电缆能用于除电梯驱动主机动力电路以外的全部电路。导线的截面面积应由安全载流量和机械强度来决定，门安全电路的导线截面面积不得小于 0.75 mm^2。

除 GB/T 5023.4 固定布线用护套电缆和 GB/T 5013.4 中的重型电缆可在机房、井道壁上明敷外，其他电线电缆都应安装在线槽或线管中。线槽与线管应用不燃性的材料制成，并有足够强度。铁制线槽在机房地面敷设时，其壁厚不得小于 1.5 mm。不易受损的分支线路可以用软管保护，但软管长度不应超过 2 m。

电线管在安装时应用卡子固定，固定点间距不应大于 3 m。线管的管口应设护口，与线槽连接处应用锁紧螺帽锁紧。其内部电线的填充率应不大于 40%。金属软管与箱、罩或设备的连接处应用专用接头。安装时应固定，尤其端头必须固定牢固，固定点间距应不大于 1 m。

电线槽应接口严密，槽盖齐全平整，在并列安装时应注意使槽盖能方便开启。线槽的转角和进出口应无毛刺，各节槽体间应有电气连接。在线槽或线管配线时，电线应尽量避免有中间接头，在必须有接头时，应采用冷压端子等方法可靠压接并做好绝缘处理。在线槽的进出口和转弯部位或电缆受力部位应加绝缘衬垫，垂直部分应可靠固定。电线槽内的电线充填截面应不大于线槽内截面面积的 60%，并应留有备用线。动力线和控制线应分开敷设。

在电线安装时，接线端子应置于柜内或盒内，电线电缆的内护层和护套应进入设备接线装置的壳体，以确保导线绝缘和防护的连续性。

电梯随行电缆应符合 GB/T 5013.5—2003 和 GB/T 5023.6—2008 的要求。随行电缆安装前必须先自由悬吊消除扭曲。敷设长度应在轿厢完全压缩缓冲期后略有余量但不拖地。设井道中间电缆固定架时，固定架应设在提升高度的 1/2 以上 1.5 m 处。

随行电缆两端及不运动部分应可靠固定。圆电缆应绑扎在轿底和井道的电缆架上。扁电缆可重叠安装，重叠数不宜超过 3 根，每根间应有 30 ~ 50 mm 的活动间距。扁电缆固定应使用楔形插座与卡子。

4. 制动器和驱动主机控制

制动器在动力电源或控制电源失电时，都应无延迟地实现制动。按照 GB 7588 的要求：切断制动器的电流至少应用两个独立的电气装置来实现，即对于制动器线圈，应有两个独立的串联触点进行控制。当电梯停止时，如果其中一个接触器的主触点未打开，则最迟到下一次运行方向改变时，应防止电梯再启动。这两个接触器可以是专门设立的，也可以利用切断驱动主机电流的装置。

GB 7588 规定由外电源直接供电的驱动主机，必须用两个独立的接触器切断电源使主机停止运行。这两个接触器的主触点应串联在电路中。当电梯停止时，如果其中一个接触器的主触点未打开，则最迟到下一次运行方向改变时，应防止电梯再运行。

当驱动主机由静态元件供电和控制时，可以采用两个独立接触器切断主机电源的方法，也可以由一个能切断各相电流的接触器和一个用来阻断静态元件中电流的控制装置及每次停车时检验阻断情况的监控装置共同组成的系统来切断主机电流。

接触器应在电梯每次改变运行方向前释放，如果此时接触器主触点未断开，电梯应停止再运行。在正常停车时，如果阻断装置未能有效阻断静态元件输出的电流，监控装置应使接触器释放，防止电梯再运行。

5. 电梯电气系统保护接地

电梯系统的电源有交流和直流，控制系统中也有交流和直流，电压也不相同，三相和单相交流电贯穿于电梯机房、井道、轿厢等处，为了保护人身安全，电梯系统必须可靠接地。

电气设备的金属外壳应良好接地，电气设备应有易于识别的接线端子，接地线的颜色为黄绿双色绝缘线，零线和地线应始终分开。接地电阻应小于 4 Ω，接地线应为铜线，截面面积应不小于相线的 1/3，最小截面面积不应小于 4 mm^2，钢管接头应焊接跨接线。电梯轿厢可通过软电缆的芯线进行接地，但不得少于 2 根。

【知识链接与拓展】

交流同步永磁电动机拖动方式

交流同步永磁电动机驱动的电梯，因其电动机采用的是具有永磁的转子，具有一个恒定的磁场。用变压变频技术控制定子绕组的磁极旋转频率，使电动机在启动或慢速制动停车时都有一个变速均匀的平滑的可变频率，保持电动机旋转力矩不变。这样电动机在此允许的速度范围内无论速度快慢，硬特性都保持不变。这就使 2 m/s 以下的电梯不必使用齿轮减速箱也能实现良好的慢速运行，从而达到节能、低噪声的效果。

交流同步永磁电动机驱动电梯的曳引系统由交流永磁电动机、制动器和曳引轮三部分组成。电动机的励磁部分由稀土永磁材料制成。因稀土磁性材料磁性大，所以电动机的体积和重量都可以减少，做得小巧轻便，可实现无机房或小机房。它无滑差损耗，无励磁损耗，不需要消耗润滑油，定子铜耗也较小，故效率高。

交流同步永磁电动机驱动电梯的特点如下：

（1）启动电流低，仅为同类变压变频异步电动机启动电流的 60%，因此电动机发热少，机房内不需要空调，只要空气流通即可。

（2）运行平稳，低运行速度。1 m/s 以下的电梯，电动机转速仅为 25.5 r/min；2 m/s 的电梯，电动机转速仅为 58.8 r/min，故可以减少摩擦和噪声以及制动时产生的能耗和热量。

（3）可不要机房，将轻便的曳引机安装在井道上部或轿厢下，既简化了电梯结构，又节省了土建资金。

（4）曳引驱动系统不使用减速箱，降低了摩擦损耗，节电、节油。

（5）驱动电动机采用两个独立的制动系统，使电梯运行安全可靠。

（6）变压变频调速驱动系统配合低速驱动电动机，使电梯运行更加平稳舒适。

我国稀土资源丰富，永磁同步电动机发展前途无量。

【练习与思考】

（1）电梯电力拖动系统的种类有哪些？

（2）交流变压变频调速驱动与直流调速相比有哪些特点？

任务 5.2　电梯控制系统

【学习目标】

知识目标：

- 掌握电梯控制系统的组成与基本要求；
- 了解运行与停止电路的主要功能；
- 掌握检修运行、紧急电动运行、制动器控制电路；
- 掌握按钮控制电梯（AZ）、信号控制电梯（XH）、集选控制电梯（JX）、并联控制电梯（BL）、群控电梯（QK）五种控制方式及特点。

能力目标：

- 能根据故障现象，通过分析各控制回路电气原理图，初步排查电气控制系统故障。

【知识讲解】

5.2.1　电梯电气控制系统的类型及组成

1. 电梯的控制类型

电梯的控制类型有继电器控制、微机控制、PLC（可编程序控制器）控制三种。

（1）继电器控制

继电器控制是通过触点的断合进行逻辑判断和运算，组成电梯的电机控制、选层定向、内外召唤、开关门等电路，具有线路直观、控制原理简明易懂等特点，是最早的一种实现电梯控制的方式。这种系统的一台电梯控制柜通常有几十到上百个继电器与接触器，触点繁多、接线复杂、故障率较高。从 1997 年起，电梯继电器控制柜已经停止生产，尚有部分老旧电梯使用，如图 5-4 所示。

（2）微机控制

当代电梯技术发展的一个重要标志就是微型计算机应用于电梯控制，现在国内外电梯产品均以微机控制电梯为主。微机控制系统由处理器（CPU）、存储器、输入输出接口等部分组成。CPU 主要完成召唤信号处理、逻辑分析与运算、安全检查与故障判断、发出控制指令和速度指令等功能；存储器用于存放各种运行速度指令曲线、层楼数据、运行控制程序等；输入输出接口电路用于 CPU 与外部设备或电路的信号传送。

目前，电梯微机控制柜有“微机控制板 + 变频器”与“微机控制板与变频器一体化”两种类型。电梯电气控制系统对电梯的运行实行操纵和控制，主要构件与装置包括操纵箱、召唤箱、位置显示装置、控制柜、平层装置、限位装置等。各种控制方式的电梯都应具备一些基本的电气控制回路，如图 5-5 所示。

图 5-4　XPM 型继电器电梯控制柜

图 5-5　电梯微机控制柜

（3）PLC 控制

PLC 是以微处理器为核心的工业控制器，它的基本结构由 CPU、输入输出模块、存储器、编程器等组成。与微机相比，它具有编程方便、抗干扰能力强、安装维护方便等特点。它综合了继电器控制与微机控制的许多优点，很适合对安全性要求高、以逻辑控制为主的电梯控制系统，如图 5-6 所示。

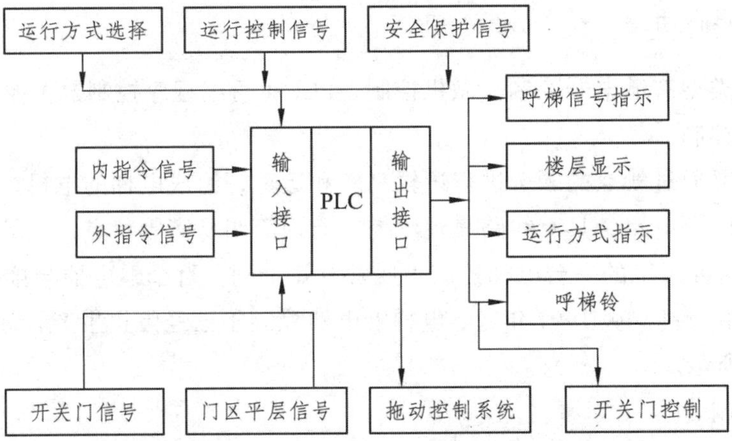

图 5-6　电梯 PLC 控制框图

2. 电梯控制系统的组成

电梯电气控制系统对电梯的运行实行操纵和控制，主要构件与装置包括操纵箱、召唤箱、位置显示装置、控制柜、平层装置、限位装置等。各种控制方式的电梯都应具备一些基本的电气控制回路。

电梯作为一种垂直交通运输工具，一般是由电动机作为原动机来拖动，它的运行过程大都是启动、正转（反转）、加速、调速、稳速、减速、制动、停止等，整个过程要由电气控制系统来完成。

5.2.2 电梯的运行与停止电路

1. 轿内指令电路

轿厢内的操纵箱上对应每一层站设一个带灯的按钮，该按钮为内选按钮，也称作指令按钮。按动其中一个按钮，只要轿厢不在轿厢所对应的楼层，该按钮灯便被点亮，称为内指令登记。轿内指令是电梯司机和乘客在轿厢内操纵电梯，进行选层定向运行的控制指令。电梯关门运行后，将在亮灯按钮所对应的楼层停靠，并消除该指令，按钮灯熄灭，即销号。内指令电路实现信号登记、记忆、按钮灯控制、销号等功能。

2. 厅外召唤电路

电梯的厅外召唤信号是通过设在电梯每层厅门口的按钮来实现的。电梯层站除上下两端站分别只设上按钮和下按钮外，全集选控制电梯其余层站分别设上下两个按钮。厅外召唤电路除具备各层站厅外召唤信号的登记、记忆、销号功能外，还有本层厅外开门功能，即轿厢停在某层站闭门候梯时，若本层站厅外召唤按钮被按下，则电梯开门。

3. 指层电路

指层电路用于轿厢楼层位置信号的获取与显示。楼层信号通过机械选层器或安装在轿厢上的隔磁板经过装在井道内每层站指定位置的磁感应器获得。楼层指示器通常有指层灯或数码管，安装在轿厢内和厅门口。

4. 定向选层及换速控制电路

定向选层电路根据轿厢所在楼层位置和运行方向与呼梯方向之间的关系发出选层信号。

换速控制电路根据不同情况实现电梯的换速。电梯换速信号的产生主要有以下几种情况：顺向呼梯减速、选层信号减速、最远反向呼梯信号减速、直驶减速、端站强迫减速等。

5. 启动与制动运行电路

电梯启动制动时要求平稳，使乘客有良好的舒适感，且对电梯的机件不产生冲击。现在普遍采用的交流变频控制的电梯具备了平滑启动和换速停车的特性，可以使乘客获得良好的舒适感。

6. 平层控制电路

平层是指轿厢地面与层站地坎平面达到同一平面的动作过程，是一个停车的控制过程。平层控制电路性能决定了电梯的平层准确度。为保证电梯平层的准确度，通常在轿顶设置平层器。平层器由 3 个干簧管感应器组成。当轿厢处于平层位置时，安装在井道内指定位置的隔磁板插入 3 个干簧管感应器内。

5.2.3 电梯的检修运行、紧急电动运行

1. 检修运行

GB 7588—2003 中关于检修运行控制有如下描述：

14.2.1.3 检修运行控制

为便于检修和维护，应在轿顶装一个易于接近的控制装置。该装置应由一个能满足 14.1.2 电气安全装置要求的开关（检修运行开关）操作。

该开关应是双稳态的，并应设有误操作的防护。

同时应满足下列条件：

一经进入检修运行，应取消：

正常运行控制，包括任何自动门的操作；

紧急电动运行（14.2.1.4）；

对接操作运行（14.2.1.5）；

只有再一次操作检修开关，才能使电梯重新恢复正常运行。

如果取消上述运行的开关装置不是与检修开关机械组成一体的安全触点，则应采取措施，防止 14.1.1.1 列出的其中一种故障出现在电路中时轿厢的一切误运行。

b）轿厢运行应依靠持续揿压按钮，此按钮应有防止误操作的保护，并应清楚地标明运行方向。

c）控制装置也应包括一个符合 14.2.2 规定的停止装置。

d）轿厢速度不应大于 0.63 m/s。

e）不应超过轿厢的正常行程范围。

f）电梯运行应仍依靠安全装置。

控制装置也可以与防止误操作的特殊开关结合，从轿顶上控制门机构。

2. 紧急电动运行

GB 7588—2003 中关于紧急电动运行控制有如下描述：

14.2.1.4 紧急电动运行控制

对于人力操作提升装有额定载重量的轿厢所需力大于 400 N 的电梯驱动主机，其机房内应设置一个符合 14.1.2 的紧急电动运行开关。电梯驱动主机应由正常的电源供电或由备用电源供电（如有）。

同时下列条件也应满足：

a）应允许从机房内操作紧急电动运行开关，由持续揿压具有防止误操作保护的按钮控制轿厢运行。运行方向应清楚地标明。

b）紧急电动运行开关操作后，除由该开关控制的以外，应防止轿厢的一切运行。检修运行一旦实施，则紧急电动运行应失效。

c）紧急电动运行开关本身或通过另一个符合 14.1.2 的电气开关应使下列电气装置失效：

① 9.8.8 安全钳上的电气安全装置。

② 9.9.11.1 和 9.9.11.2 限速器上的电气安全装置。

③ 9.10.5 轿厢上行超速保护装置上的电气安全装置。

④ 10.5 极限开关。

⑤ 10.4.3.4 缓冲器上的电气安全装置。

d）紧急电动运行开关及其操纵按钮应设置在使用时易于直接观察电梯驱动主机的地方。

e）轿厢速度不应大于 0.63 m/s。

5.2.4 电梯控制方式及其特点

电梯控制方式主要有五种，按钮控制电梯（AZ）、信号控制电梯（XH）、集选控制电梯（JX）、并联控制电梯（BL）和群控电梯（QK）。

1. 按钮控制电梯（AZ）

按钮控制电梯代号为 AZ，是一种具有简单自动控制功能的电梯，有自动平层功能，可分为轿外按钮控制和轿内按钮控制两种方式。轿外控制方式是由安装在各楼层厅门口的按钮进行操纵，一般用于杂物电梯或层站少的货梯。轿内控制方式按钮箱在轿厢内，一般只接收轿厢内的按钮指令，层站的召唤按钮不能截停和操纵轿厢，一般用于货梯。

2. 信号控制电梯（XH）

信号控制电梯代号为 XH，是一种自动控制程度较高的电梯。其自动程度除了具有自动平层和自动开关门功能外，还有轿厢命令登记、厅外召唤登记、自动停层、顺向截停和自动换向等功能，通常用于有司机客梯或客货两用电梯。

3. 集选控制电梯（JX）

集选控制电梯代号为 JX，是在信号控制基础上发展起来的全自动控制电梯，与信号控制电梯的主要区别在于它能实现无司机操纵。其主要特点是把轿厢内选层信号和各层外呼信号集合起来，自动决定上下运行方向，顺序应答。这种电梯操纵为有、无司机两种状态，当实行司机操纵时，为信号控制，目的是当人流高峰时保证安全运行，在人流较少时改为无司机集选控制。这类电梯需在轿厢上设置称重装置以防止超载，且轿门上需设近门保护装置。集选控制电梯常用作宾馆、饭店、办公楼的客梯。

下集选控制电梯只有在电梯下行时才具有集选功能，电梯上行时不能截停。若乘客想要从某层楼上行时，只能先截停下行电梯，下到基站后再上行。这种控制方式常用于住宅电梯。

4. 并联控制电梯（BL）

并联控制电梯代号为 BL，是两三台电梯的控制线路并联起来进行逻辑控制，共用层外召唤按钮，电梯本身具有集选功能。两台电梯并联的特点是：当无任务时，一台停在基站，该梯称为基梯；另一台停在预先选定的楼层，一般停在中间楼层，称为自由梯。当有任务时，基梯离开基站上行，自由梯立即自动下行到基站替补，当除基站外其他楼层有指令需要电梯时，自由梯前往，并顺向应答呼梯信号，当呼梯信号与自由梯运行方向相反时，则基梯去应答，先完成任务的电梯就近返回基站或预先设定的楼层。三台电梯并联时，其中两台电梯作为基梯，一台为自由梯，运行特点与两台电梯并联相同。

5. 群控电梯（QK）

群控电梯代号为 QK，是用微机控制统一调度多台集中并列的电梯，共用厅外召唤按钮，按规定程序集中调度和控制。其控制程序分为上行高峰状态、上下行平衡状态、下行高峰状态和闲散状态等。

【练习与思考】

（1）电梯按照控制方式可分为哪几类？

（2）简述 GB7588—2003 中对检修运行的描述。

（3）简述 GB7588—2003 中对紧急电动运行的描述。

（4）简述 GB7588—2003 中对制动器控制的描述。

模块 6　自动扶梯及自动人行道

任务 6.1　自动扶梯及自动人行道基础知识

【学习目标】

知识目标：

- 了解自动扶梯和自动人行道的基本知识；
- 了解自动扶梯和自动人行道的基本工作原理；
- 了解自动扶梯和自动人行道的结构特点。

能力目标：

- 能够说出自动扶梯和自动人行道的组成部分；
- 能够阐述自动扶梯和自动人行道的主要技术参数。

自动扶梯及
自动人行道基础知识

【知识讲解】

6.1.1　分类和特点

自动扶梯和自动人行道是依靠梯路（踏板）和两旁的扶手组成的传输机械来输送人员。梯路（踏板）是特殊的板式输送机，扶手是特殊的带式输送机。若干梯级（踏板）与牵引链连接组成梯路，梯路的设计保证了梯级踏面始终保持水平以供乘客站立。梯路在驱动装置的带动下做循环往复运动。在梯级（踏板）运行到进、出口处，梯级（踏板）的齿与梳齿板的齿相互啮合，从而安全地完成乘客的输送。

自动扶梯指带有循环运动梯路向上或向下倾斜运送乘客的固定电力驱动设备，如图 6-1 所示。自动人行道指带有循环运行（板式或带式）的走道，用于水平或倾斜角不大于 12°输送乘客的固定电力驱动设备，如图 6-2 所示。自动人行道输送长度在水平或微斜时可达到 500 m，输送速度一般为 0.5 m/s，最高不超过 0.9 m/s。

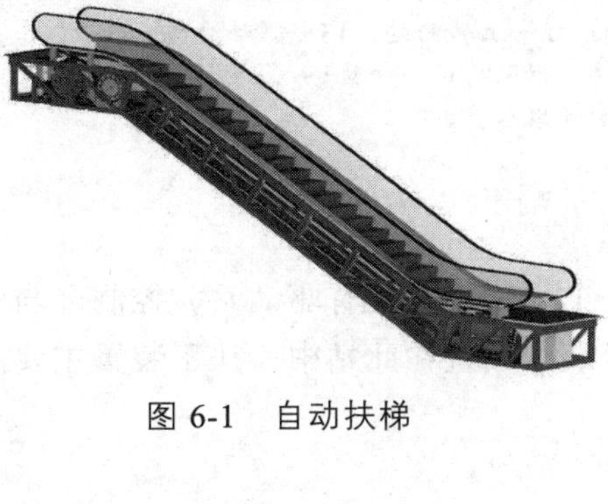

图 6-1　自动扶梯

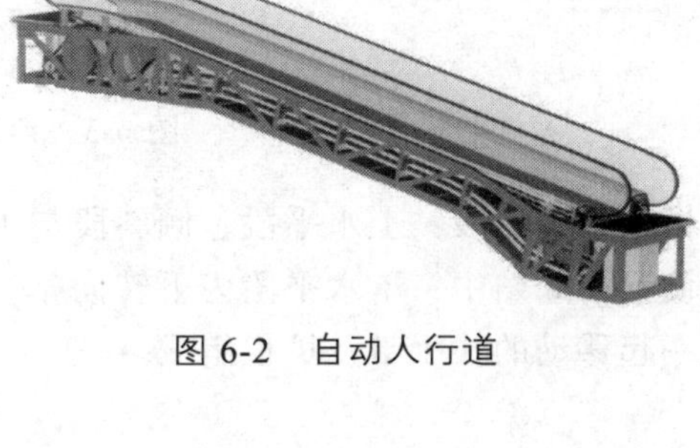

图 6-2　自动人行道

根据使用场合，自动扶梯和自动人行道可分为公共交通型和商用型（普通型）。公共交通型指适用于客流量大的公共场所的自动扶梯和自动人行道，每周运行时间约 140 h，且在任何 3 h 的间隔内，持续重载时间不少于 0.5 h，其载荷应达 100%制动载荷。公共交通型以外的均称为商用型。

1. 自动扶梯分类

自动扶梯可以按不同的分类方法进行分类。

（1）根据驱动方式可分为链条式（端部驱动）和齿轮齿条式（中间驱动）两类；

（2）按运行速度可分为恒速式和可调速式两种；

（3）按梯级运行方式可分为直线型、螺旋型等几类；

（4）按梯级宽度可分为 1 000 mm、800 mm 和 600 mm 等几类；

（5）按倾斜角度可分为 30°、35°和 27.3°等几类；

（6）按提升高度可分为小提升高度（3 ~ 10 m）、中等提升高度（10 ~ 45 m）、大提升高度（45 m 以上）等几类。

图 6-3 是一种链条传动、上部驱动的自动扶梯基本结构图。自动扶梯所有部件装配在金属桁架中，主要部件有梯级导轨、循环梯路、扶手装置、驱动系统、张紧装置、控制屏等。

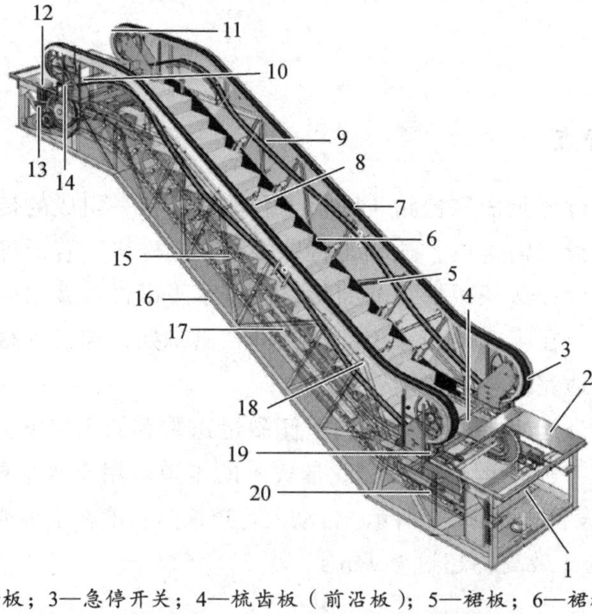

1—下转向站；2—踏板；3—急停开关；4—梳齿板（前沿板）；5—裙板；6—裙板盖板；7—扶手带；8—梯级；9—护栏；10—控制屏；11—扶手带回转；12—上转向站；13—驱动主机；14—扶手带驱动装置；15—梯级链；16—桁架；17—导轨；18—梯级塌陷保护；19—扶手带出入口；20—张紧站。

图 6-3 自动扶梯结构示意图

桁架分为三段：上水平段、倾斜段与下水平段。上水平段中设有驱动站，控制屏与驱动主机设置在此站中；下水平段为下转向站，梯路张紧装置设置在此站中；扶手装置主要由随梯级一起移动的扶手带及护栏组成。

自动扶梯在制造厂内完成装配，以整梯方式出厂，到安装现场后，只需将金属桁架固定在设定楼层板中即可完成安装。

2. 自动人行道分类

自动人行道根据结构基本可分为三种：踏步式结构、带式结构、双线式结构。

踏步式自动人行道：由一系列踏步组成的活动路面、两旁装有活动扶手的自动人行道。

钢带式自动人行道：在整根钢带上覆橡胶层组成的活动路面、两旁装有活动扶手的自动人行道。

双线式自动人行道：由一根销轴垂直放置的牵引链条构成来回两分支、在水平面内的闭合轮廓，以形成一来一回两台运行方向相反的自动人行道，两旁皆有活动扶手装置。

自动人行道按倾斜角度分类可分为以下两种：

（1）0°自动人行道：梯级运行线路与水平方向夹角为0°的自动人行道，即水平运行状态。

（2）10°～12°自动人行道：梯级运行线路与水平方向夹角为10°～12°的自动人行道。

其他的分类方式与自动扶梯分类类似。

3. 自动扶梯和自动人行道总体结构及区别

自动扶梯和自动人行道总体结构相同，都是由循环梯路、牵引链条、导轨系统、驱动机构、扶手机构、钢结构、电控系统、安全保护装置八个系统组成。

循环梯路：是由若干梯级组成的一个封闭梯路，梯路连续不间断地移动，以输送乘客上下。梯路裸露在外面的部分为运载端，供乘客站立，梯路隐藏在金属结构下面的部分为回转端。

牵引链条：也称梯级链，是一种钢质链条，节距常为133 mm。梯路左右两端各有一条，由驱动链轮驱动而循环运行，梯级主轮轴固定在梯级链上，由梯级链牵引着梯级移动。

导轨系统：其主要作用是对梯级进行支撑和导向，通常由梯级链导轨（主轮导轨）、梯级轮导轨（辅轮导轨）、梯级轮返回导轨和梯级链返回导轨组成。导轨系统是确保循环梯路正常运行的关键，其安装定位的精确与否直接关系到梯级踏面的水平状态、梯路运行阻力大小及梯级运行平稳状况等。

驱动机构：主要由驱动主机、传动机构（链条或齿轮）、驱动主轴及驱动链轮等组成，为循环梯路提供动力。

扶手装置：主要由随梯级同步移动的扶手带和护栏组成，供乘客扶握以使乘客站立。平稳的扶手带是自动扶梯的主要安全装置之一，正是有了扶手装置的出现，才使自动扶梯得以广泛使用。

金属桁架：整个自动扶梯的支撑部分，自动扶梯的所有部件都安装在金属桁架中，桁架被固定支撑在自动扶梯服务楼层的横梁上，其自身刚度是保证自动扶梯正常运行的关键。标准规定自动扶梯桁架的挠度不得大于支撑距离的 1/750，为保证桁架挠度符合要求，提升高度较大、跨度较长的自动扶梯常增加中间支撑。

电控系统：主要由控制屏、安全保护电路、信号系统等组成。电控系统控制自动扶梯的启动与停止、运行方向，安全保护电路在自动扶梯出现危险状况时触动电气安全保护装置，使驱动主机停止运行，从而使停止梯级移动，避免出现人员伤亡及设备损坏。

安全保护装置：主要包括工作制动器、超速保护装置、梯级非操纵逆转保护装置、牵引链条安全保护装置、梳齿板保护装置、扶手带入口防异物卡入保护装置、梯级塌陷保护装置、急停按钮、电机过载保护、电源缺相保护。其他辅助的安全装置有：辅助制动器、机械锁紧装置、梯级上的黄色边框、裙板上的安全刷、扶手带同步监控装置、驱动链断链保护装置、裙板保护装置等。它们对降低扶梯搭乘风险起着十分重要的作用，是自动扶梯的重要组成部分。

自动扶梯和自动人行道不同之处在于：（1）输送乘客方向不同；（2）循环梯路组成部件不同；（3）钢结构的倾斜角不同，见表 6-1。

表 6-1 自动扶梯与自动人行道的区别

区 别	自动扶梯	自动人行道
输送方向	主要是往垂直方向运送乘客	主要是往平面方向运送乘客
循环梯路	由梯级组成，输送带有台阶	由踏板或胶带组成，输送带为平面
倾斜角	常用 30°或 35°	小于 12°

6.1.2 主要参数及使用环境条件

自动扶梯和自动人行道的基本参数有提升高度 H、名义宽度 Z_1、额定速度 v、梯路倾角 α、输送能力 Q 等几项。表 6-2 为名义宽度、额定速度、输送能力的关系。

表 6-2 名义宽度、额定速度、输送能力关系表

自动扶梯与自动人行道	名义宽度 Z_1	0.5 m/s 时的输送能力/（人/h）	0.65 m/s 时的输送能力/（人/h）	0.75 m/s 时的输送能力/（人/h）
自动扶梯	梯级宽度 0.6 m	4 500	5 850	6 750
	梯级宽度 0.8 m	6 750	8 775	10 125
	梯级宽度 1.0 m	9 000	11 700	13 500
倾斜自动人行道	梯级宽度 0.8 m	6 750	8 000	8 775
	梯级宽度 1.0 m	9 000	10 800	11 700
水平自动人行道	梯级宽度 0.8 m	6 750	8 775	10 150
	梯级宽度 1.0～1.4 m	9 000	11 700	13 500

1. 提升高度 H

自动扶梯和自动人行道的提升高度指自动扶梯和自动人行道出入口处两楼板之间的垂直距离，可分为小、中、大三种高度分类，如图 6-4 所示。

2. 名义宽度 Z_1

名义宽度是指梯级宽度的公称尺寸，规定不应小于 580 mm，且不超过 1 100 mm，通常为 600 mm、800 mm 和 1 000 mm 三种规格，如图 6-4 所示。

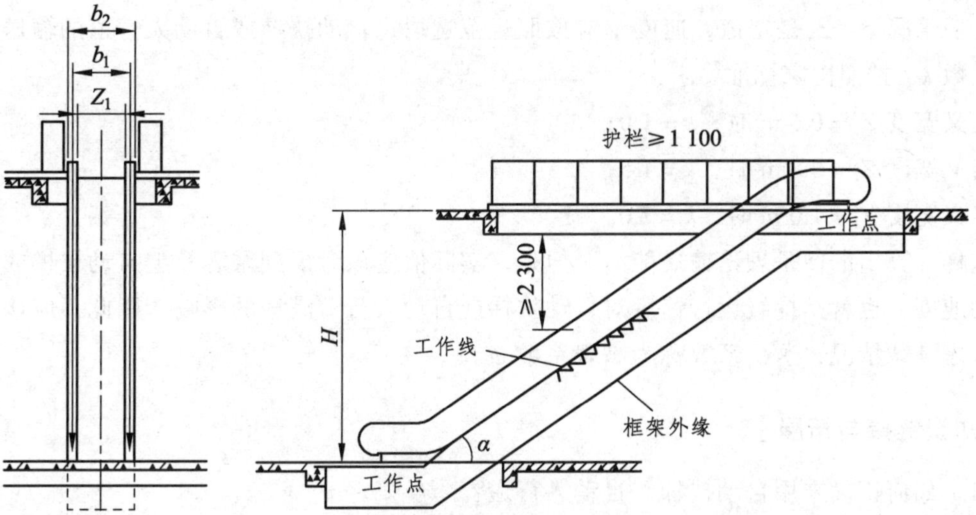

图 6-4　提升高度、名义宽度、倾斜角度示意图

3. 额定速度 v

自动扶梯或自动人行道运行速度的大小，直接关系到乘客在梯上停留的时间。速度过快则不能顺利登梯，过慢则影响输送效率。在额定频率与额定电压下，梯级、踏板或胶带沿运行方向空载时所测得的速度与额定速度之间的最大允许偏差为 ± 5%。自动扶梯或自动人行道在空载情况下的运行速度是制造厂商所设计确定并实际运行的速度。

自动扶梯倾斜角≤30°时，$v \leqslant 0.75$ m/s；自动扶梯倾斜角为 $30° < \alpha \leqslant 35°$时，$v \leqslant 0.50$ m/s。

自动人行道的额定速度为 $v \leqslant 0.75$ m/s；如果踏板或胶带的宽度不超过 1.1 m，自动人行道的额定速度最大允许达到 0.90 m/s。

4. 倾斜角 α

自动扶梯和自动人行道的倾斜角指梯级、踏板或胶带运行方向与水平面构成的最大角度。出于使用安全性方面的考虑，通常自动扶梯的倾斜角为 30°和 35°两种。当提升高度不超过 6 m，额定速度不超过 0.5 m/s 时，倾斜角 α 允许增至 35°。自动人行道的倾斜角 α 不大于 12°，如图 6-4 所示。

5. 理论输送能力 Q

输送能力为每小时输送乘客的人数。当自动扶梯或自动人行道各梯级被人员占满时，理论上的最大输送能力为

$$Q = 3\ 600kv/t_{级}$$

式中　$t_{级}$——一个梯级的平均深度或与此深度相等的踏板的可见长度（m）；

k——一个梯级或每段可见长度为 $t_{级}$ 的踏板上能承载的乘客人数；

v——梯级的运行速度（m/s）。

一般情况下，$t_{级}$是定值，速度 v 应按照规范选取，自动扶梯或自动人行道的输送能力取决于人数 k，按照国家标准要求：

名义宽度 $Z_1 = 0.6$ m 时，$k = 1.0$；

名义宽度 $Z_1 = 0.8$ m 时，$k = 1.5$；

名义宽度 $Z_1 = 1.0$ m 时，$k = 2.0$。

这样计算出的便是理论输送能力。但是，实际值应该考虑到乘客登上自动扶梯或自动人行道的速度，也就是梯级运行速度对自动扶梯或自动人行道满载的影响。因此，应该用一系数来考虑满载情况，这一系数称为满载系数 ϕ。

【知识链接与拓展】

（1）如何正确乘用自动扶梯、自动人行道？

① 面朝运行方向站立，双脚应站立在踏板的安全区域内。

② 手扶扶手带站稳。

③ 乘扶梯至出口处不要停留。

④ 儿童和老弱病残人员应由有行为能力的成年人一手拉紧或搀扶搭乘，婴幼儿应由上述成年人抱住搭乘。

⑤ 系紧鞋带，拿好雨伞等随身物品，留心宽松衣物和拖鞋、软底鞋等，以免被夹住。

⑥ 宠物应由主人抱住乘梯。

⑦ 依靠拐杖、助行架、轮椅等辅助器械行走的乘客以及使用手推车、婴儿车的乘客不能使用自动扶梯。

（2）进入自动扶梯前要注意哪些事项？

进入自动扶梯前，应系紧鞋带，留心松散、拖曳的服饰（如长裙、礼服等），以防被梯级边缘、梳齿板、围裙板或内盖板挂拽。因为移动的扶梯梯级与固定的围裙板间有一定的缝隙，在扶梯出入口梯级与梳齿板啮合处也存在较大缝隙，松散的鞋带与拖曳的服饰极易被卡在此类缝隙中，造成拖拽、跌倒危险。

搭乘自动扶梯前，还应确保没有使用手推车、婴儿车等，因为自动扶梯没有设计这方面的功能，使用自动扶梯运送手推车、婴儿车会有跌落、倾倒危险；同时也不要用自动扶梯运行大件物品，要运送大件物品请使用垂直电梯。

在搭乘自动扶梯前，父母还应照看好小孩，告诉小孩子如何安全搭乘，不要让小孩在扶梯上跑动，不要让小孩坐在梯级上。抓紧小孩的手搭乘扶梯对确保小孩安全是十分必要的。不要让小孩随便按动出入口的急停按钮，急停按钮只在出现紧急情况时使用。

（3）乘自动扶梯时发生意外紧急情况应怎样处理？

发生意外紧急情况（如乘客摔倒或手指、鞋跟被夹住）时，应立即呼叫位于梯级出入口处的乘客或值班人员按动红色紧急停止按钮，停止自动扶梯或自动人行道运行，以免造成更大伤害。正常情况下请勿按动此按钮，以防突然停止使其他乘客因惯性而摔倒。

【练习与思考】

（1）自动扶梯和自动人行道的区别有哪些？

（2）自动扶梯主要有哪些系统构成？每个系统涉及哪些零部件？

（3）写出自动扶梯和自动人行道的输送能力 Q 的计算公式。

任务 6.2　自动扶梯基本构造

【学习目标】

知识目标：

- 理解自动扶梯和自动人行道的运行原理；
- 掌握自动扶梯和自动人行道主要部件的结构特点；
- 熟悉自动扶梯和自动人行道主要部件的作用。

能力目标：

- 能够指出自动扶梯和自动人行道的主要部件位置；
- 能够正确解读自动扶梯和自动人行道主要部件的作用和运行原理。

自动扶梯基本结构——桁架、驱动装置、制动器

【知识讲解】

6.2.1　桁　架

桁架是自动扶梯和自动人行道的承载部件，其作用在于安装和支承自动扶梯的各个部件并承受各种载荷，同时将建筑物两个不同层高的平面连接起来，如图 6-5 所示。桁架一般用多种型材、矩形管等焊接而成，对于小提升高度的自动扶梯桁架，一般将驱动段、中间段和张紧段（端部驱动扶梯）三段在厂内拼装或焊接为一体，作为整体式桁架出厂；对于大、中提升高度的扶梯，出于安装和运输的考虑，桁架一般采用分体焊接，并采用多段结构，现场组装，而且为保证刚性和强度，在桁架下弦处设有一系列支撑，形成多支撑结构。

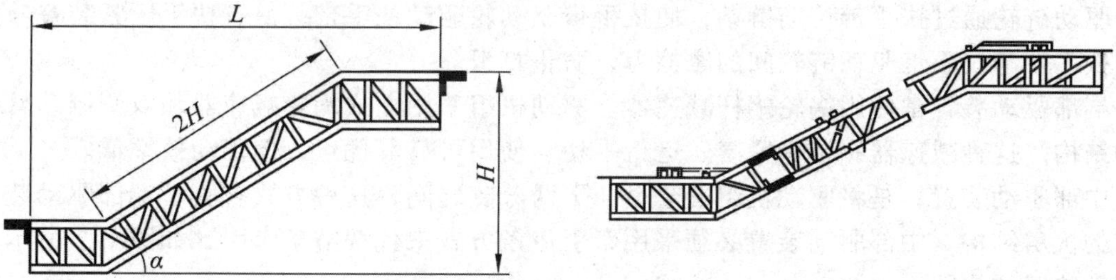

图 6-5　自动扶梯桁架结构

桁架是自动扶梯和自动人行道内部结构的安装基础，它的整体和局部刚性的好坏对自动扶梯和自动人行道性能影响较大，因此一般规定它的挠度控制在两支撑距离的 1/750 范围内，对于公共型自动扶梯和自动人行道，要求控制在两支撑距离的 1/1 000 范围内。

6.2.2　驱动装置

自动扶梯的驱动装置是动力源，限制超速和阻止逆转运行，直接影响扶梯的工作性能、运行状态、运载能力和使用寿命等。

驱动装置的主要作用是将动力传递给梯路系统及扶手系统，提供梯级（踏步）和扶手带运行。驱动装置由电动机、减速箱、制动器、链轮、驱动主轴等主要部件组成。

1. 驱动装置的分类

（1）驱动装置通常根据安装位置不同，可分为自动扶梯的端部驱动和中间驱动两种类型。端部驱动适用牵引链条传动方式，又称为链条式自动扶梯；中间驱动装置位于扶梯中部，将动力传递给牵引齿条。端部驱动装置，是最常用的一种驱动方式，如图 6-6 所示。驱动机组通过传动链条带动驱动主轴，主轴上装有两个牵引链轮、两个扶手驱动链轮、传动链轮以及附加制动器等。

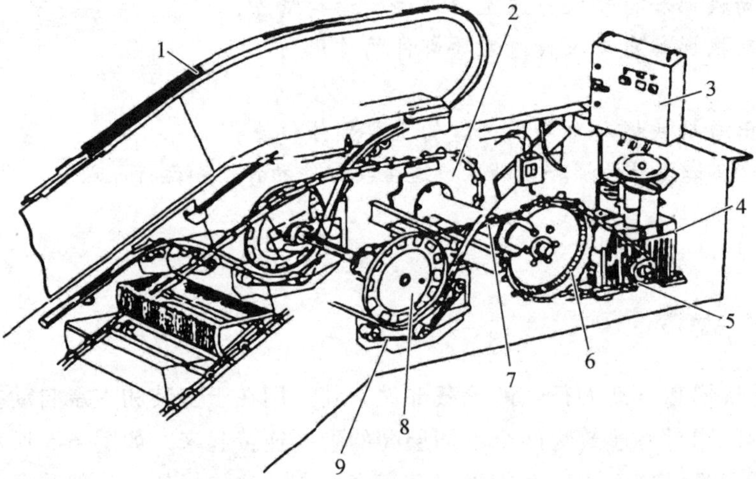

1—扶手胶带；2—牵引链条；3—控制箱；4—驱动主机；5—传动链轮；6—传动链条；
7—驱动主轴；8—扶手驱动轮；9—扶手胶带压紧装置。

图 6-6　链条式自动扶梯端部驱动装置结构示意图

牵引链条上装有所有的梯级，由主轴上的传动链条带动实现正常工作运行；主轴上的扶手带驱动链轮通过扶手带传动链条，使扶手带驱动轮驱动扶手带；另有扶手压紧装置，用以增加扶手带与扶手带驱动链轮间的摩擦力，防止打滑。

端部驱动装置常使用蜗轮蜗杆减速器。驱动机组采用立式蜗轮减速器和双侧制动臂制动器的结构。这种减速器有结构紧凑、运行平稳、使用可靠等优点，但传动效率低。

中部驱动装置，是将驱动机组置于上、下两分支之间，这种方式省去了端部驱动装置所必需的机房结构。中部驱动装置必须采用牵引齿条方式来代替链条牵引，如图 6-7 所示为中间驱动装置结构图。

（2）驱动装置按主机的形式，可分为立式驱动主机与卧式驱动主机，如图 6-8 所示。电动机一般采用鼠笼型异步电动机，具有较大的启动转矩；为降低启动电流，多采用星-三角控制模式。现在也有很多自动扶梯和自动人行道的驱动控制系统采用交流变频调速，主要是为了节能和启动平稳。

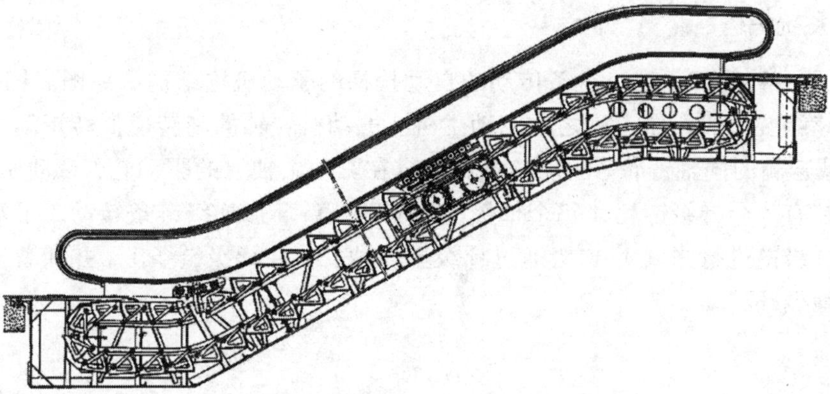

图 6-7　自动扶梯中间驱动装置示意图

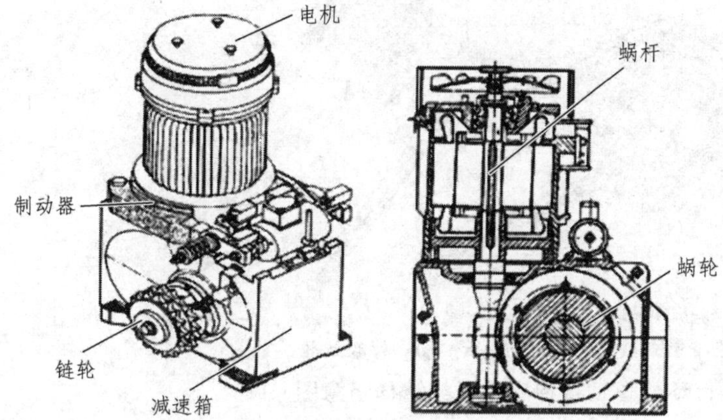

（a）自动扶梯立式驱动主机

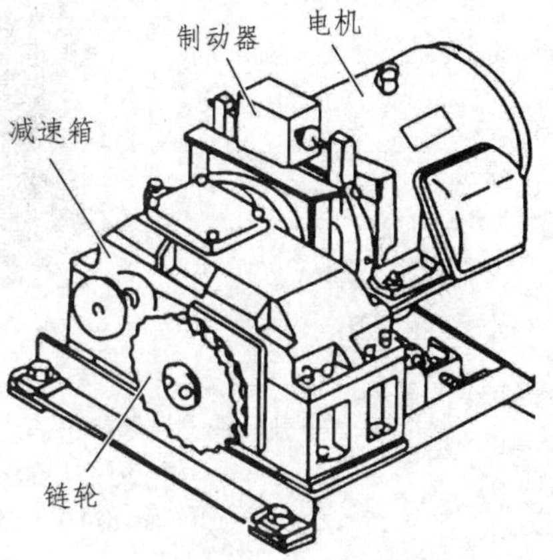

（b）自动扶梯卧式驱动主机

图 6-8　自动扶梯的驱动主机

2. 驱动主轴

驱动主轴，是链条式自动扶梯端部驱动装置的重要部件，一般为实心轮。在轴上装有驱动链轮、传动链轮和扶手带驱动轮，如图 6-9 所示。扶手带驱动轮为扶手带转动提供动力，扶手带驱动轴由此链轮通过链条驱动。

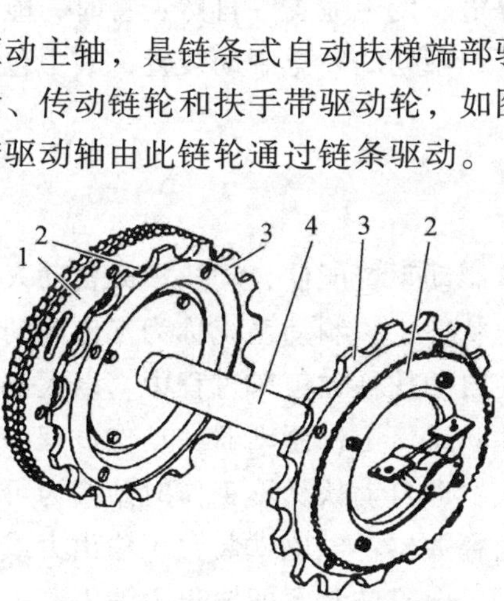

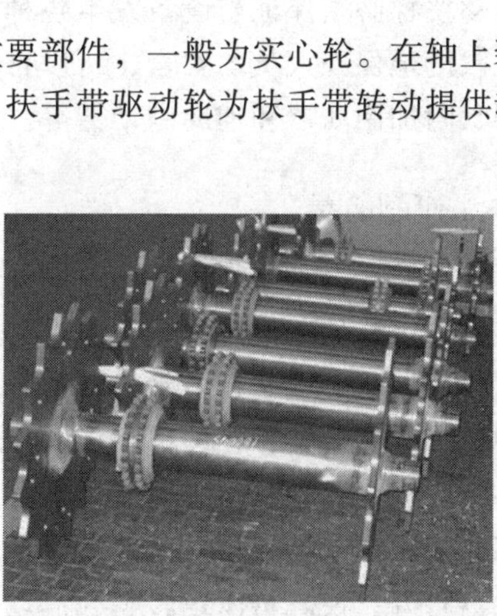

1—传动链轮；2—扶手带驱动链轮；3—牵引链轮；4—驱动主轴。

图 6-9　驱动主轴

3. 驱动系统结构

图 6-10 是一种端部驱动、链条传动的自动扶梯的驱动机构结构示意图。图中，电动机、制动器与减速箱装配成一体，称之为驱动主机。电动机转轴的高转速低转矩动力经减速箱减速后，通过减速箱的同轴链轮、驱动链条和固定在驱动主轴上的驱动轮，带动驱动主轴转动。主轴两端各装有一个梯级链轮，每个梯级链轮驱动一条环形梯级链条转动（下端有梯级链条张紧装置将梯级链进行张紧）。梯级通过梯级主轮轴安装在梯级链条上，并随着梯级链条的转动连续不断地循环移动。

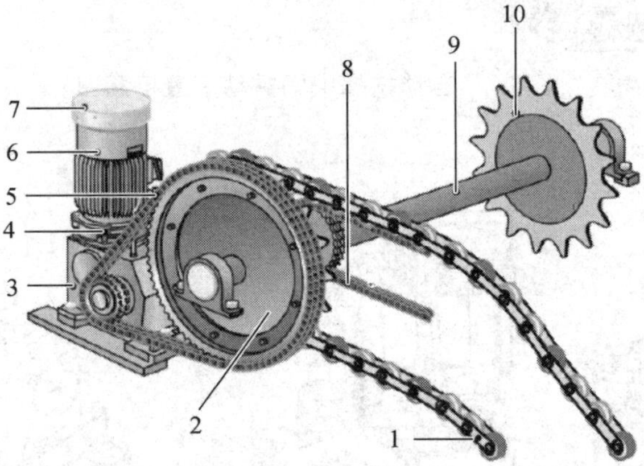

1—牵引链条（梯级链）；2—驱动轮；3—减速箱；4—制动器；5—驱动链；6—电动机；7—飞轮；8—扶手带驱动链；9—驱动主轴；10—梯级链轮。

图 6-10　链条传动式自动扶梯驱动系统结构示意图

6.2.3　自动扶梯制动器

由于自动扶梯所承运的是乘客，提升高度大，所以其工作的安全可靠程度就显得非常重要。自动扶梯必须保证当设备发生各种故障，或因停电、发生地震等自然灾害时，能够有效并最大限度地保证人员的安全，所以自动扶梯采用了一系列的安全制动装置，其中包括工作制动器、附加制动器和辅助制动器等。

1. 工作制动器

自动扶梯或自动人行道设置有一个制动系统，该制动系统能使自动扶梯或自动人行道有一个接近匀减速的制停过程直至停车并使其保持停止状态，该制动系统称为工作制动器。

工作制动器一般装在电动机高速轴上，它必须使自动扶梯在停车过程中，以人体能够承受的减速度停止运转，在停车后能够保持可靠的停住状态。工作制动器在动作过程中应反应灵敏迅速，无延迟现象。工作制动器必须采用常闭式，即自动扶梯不工作时始终为可靠的停住状态；而在自动扶梯正常工作时，通过持续通电由释放器（电磁铁装置）输出力或力矩，将制动器打开，使之得以运转；在制动器电路断开后，电磁铁装置的输出力消失，工作制动器立即制动，工作制动器的制动力必须由有导向的压缩弹簧或重锤来产生。自动扶梯的工作制动器常使用制动臂式、带式或盘式制动器等几种方式。

2. 附加制动器

除工作制动器之外，我国的扶梯制造标准 GB/T 16899—2008《自动扶梯和自动人行道的制造与安装安全规范》规定，安装在下列任何一种情况下的自动扶梯和倾斜式自动人行道应设置一只或多只附加制动器，该制动器直接作用于梯级、踏板或胶带驱动系统的非摩擦元件上：

（1）工作制动器和梯级、踏板或胶带驱动轮之间不是用轴齿轮多排链条两根或两根以上的单根链条连接的；

（2）工作制动器不是符合标准规定的机电式制动器；

（3）提升高度超过 6 m。

另外，安装在地铁站等客流量很大的公共场所的自动扶梯（公共交通型自动扶梯）一般也增加有附加制动器。

附加制动器在速度超过额定速度 1.4 倍之前，以及在梯级、踏板或胶带改变其规定运行方向时动作，附加制动器能使具有制动载荷的自动扶梯或自动人行道有效地减速停止下来并使其保持静止状态。

3. 辅助制动器

辅助制动器的作用在于自动扶梯停车时起保险作用，尤其是在满载下降时，其作用更为显著。图 6-11 是其中一种结构形式，位于上侧的制动钢带是辅助制动器，下侧制动钢带是工作制动器，它们结构一样，功能相同。工作制动器是必备的，而辅助制动器则是根据用户的要求增加的。在自动扶梯正常工作时，辅助制动的电磁铁 4 上的卡头将拉杆卡住，使制动器处于释放状态，不起制动作用。当需要辅助制动器动作时，监控装置发出信号，电磁铁 4 将卡头收回，拉杆在弹簧 3 的作用下动作，制动带拉杆上的弯件 2 驱动开关，使自动扶梯停止运行。

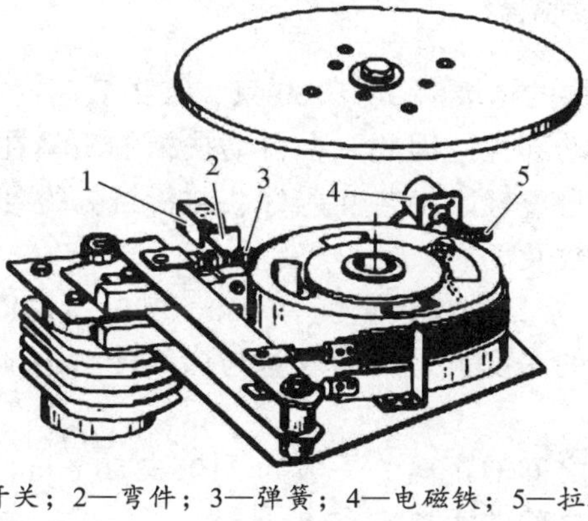

1—开关；2—弯件；3—弹簧；4—电磁铁；5—拉杆。

图 6-11　辅助制动器

6.2.4　自动扶梯的运载系统

自动扶梯的运载系统由梯级、牵引构件、梯路导轨系统、梳齿前沿板等组成。驱动链将驱动主机的动力传送给梯级，沿着梯路导轨系统运行。

1. 梯　级

（1）梯级结构

自动扶梯
基本结构——
梯级、导轨

梯级是一种特殊形式的四轮小车，是数量最多的运动部件，其结构组成如图 6-12 所示。梯级常见的两种主要制作方式有整体式和分体式。梯级由踏板、踢板、梯级支架和车轮组成。整体式梯级是将踏板、踢板和梯级支架三者于一体整只压铸而成，如图 6-13 所示。各梯级的主轮轮轴与梯级链活套在一起，这样可以做到梯级在上分支保持水平，在下分支进行翻转。分体式是将上述三者拼装组合而成。整体式梯级常采用铝合金整体压铸而成；分体式梯级则常采用不锈钢加工的部件拼装而成。整体式梯级精度高，自重轻，加工速度高，正在逐渐取代分体组装式梯级。

牵引链条与主轮的轮轴铰接而带动梯级沿预设的轨道运行，而辅轮支承梯级上的乘客，也沿着设置的轨道运行，通过轨道的设计，使自动扶梯上分支的梯级保持水平，而在下分支中将梯级倒挂。

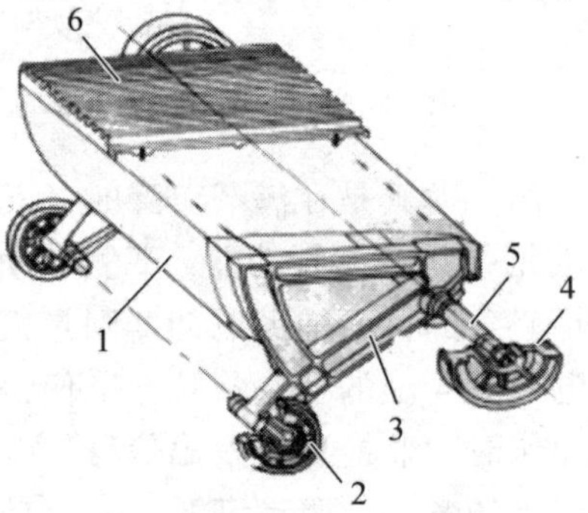

1—踢板；2—辅轮；3—支架；4—主轮；
5—轴；6—踏板。

图 6-12　自动扶梯梯级

图 6-13　整体式梯级

一台小提升高度自动扶梯的梯级需 50 ~ 100 只；大提升高度自动扶梯的梯级多达 700 只。梯级数量众多，又是经常运动部件，因此一台自动扶梯的质量在很大程度上取决于梯级的结构和质量。对梯级的要求是自重轻、工艺性能好、装拆维修方便。

（2）梯级的重要尺寸参数及要求

梯级宽度（名义宽度），常见的梯级宽度有 600、800、1 000 mm 等。

梯级深度，即梯级踏板的深度，是乘客双脚与梯级接触的部位，为保证乘客能够稳定站立，此尺寸须大于 380 mm。

梯级基距，主轮与辅轮之间的距离，一般为 310 ~ 350 mm。

轨距，即梯级中两主轮之间的距离。

梯级间距，一般为 400 ~ 405 mm。

其中对梯级结构影响较大的参数是基距，基距一般分为短基距、长基距和中基距三种。短基距梯级制造方便，能减小牵引轮直径，使自动扶梯结构紧凑，但会造成梯级稳定性差的问题；长基距梯级避免了稳定性差的问题，运转平稳，但整体结构尺寸变大，牵引链轮直径变大；我国目前多采用中基距梯级。

梯级要求制作精度高、刚性好、运行安全可靠、高的抗疲劳度、重量轻、结构合理、易安装、方便维修，具有一定的耐磨性和耐腐蚀性。

梯级高度不超过 0.24 m，深度至少为 0.38 m，宽度为 0.58 ~ 1.1 m，踏板表面齿槽宽度为 5 ~ 7 mm，深度大于 10 mm，顶宽为 2.5 ~ 5 mm。自动扶梯传动装置一般采取多排链、双排链传动以及齿轮传动。也有采用三角皮带传动，但不得使用平皮带传动。

2. 牵引构件及张紧装置

在前面已经介绍过，自动扶梯的驱动装置（即动力牵引装置）根据其安装在扶梯上的位置，分为采用牵引链条的端部驱动和采用牵引齿条的中部驱动两种。

（1）牵引链条

端部驱动装置所用的牵引链条一般为套筒滚子链，它由链片、小轴和套筒等组成，如图 6-14 所示。在我国自动扶梯制造业中，一般都采用普通套筒滚子链，因为这种链条具有较高的可靠性且安装方便。目前所采用的牵引链条分段长度一般为 1.6 m，为了减少左右两根牵引链条在运转中发生偏差而引起梯级的偏斜，对梯级两侧同一区段的两根牵引链条的长度公差应该进行选配，保证同一区段两根牵引链条的长度累积误差尽量接近，所以牵引链条在生产后出厂时，就应标明选配的长度公差。

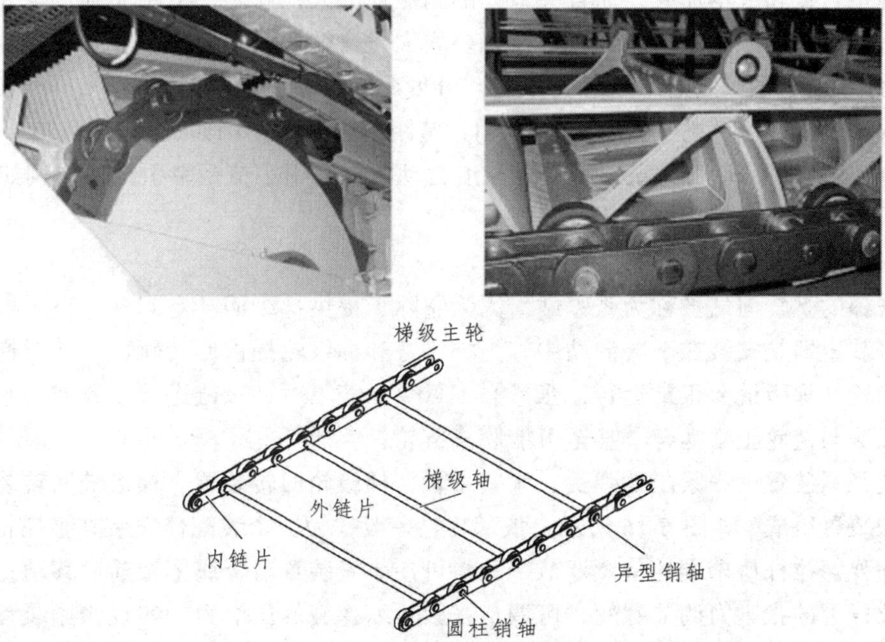

图 6-14　自动扶梯牵引链条

牵引链条是自动扶梯主要的传递动力构件，其质量及运行情况直接影响到自动扶梯的运行平稳和噪声，图 6-14 为常用的牵引链条结构。梯级主轮可置于牵引链条的内侧［见图 6-15（a）］或外侧，也可置于牵引链条的两个链片之间［见图 6-15（b）］。梯级主轮置于牵引链轮内、外侧的链条的结构，可采用较大的主轮，如直径为 100 mm 或更大，能承受较大的轮压，可以使用大尺寸的链片，且链片在进行调质处理后，适用于公共交通型等长期重载工况的自动扶梯；对于装在牵引链条两链片之间的主轮，既是梯级的承载件，又是与牵引链轮相啮合的啮合件，因而主轮直径受到限制，图 6-15（b）所示的结构直径为 70 mm。主轮外圈由耐磨塑料制成，内装高质量轴承。这种特殊塑料的轮外圈既可满足轮压的要求，又可降低噪声，适用于提升高度较低的普通型自动扶梯。

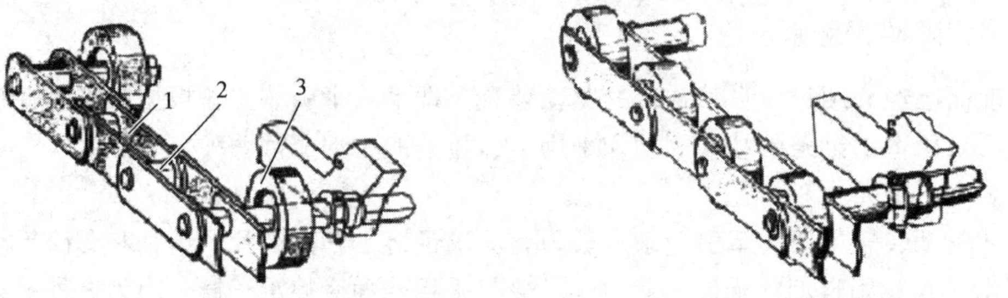

1—链片；2—套筒；3—主轮。
（a）主轮在牵引链内侧

（b）主轮在牵引链两链片之间

图 6-15　牵引链条结构

节距是牵引链条的主要参数，即两滚子轴线间的距离。节距小则链条工作平稳，但是关节增多，链条自重和成本加大，而且关节处的摩擦损失大；反之，节距大则自重轻，价格便宜，但为保持工作平稳，链轮齿数和直径也要增大，这就加大了驱动装置和张紧装置的外形尺寸。一般自动扶梯两梯级间的节距采用 400 ~ 406.4 mm，牵引链条节距有：67.7、100、101.6、135、200 mm 等几种。大提升高度扶梯采用大节距牵引链条，例如提升高度 60 m 的自动扶梯采用 200 mm 节距的牵引链条；小提升高度自动扶梯采用小节距牵引链条，例如 4 m 自动扶梯则可采用 67.7 mm 节距的牵引链条。

（2）张紧装置

自动扶梯的下转向站被称为张紧站，因为它除了提供梯级回转空间外，还对梯级链进行张紧。张紧装置即是安装在下转向站中，为梯级链和梯级轮提供回转轨迹，并对梯级链进行预张紧的装置。梯级链要正常运行，张紧必不可少，若不对梯级链进行张紧或张紧力不够，梯级链将无法与链轮正常啮合，甚至可能脱离链轮。

梯级链张紧装置由张紧压缩弹簧、张紧站轴、梯级轮回转装置、梯级链回转装置和梯级链断链保护装置组成，如图 6-16 所示。张紧装置一般作为一个装配体安装在金属桁架中，旋动张紧压缩弹簧拉杆最末端的位置调节螺丝，可使张紧装置沿金属桁架前后移动；旋动张紧压缩弹簧拉杆上的张紧力调节螺丝，可调整张紧压缩弹簧的压缩力，实现张紧装置对梯级链张紧力的调节。

梯级链断链保护装置是一个电气安全开关，开关座固定于金属桁架上，开关的常闭触点串接于电气安全回路中。当梯级链无意缩短、伸长或断裂时，安装在张紧装置上的碰压板将会碰压此电气开关，使开关触点断开，从而切断自动扶梯的电气安全回路，电机停止，进而停止梯级移动，避免自动扶梯因继续运行而对乘客造成伤害及损坏设备。只有在维修人员检查完毕并手动复位此开关后，自动扶梯才能再次启动运行。

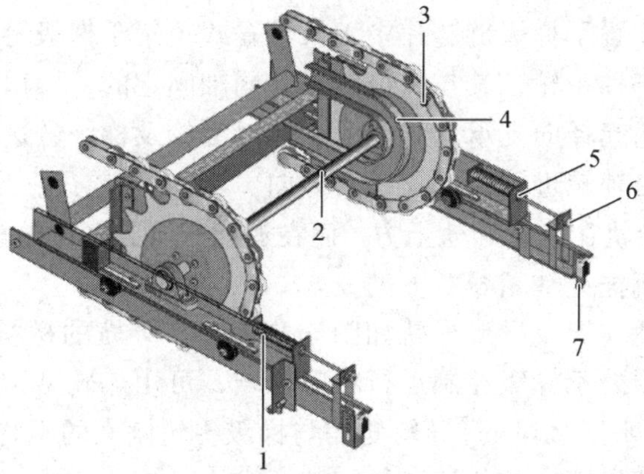

1—压缩弹簧；2—张紧站轴；3—梯级链回转装置；4—梯级轮回转装置；5—位置调节螺丝；6—张紧力调节螺丝；7—梯级链断链保护装置。

图 6-16　梯级链张紧装置

3. 梯路导轨系统

自动扶梯的梯级沿着金属结构按一定要求设置的多根导轨运行，以形成阶梯、平面并进行转向。自动扶梯的导轨系统通常由三部分组成：上部导轨，通常是由鱼形板组合、切线导轨、驱动主轴、曳引链和扶手驱动主轴等部件组成；倾斜段导轨，全部由金属型材制成，导轨位置由导轨装配工装确定，其主要由主轨、副轨、返回轨和防跳轨等组成；下部导轨，通常称为下鱼形板组合，它整体安装在桁架里，下鱼形板组合带有张紧滑动装置部分，能满足张紧梯级链的需要。

（1）自动扶梯的导轨、返回轨

自动扶梯梯路导轨系统包括主轮和辅轮所用的全部导轨、返回轨、导轨支架及转向壁等；导轨系统的作用在于支承由梯级主轮和辅轮传递来的梯路载荷，保证梯级按一定的规律运动以及防止梯级跑偏等。梯级两侧各有一个主轮和辅轮，每个轮子都需要支承和导向，为方便安装和调整，主轮和辅轮导轨通常分别设置，这样在一个方向上就需要有两根导轨，加上自动扶梯有运载及回转两个分支，自动扶梯每一侧通常就有四根导轨，如图 6-17 所示。由图可见，梯级导向系统从上到下为梯级链（主轮）导轨、辅轮导轨、辅轮返回轨和梯级链（主轮）返回轨。

1—梯级链（主轮）返回轨；2—辅轮返回轨；3—辅轮导轨；4—梯级链（主轮）导轨；5—梯级链；6—梯级辅轮；7—梯级。

图 6-17　梯级导轨示意图

主轮一般有内置式（置于梯级链链片中）及外置式（置于梯级链外侧，通过主轮轴与梯级链相连）两种。无论哪种主轮，其与梯级链都是同轴固定的，所以主轮导轨也称为梯级链导轨。主轮导轨除对主轮起径向支承和导向外，还对主轮及梯级链进行轴向导向，防止梯级左右偏移。辅轮导轨只对辅轮进行径向支承和导向。

在运载分支，主轮导轨在辅轮导轨上方，而在返回分支，主轮导轨设置在辅轮导轨下方。在返回分支中，梯级是倒挂在辅轮导轨上的。

支撑各种导轨的导轨支架及异形导轨如图 6-18 所示，导轨的材料可用冷拉、冷轧角钢或异形钢材制作，返回轨因处于梯级控制运行状态区域，可用热轧型钢制作。

在工作分支的上、下水平区段处，导轨侧面与梯级主轮侧面的平均间隙要求小于 0.5 mm，以保证梯级能顺利通过梳齿板，其他区段的间隙要求小于 1 mm。

（2）转向壁

当牵引链条通过驱动端牵引链轮和张紧端张紧链轮转向时，梯级主轮已不需要导轨及返回轨了，该处是导轨及返回轨的终端，该导轨的终端不允许超过链轮的中心线，并制成喇叭口形式，便于导向。但是辅轮经过驱动端与张紧端时仍然需要转向导轨，这种辅轮将终端转向导轨做成整体式的，即为转向壁，如图 6-19 所示。转向壁将与上分支辅轮导轨和下分支辅轮导轨相连接。

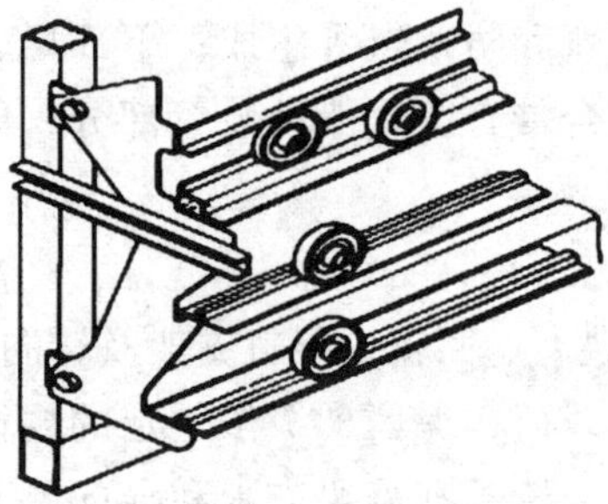

图 6-18　导轨支架及异形导轨

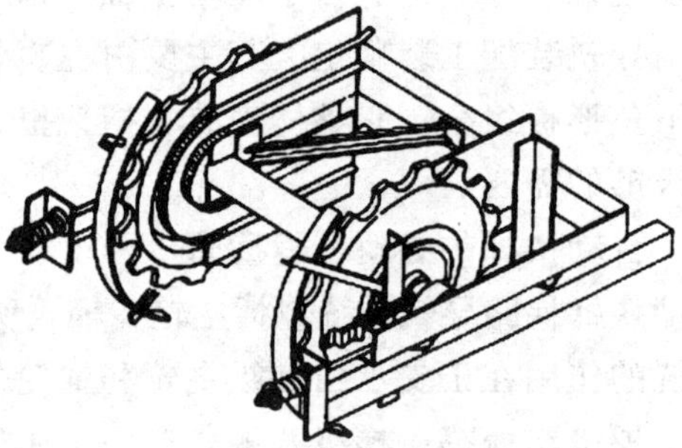

图 6-19　转向壁

中间驱动装置位于自动扶梯的中部，因而在驱动端和张紧端都没有链轮，梯级主轮行至上、下两个端部时，就需要经过如辅轮转向壁一样的转向导轨。这两个转向轨道通常各由两段约为 1/4 弧段长的导轨组成，其中下部一段需要略可游动，以补偿由于长 400 mm 的牵引齿条从一分支转入另一分支时在圆周上所产生的误差，如图 6-20 所示。

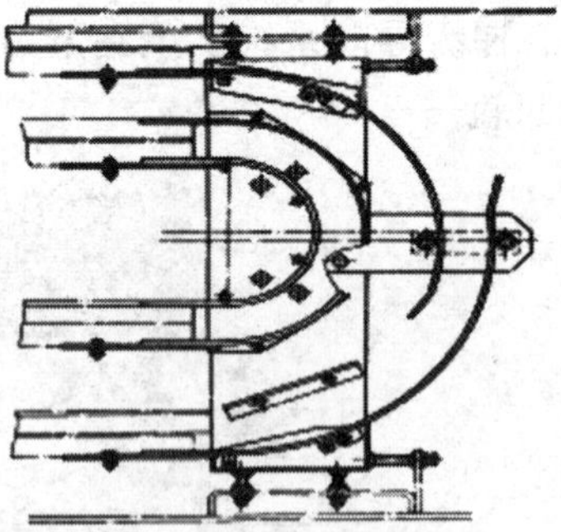

图 6-20　中间驱动转向壁

4. 梳齿板及过渡盖板

在自动扶梯和自动人行道上下两端的梯级/踏板出入口处，安装有梳齿板。梳齿板的梳齿与梯级/踏板的齿槽啮合，其作用是使运动的梯级与出入口处着陆区固定的装置之间形成一个过渡，且间隙足够小，避免产生挤夹；梳齿板同时也是自动扶梯的安全保护装置，梳齿板的后面有微动开关，如有异物卡入时，可以使自动扶梯停止运行。

梳齿板主要由固定前沿板、活动前沿板和梳齿组成，如图 6-21 所示。梳齿板的一边支撑在固定前沿板上，另一边作为梳齿的固定面，它的水平倾角小于 10°。梳齿板的结构多为可调式，以保证梳齿与齿槽的啮合深度符合要求。常见的梳齿板按照使用材料来区分有铝合金和塑料两种。

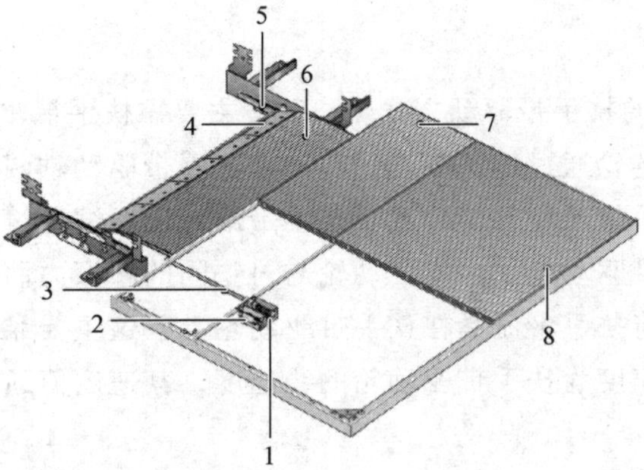

1—压缩弹簧；2—安全开关；3—推杆；4—梳齿板；5—梯级导向块；6—活动前沿板；7—固定前沿板；8—踏板。

图 6-21　梳齿板

为了确保乘客上下自动扶梯的安全，必须在自动扶梯进、出口设置梳齿前沿板，它包括梳齿、梳齿板、前沿板三部分，如图 6-22 所示。梳齿的齿应与梯级的齿槽相啮合，齿的宽度不小于 2.5 mm，端部修成圆角，保证在啮合区域即使乘客的鞋或物品在梯级上相对静止，也会平滑地过渡到楼层板上。一旦有物品不慎阻碍了梯级的运行，梳齿被抬起或位移，触发微动开关切断电路使扶梯停止运行。梳齿的水平倾角不超过 40°，梳齿可采用铝合金压铸而成，也可采用工程塑料制作。

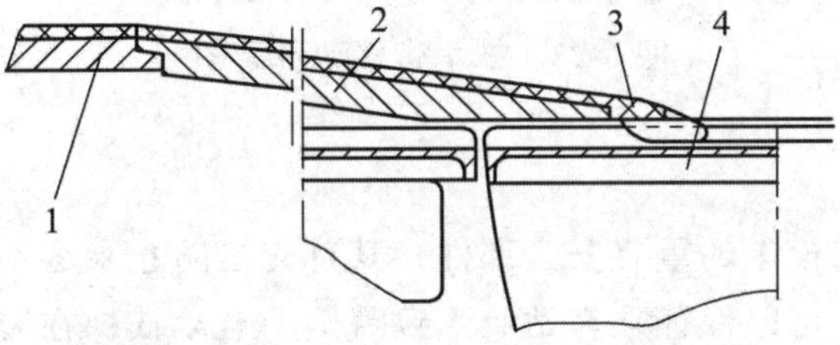

1—前沿板；2—梳齿板；3—梳齿；4—梯级踏板。

图 6-22　梳齿前沿板示意图

梳齿板被固定支撑在前沿板上并固定梳齿，水平倾角小于 10°，梳齿板的结构为可调，保证梳齿啮合深度大于 6 mm。

自动扶梯梯级在出入口处应有导向，使从离开梳齿梯级的平直段和将进入梳齿板梯级的平直段至少为 0.8 m（该距离从梳齿根部量起），在平直运动段内，两个相邻梯级之间的最大高度误差为 4 mm。若额定速度大于 0.5 m/s 或提升高度大于 6 m，该平直段至少为 1.2 m（始测点与上述相同）。

6.2.5 扶手装置

扶手带是自动扶梯的重要安全保护装置，它与梯级同步运行，供梯级上站立乘客扶握，以免乘客摔倒。扶手带运行速度与梯级运行速度的偏差不能大于 2%（扶手带运行速度不能慢于梯级运行速度）。

自动扶梯
扶手装置

1. 扶手带运行原理

图 6-23 是一种常见的扶手带驱动方式。扶手带主要靠扶手带驱动轮摩擦驱动。扶手带驱动轴由驱动主轴上的链轮通过链条驱动而转动，扶手带驱动轴两端各有一套驱动装置，包括扶手带驱动轮、扶手带长度补偿装置、扶手带滚轮、压缩弹簧和扶手带张紧轮等。扶手带衬垫面压紧在扶手带驱动轮上，靠驱动轮与衬垫间的摩擦力而带动扶手带运行。要产生足够的摩擦力，必须将扶手带压紧在扶手带驱动轮上，这主要靠扶手带张紧轮和压缩弹簧来完成。扶手带运行速度为扶手带驱动轮的线速度，其速度值通过机械传动的传动比设计来确定。

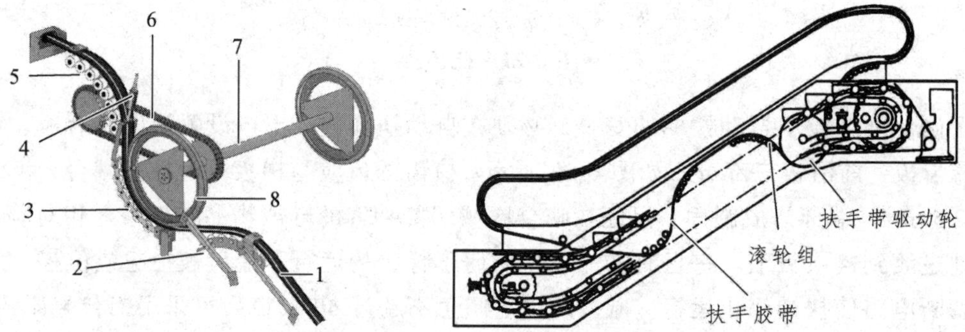

1—扶手带；2—带长度补偿装置；3—滚轮；4—压缩弹簧；5—张紧轮；
6—驱动链；7—驱动轴；8—驱动轮。

图 6-23 扶手带驱动示意图

2. 扶手带装置结构

扶手带装置是自动扶梯中的重要安全部件，其首先是防止乘客不慎滑落扶梯，其次由于扶手带与梯级同步运行，可以保证乘客站稳不致跌倒。自动扶梯在装备了扶手带装置后，才逐渐进入实用阶段。

扶手带装置由扶手带、驱动系统、扶手带张紧装置、护壁板及相关装饰部件等组成。扶手带装置可以看作是装设在自动扶梯梯路两侧特种结构形式的胶带输送机，同时还可根据环境的特点选择彩色扶手胶带，与建筑物及装饰和谐地融为一体，成为建筑结构中的一个亮点，具体扶手带装置结构如图 6-24 所示。

自动扶梯在空载运行情况下，能源主要消耗于克服梯路系统和扶手带系统的运行阻力，其中扶手带运行阻力约占空载总运行阻力的 80%，减少扶手带运行阻力，可以大幅度降低能源消耗。

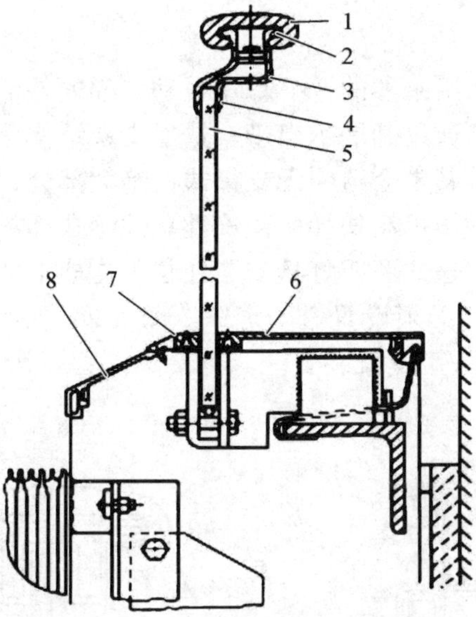

1—扶手带；2—扶手带导轨；3—扶手带支架；4—玻璃垫条；5—护壁板（钢化玻璃）；
6—外盖板；7—内盖板；8—斜盖板。

图 6-24　扶手带装置结构图

3. 扶手带

扶手带如图 6-25 所示，是一种边缘向内弯曲的橡胶带，由橡胶层、帘子布层、钢丝、摩擦层等组成，一般为黑色，随着对建筑物装设美化要求的提高，现在也出现了红色、蓝色等彩色扶手带供业主选择。

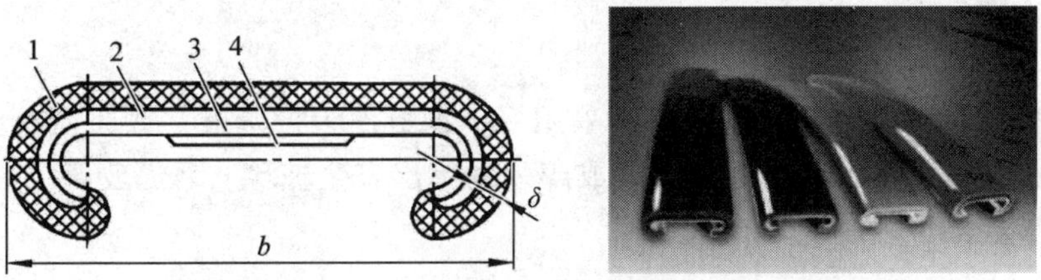

1—橡胶外层；2—帘子布层；3—钢丝层；4—摩擦层。

图 6-25　扶手胶带结构

扶手带按照内部衬垫不同可分为如下几种：

（1）多层织物衬垫扶手胶带：此种结构具有延伸率大的特点，在使用时必须注意调整扶手带的张紧装置。

（2）织物夹钢带扶手胶带：此结构在工厂生产时制成闭合环形带，不需在工地拼接，延伸率小，调整工作量小；缺点是长期使用后钢带与橡胶织物间易脱胶，脱胶后钢带会在扶手胶带内隆起，甚至戳穿帆布造成扶手胶带损坏。

（3）夹钢丝绳织物扶手胶带：这种结构在织物衬垫层中夹一排细钢丝绳，既增加扶手胶带的强度，又可控制扶手胶带的延伸，这种扶手胶带在工厂生产时制成闭合环形，不需在工地拼接，综合性能良好。我国生产的自动扶梯多采用这种结构，并且扶手胶带宽度一般为 $b = 80 \sim 90$ mm，厚度 $\delta = 10$ mm。

4. 扶手支架与导轨装置

扶手支架是自动扶梯展示给乘客的“外貌”，自动扶梯的外形美观程度及与建筑物内部的色彩、装修结构的协调性，都通过其展示出来。扶手支架结构分为全透明无支撑式、半透明支撑式及不透明有支撑式等，其中全透明无支撑式占绝大部分，全透明无支撑结构一般由高强度钢化玻璃构成。为了进一步提高扶梯的装饰性和改善扶梯部分的照明亮度，扶手支架上还可装设一系列的照明灯具，这些照明灯具安装在扶手支架下，给扶手带和梯级照明。为防止发生意外碰触，照明灯外侧必须设置透明灯罩。图 6-26 分别展示了带照明装置扶手支架（左侧）和不带照明的苗条型扶手支架装置。

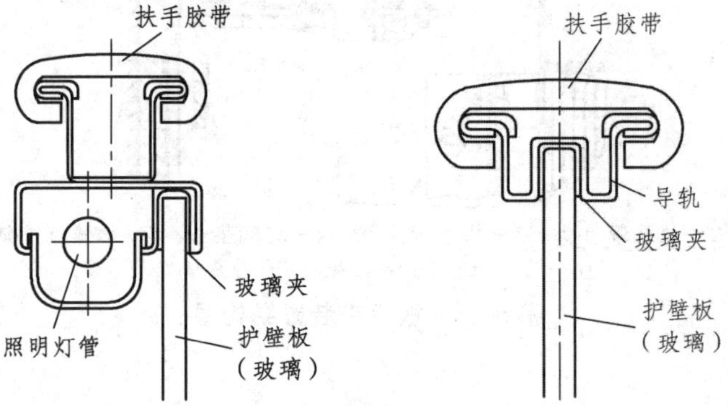

图 6-26　扶手支架装置及导轨

扶手导轨一般采用冷拉型材或不锈钢型材压制而成，它安装在扶手支架上，对扶手带起支承和导向作用。

5. 护壁板

公共交通型以及其他重型自动扶梯常采用不锈钢板作为护壁板，普通型自动扶梯常采用玻璃做成护壁板，该种玻璃应当是不会裂成碎片的单层安全玻璃（钢化玻璃），并具有足够的强度和刚度，玻璃的厚度不应小于 6 mm。

【知识链接与拓展】

自动扶梯“防护三角板”有何作用?

自动扶梯在与楼板交叉处以及交叉设置的自动扶梯之间，通常会形成一个如图 6-27（a）所示的“剪刀口”。当搭乘自动扶梯上行的乘客将头伸出扶手带外面时，有可能被该“剪刀口”剪切而造成严重伤害。国内就曾多次发生类似剪切伤亡事故，例如 2012 年 1 月 29 日发生在北京某商城的 9 岁男孩被夹死亡事故，就是被夹在自动扶梯扶手带和楼板夹角处。

GB/T 16899—2011《自动扶梯和自动人行道的制造与安装安全规范》规定，在与楼板交叉处以及各交叉设置的自动扶梯或自动人行道之间，应在扶手带上方设置一个无锐利边缘的垂直防护挡板，其高度不应小于 0.3 m，且至少延伸至扶手带下缘 25 mm 处，如图 6-27（b）所示。这里设置的“垂直防护挡板”通常做成一块无孔的三角板，所以也常称为“防护三角板”。设置“防护三角板”可以有效减轻因剪切造成的伤害。

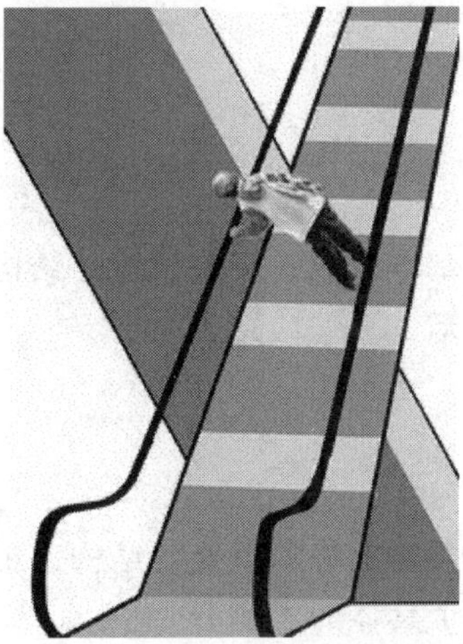

（a）

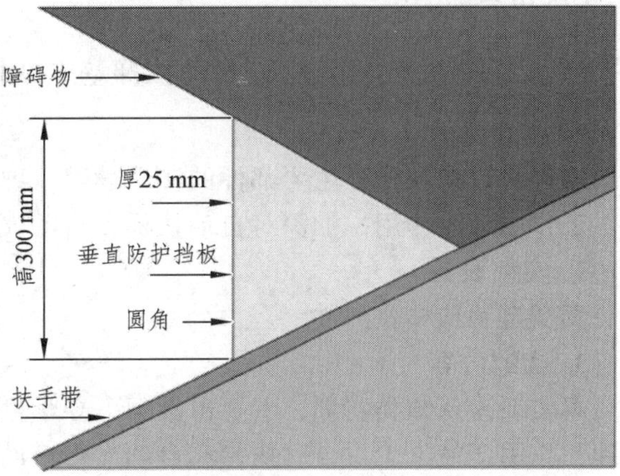

（b）

图 6-27　扶手带与障碍物间的“剪刀口”防护

“剪刀口”作为自动扶梯的一个残留风险一直存在，在 GB/T 16899—2011 作出设置“垂直防护板”规定前，行业内常用以降低此残留风险的方法是在“剪刀口”处设置如图 6-28 所示的悬挂警示牌，当身体伸出扶手带外面的乘客随自动扶梯快到达“剪刀口”处时，会因撞击到该警示牌而得到提醒，避免被“剪刀口”剪切。

该方法降低风险的程度有限，原因是：若警示牌设置得过高，则可能因触碰不到而失去警示作用，特别是对于小孩；若将警示牌设置过低，则警示牌离夹角处会很近，当危险发生时，受害人员可能尚未及时反应而被剪切。因此，GB/T 16899—2011 规定必须设置固定式垂直防护装置，以尽可能减小因剪切造成的伤害，如图 6-29 所示。

图 6-28　扶手带上方的悬挂式警示牌

图 6-29　设置了“防护三角板”的自动扶梯

【练习与思考】

（1）自动扶梯的制动器有__________、__________和 __________。

（2）自动扶梯的梯级主要有哪几部分组成？

（3）自动扶梯的梳齿板的作用是什么？

（4）自动扶梯驱动主轴上设有哪些驱动轮？

【认知实训】

自动扶梯基本结构系统的认知

1. 实训目的

通过对自动扶梯各主要部件的实训学习，熟悉主要部件的基本组成、安装位置、结构特点、工作原理及作用，加深对自动扶梯和自动人行道结构的认知。

2. 实训设备

真实自动扶梯及部件。

3. 实训内容

本实训为认知类实训，主要由教师引导学生了解自动扶梯主要部件的位置、结构、工作原理和作用，使学生对自动扶梯和自动人行道的主要部件有一个具体的了解。

4. 过程记录

（1）认识桁架结构；

（2）认识导轨系统；

（3）认识驱动装置；

（4）认识梯级；

（5）认识牵引链条和张紧装置；

（6）认识梳齿板；

（7）认识扶手装置。

5. 实训小结

将实训过程中认知的自动扶梯的主要部件的名称、组成部分、在设备运行中所起的作用填入表 6-2 中。

表 6-2　自动扶梯主要部件认知实训表

序号	主要部件	主要组成部分	主要作用
1			
2			
3			
4			
5			
6			

任务 6.3　自动扶梯安全保护系统

自动扶梯
安全保护系统

【学习目标】

知识目标：

- 掌握自动扶梯和自动人行道的主要安全保护装置的位置；

- 理解自动扶梯和自动人行道的主要安全保护装置的作用；
- 理解自动扶梯和自动人行道的主要安全保护装置的基本工作原理。

能力目标：

- 能够指出自动扶梯和自动人行道的主要安全保护装置的位置；
- 能够阐述自动扶梯和自动人行道的主要安全保护装置的意义和基本工作原理。

【知识讲解】

6.3.1　扶手带安全保护装置

1. 扶手带入口安全保护装置

扶手带是运动部件，在自动扶梯的上下端各有一个出入口，运动着的扶手带从出入口进出。

在一般情况，人手是不会去接触扶手带出入口的，但儿童却有可能用手去摸，手和手臂就有可能受到伤害。

为防止有异物随扶手带进入其入口（特别是小孩出于好奇而用手抓扶手带时，手被带入），在扶手带的入口处安装有安全保护装置，当位于扶手带入口的橡胶套受到 30 ~ 50 N 的压力时，微动开关动作，使扶梯停止运行，如图 6-30、图 6-31 所示。

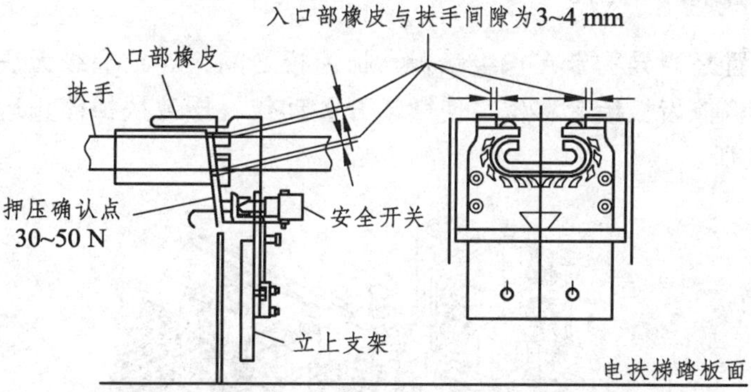

图 6-30　扶手带入口安全保护装置示意图

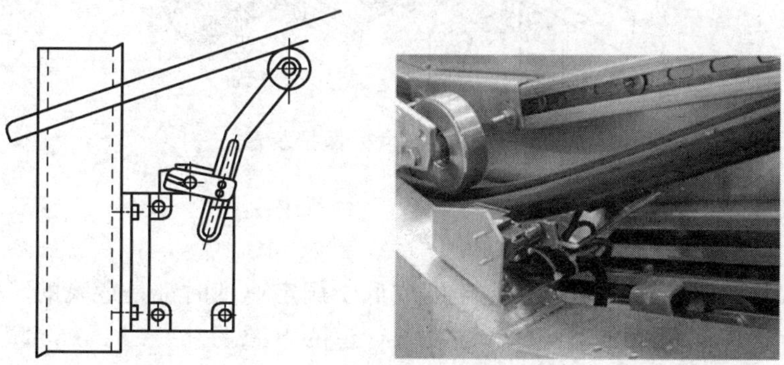

图 6-31　扶手带入口安全保护装置

2. 扶手带断带安全保护装置

扶手带是受力部件，工作中受驱力、摩擦力的长时间作用，扶手带有断裂的可能。

在标准中规定，公共交通型的自动扶梯或自动人行道如没有扶手带破断强度大于 25 kN 的证明，就应装设断带安全保护装置，如图 3-32 所示。

图 3-32　扶手带断带安全保护装置

3. 扶手带去静电装置

扶手带属橡胶制品，在运动时与扶手带导轨之间不停摩擦，会产生静电。在标准中，虽对去静电没有提出专门要求，但对设备在气候干燥的情况下提出了相关要求。

6.3.2　梳齿板保护装置

梳齿板保护装置是当异物卡在梯级踏板与梳齿板之间，导致梯级无法与梳齿板正常啮合时，梯级的前进力将梳齿板抬起移位，使微动开关动作，导致扶梯停止运行，达到安全保护的作用，如图 6-33 所示。

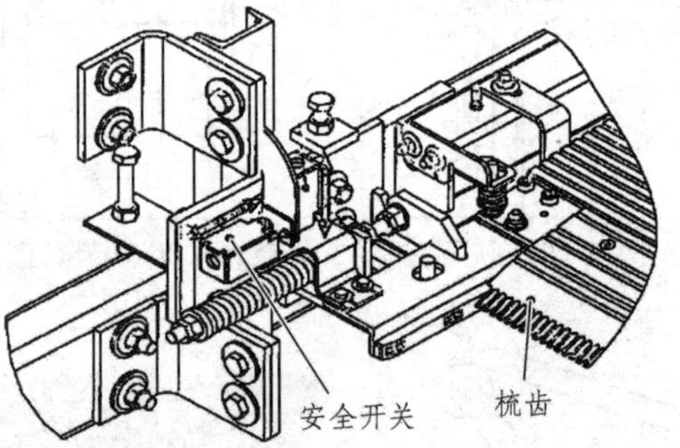

图 6-33　梳齿板保护装置

6.3.3　超速保护装置

自动扶梯或自动人行道在超过额定速度或低于额定速度时都是危险的。如果发生上述情况，速度监控装置应能切断自动扶梯和自动人行道的电源。

GB/T 16899—2011 规定，自动扶梯和自动人行道应配备速度限制装置，使其在速度超过额定速度 1.2 倍之前自动停车。为此，所用的速度限制装置在速度超过额定速度 1.2 倍时，能切断自动扶梯或自动人行道的电源。

超速只发生在自动扶梯下行时，造成超速的原因有驱动链等传动元件断裂、打滑、电动机失效等，是设备本身通过结构设计难以避免的问题。超速发生在满载下行时，速度的加大可能造成乘客在达到出口后不能及时离开，从而造成人员堆积的情况，由此可能造成挤压和踩踏事故的发生。

对于自动扶梯的超速监测，各厂家采用的方式不同，一般有电子式和机械式两种。因为标准中对监控装置进行了规定，因此采用的监控装置应能满足安全触点或安全电路的要求，如图 6-34 所示。

图 6-34　感应式超速保护装置

6.3.4　非操纵逆转保护装置

GB/T 16899—2011 规定，自动扶梯和倾斜式自动人行道应设置一个装置，使其在梯级、踏板或胶带改变规定运行方向时，自动停止运行。

自动扶梯的“逆转”是指自动扶梯在运行中非人为改变其运行方向的一种现象。扶梯满载上行时发生逆转，容易造成乘客下跌、滚落、挤压、踩踏事件，这是自动扶梯危害最大的一种现象。风险主要表现为：驱动主机失效，如超载上行，负荷超过电机的承载能力；驱动主机与梯级、踏板或胶带的传动发生失效，如梯级链条断掉。

目前常见的逆转保护装置大多是通过自动扶梯和自动人行道速度监测装置采集信号，在与设定值比较发现异常后，通过控制系统切断电动机以及制动器的供电，实现对逆转的保护，实际上是电子式速度检测装置的一种功能，电子式超速检测装置一般同时具备逆转检测功能。但是 GB/T 16899—2011 对逆转保护的要求是通过安全触点或安全电路来实现的，因此仅靠速度检测装置通过控制系统来使设备停止是不符合标准要求的。

符合标准要求的是一种机械式非操纵逆转保护装置，可安装在梯级链轮上，上行的自动扶梯发生逆转变为下行时，安全开关动作，切断安全回路，有附加制动器时，同时切断附加制动器电源。图 6-35 是一种摆杆式逆转保护装置。摆杆以端部的橡胶触头与驱动链轮侧面接触，并由压缩弹簧提供压紧力。当自动扶梯以白色箭头方向运转时，摆杆尾部使白色箭头方向的微动开关动作，表明自动扶梯是在正常方向运行；如果自动扶梯逆转，向黑色箭头方向转动时，摆杆尾部脱开白色箭头方向微动开关，使自动扶梯控制电路断开，附加制动器动作，紧急制动自动扶梯，图 6-36 是非操纵逆转保护装置实物图。

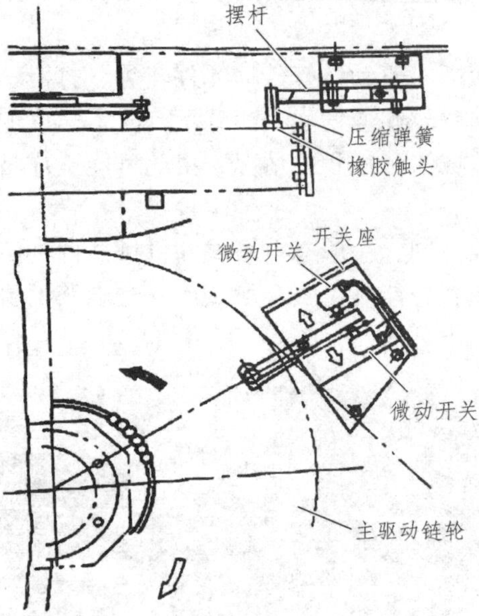

图 6-35　非操纵逆转保护装置原理图

图 6-36　非操纵逆转保护装置微动开关

6.3.5　梯级踏板下陷保护装置

梯级是运载乘客的重要部件，如果损坏是很危险的。在梯级损坏而塌陷时，梯级进入水平段无法与梳齿板啮合，可能撞击梳齿板，造成设备损坏，因此必须在损坏的梯级到达梳齿前使电梯停止。

图 6-37、图 6-38 即为此保护装置，由撞杆和安全开关组成，安装在上、下梳齿板前，且在规定的工作制动器最大制停距离之外。在梯级辅轮轴上装一角形件，另在金属结构上装一立杆，与一转轴相连，转轴其下为开关。当梯级因损坏而下陷时（如图 6-43 中虚线位置），角形杆碰到立杆，转轴随之转动，触发开关，自动扶梯停止运转。

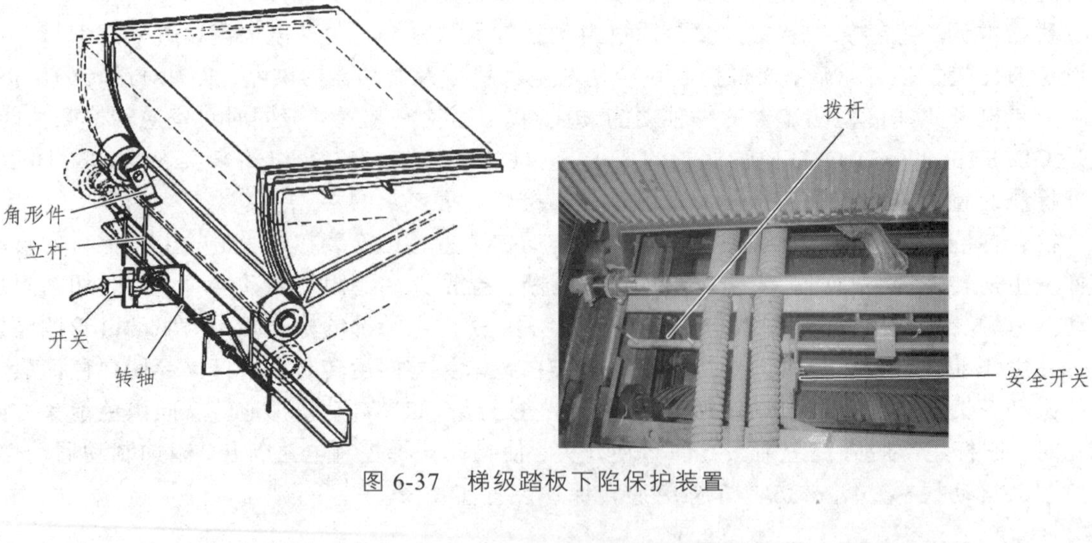

图 6-37　梯级踏板下陷保护装置

图 6-38　梯级踏板缺失保护装置

6.3.6　梯级踏板缺失保护装置

自动扶梯及自动人行道如果在维修时没有及时装上被拆卸的梯级或者踏板，而设备又能启动运行，带来的后果是严重的，乘客有可能踩上没有梯级的缺口，跌入桁架内，如图 6-44 所示。

GB/T 16899—2011 规定，自动扶梯及自动人行道应能通过装设在驱动站和转向站的装置检测梯级或踏板的缺失，并应在缺口从梳齿板位置出现之前停止。

设置该装置的目的是保证工作分支所有的踏面是连续的，不能出现导致人员下陷的空洞，防止空洞对人造成伤害。

保护装置的形式有多种，其中一种方式是在驱动站和转向站各设一个扫描装置（一般为光电式安全开关），并组成安全电路，该装置对通过驱动站和转向站的梯级进行扫描，发现有缺失的情况后，光电式安全开关会因为信号发生变化而动作，进而切断自动扶梯的动力电源，使自动扶梯停止运行，保证缺少的梯级不能运行到工作分支上。

6.3.7　其他安全保护装置

1. 梯级踏板或胶带的驱动元件保护（梯级链断链和异常伸长保护）

牵引链条由于长期在大负荷状况下传递拉力，不可避免地要发生链节及链销的磨损、链节的塑性拉伸、链条断链等情况，而这些事故在发生后，将直接威胁到乘客的人身安全。所以在牵引链条张紧装置的张紧弹簧端部装设触点开关，如图 6-39 所示，如果牵引链条磨损或其他原因伸长或断链时，触点开关能切断电源使自动扶梯停止运行。

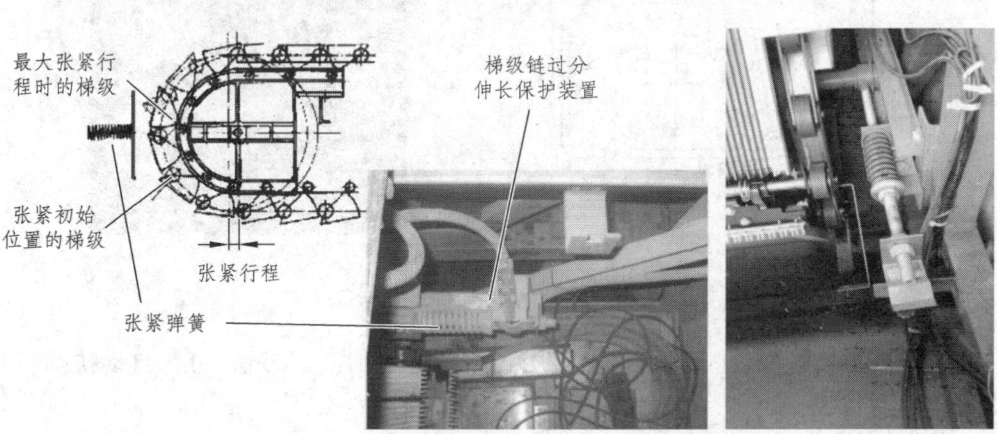

图 6-39　梯级链断链和异常伸长保护保护装置

2. 楼层板安全开关

楼层板是供人员出入自动扶梯行走和站立的地方，如果楼层板没有盖好、存在塌陷隐患或者发生缺失，则人员就有可能踩入缺口，卷入运行的梯级之中。因此自动扶梯在上下水平端部都必须安装楼层板安全开关，如图 6-40 所示，对检修盖板和上下盖板监控，只要一打开楼层板或者没有完整的安装楼层板，自动扶梯就停止运行或者不能运行。同时，在楼层板的设计上，只允许从端部的第一块开始打开，以确保安全开关动作的准确性。

图 6-40　楼层板内部边缘位置安装安全开关

3. 围裙板安全保护装置

（1）围裙板防夹装置。梯级是运动的部件，而围裙板是固定的部件，因此自动扶梯裙板与梯级侧面存在着间隙，在正常运行时围裙板与梯级之间的间隙，间隙要求单边不大于 4 mm，两侧之和不大于 7 mm；特别是在上下转弯处，梯级除做水平方向运动外，还有垂直方向的运动。这个间隙可能造成使用人员的脚、鞋等部位夹入而产生伤害，因此，为了减少夹入的风险而增加一种遮挡的装置，叫作围裙板防夹装置，一旦出现异物卡入间隙时，能使自动扶梯立即停止运行，如图 6-41 所示。

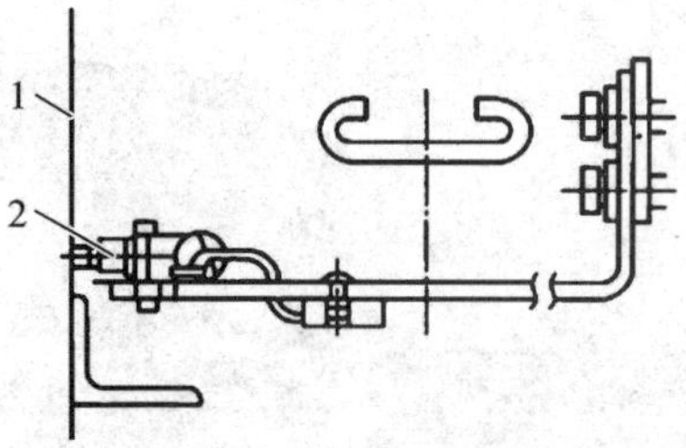

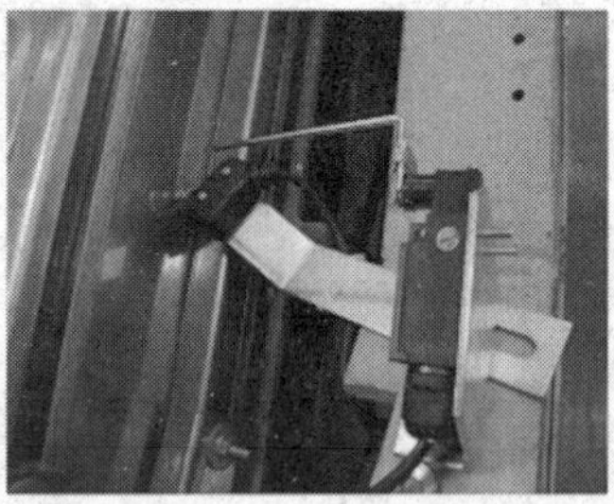

1—围裙板；2—安全开关。

图 6-41　围裙板防夹装置安全开关

（2）围裙板防接触装置。为了不使人的鞋、小腿与围裙板接触，可在自动扶梯两侧的裙板上安装防接触装置。

常见的防接触装置有毛刷型和橡胶条型，如图 6-42 所示。

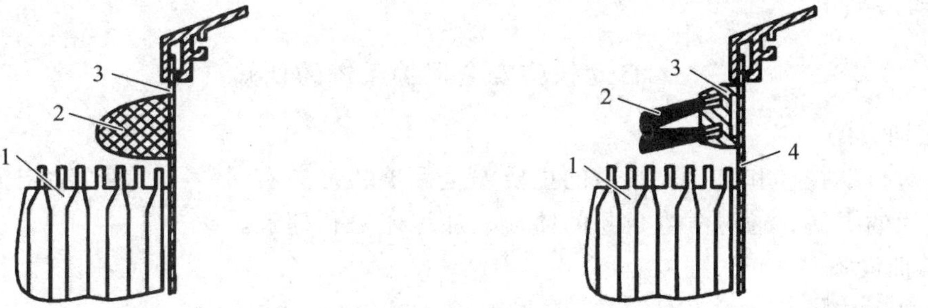

（a）橡胶条防夹装置

1—梯级；2—橡胶条；3—围裙板。

（b）毛刷防夹装置

1—梯级；2—橡胶条；3—基座；4—围裙板。

图 6-42　围裙板上的安全刷

围裙板毛刷安装在自动扶梯的两侧围裙板上，围裙板毛刷有单排和双排之分，双排更具有保护作用，图中也是双排毛刷。

4. 电机超载保护

当超载或电流过大时，热继电器自动断开使自动扶梯停车，在充分冷却后，可重新启动工作，以保护电机不致烧毁。

5. 相位保护

当电源相位接错或相位缺相时，自动扶梯应不能运行。

6. 急停按钮

在扶手盖板上装有一个红色紧急开关，如图 6-43 所示，其旁边装有钥匙开关，可以按要求方向打开。紧急开关装在醒目而又容易操作的地方。在遇有紧急情况时，按下开关，即可立即停车。

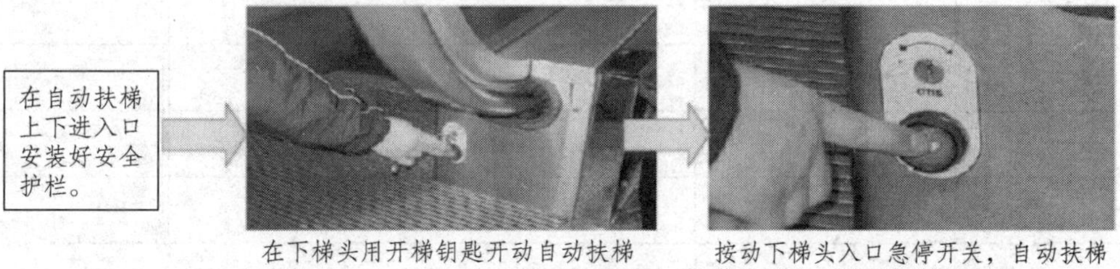

在下梯头用开梯钥匙开动自动扶梯上行。

按动下梯头入口急停开关，自动扶梯停止运行，证明急停有效。

图 6-43　自动扶梯急停开关

【练习与思考】

（1）请说出 7 个自动扶梯的安全保护装置。

（2）阐述梳齿板保护装置的意义。

（3）阐述扶手带入口保护装置的意义和工作原理。

【认知实训】

自动扶梯安全保护系统的认知

1. 实训目的

通过对自动扶梯和自动人行道的主要安全保护装置的实训学习，使学生对安全保护装置有一个全面的了解，通过学生自身的体会，加深印象和理解。

2. 实训设备

真实自动扶梯。

3. 实训内容

本实训为认知类实训，主要由教师引导学生了解自动扶梯的主要安全保护装置，重点了解这些安全保护装置设置的位置、出发点、防控风险方面的作用和实训设备所对应的安全保护装置的工作原理。

4. 过程记录

（1）认识扶手带入口安全保护装置；

（2）认识梳齿板保护装置；

（3）认识超速保护装置；

（4）认识非操纵逆转保护装置；

（5）认识梯级踏板下陷保护装置；

（6）认识梯级踏板缺失保护装置；

（7）认识其他安全保护装置。

5. 实训小结

将实训过程中认知的自动扶梯安全保护装置的安装位置、功能以及该装置的形式（安全开关/安全触点/微动开关/传感器等）填入表6-3中，至少写出9个。

表6-3　自动扶梯安全保护装置认知实训表

序号	安全保护装置名称	安装位置	功能	形式
1				
2				
3				
4				
5				
6				
7				
8				
9				

模块 7　其他电梯

任务 7.1　液压电梯

【学习目标】

知识目标：

- 了解液压电梯的结构特点、工作原理、主要参数；
- 了解主要液压阀的工作原理；
- 了解液压电梯的安全技术要求。

能力目标：

- 能够阐述液压电梯的结构特点、工作原理、主要参数；
- 能够说出液压阀的工作原理及安全技术要求。

【知识讲解】

7.1.1　液压电梯基础知识

1. 液压电梯的概念及发展

液压电梯是依靠电力驱动液压泵输送液压油到液压缸，直接或间接驱动轿厢的电梯（可以使用多电动机、液压泵和或液压缸）。图 7-1 是采用柱塞式液压缸的液压电梯示意图。其工作原理是：通过电力驱动的液压泵传递液压油到液压缸，使柱塞向上顶伸，柱塞直接作用于轿厢，实现轿厢上行；通过载荷和轿厢重力的作用使液压缸中的液压油流回到油箱，实现轿厢下行。

液压电梯比曳引电梯出现得更早些。1845 年，威廉·汤姆逊制造了世界上第一台水力液压电梯，机械结构比较简单，利用井道顶部水箱中的水压将水注入液压缸使液压电梯工作，电梯的速度很低，用于码头和库房运输。到 19 世纪末，液压电梯的工作压力增高，速度也有所加快，占据了很大一部分电梯市场份额。进入 20 世纪，随着电力传输和实用技术的发展，曳引式电梯开始快速发展，在此期间的液压电梯技术停滞不前，乘客电梯的市场几乎完全被曳引电梯所占据。20 世纪中期，以油为介质的具有独立液压传动系统的液压电梯开始出现，意大利的 GMV 和 MORIS 公司、德国的 ALGI 和 BLAIN 公司、美国的 MAXTON 和 ESCO 公司、瑞士的 BERINGER 公司等成为液压电梯领域的著名厂商，液压电梯实现了大规模的工业化生产。同时，液压电梯的结构和种类也有了很大发展，技术水平逐步提高。图 7-2 为上海国际康复中心的全圆形液压观光电梯。

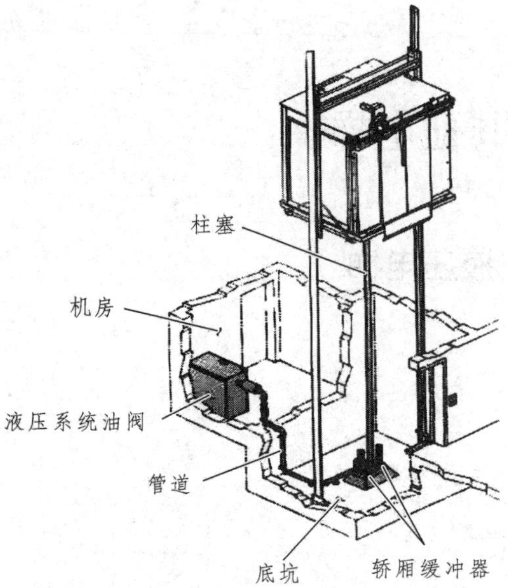

图 7-1　柱塞式液压缸的液压电梯示意图

图 7-2　液压观光电梯

2. 液压电梯的特点

液压电梯的优点：

（1）液压电梯控制机房设置灵活。液压电梯动力系统通过液压管路连接，机房可以灵活布置，甚至可以不必设置专门的机房，减少建筑物内的空间占用。

（2）对建筑物的要求低，提高井道的利用率。液压电梯的负载重量通过油缸作用在地面，对建筑物的结构强度要求低。

（3）载重量范围宽。由于液压系统本身的特点，液压驱动电梯更适合于大载重量的应用场合。

（4）应急操作方便。在停电和其他异常情况下，使用紧急操作下降阀和手动泵可以方便地实施应急救援操作。

（5）适用于危险场合。直顶液压电梯无钢丝绳滑轮和安全钳，不会产生火花，可用于易爆危险场合。

液压电梯相对于曳引式电梯有以下缺点：

（1）运行速度低且提升高度有限。液压电梯主要依靠液压缸推动电梯轿厢，受液压缸的速度和行程限制，液压电梯的运行速度不可能很高，提升高度也不可能太高。一般额定速度在 1.0 m/s 以下，提升高度在 30 m 以内。

（2）驱动功率大和能量消耗高。一般的液压电梯不带平衡重或对重，而且液压动力系统的效率不高，液压电梯的驱动功率是曳引式电梯的 2 ~ 3 倍，能耗是曳引式电梯的 2 倍。

（3）液压电梯使用液压油介质，如果液压系统发生故障，液压油泄漏到环境中，将对环境造成一定的污染。

（4）温度及载荷的变化对液压电梯的启动、制动有影响，动态速度随环境变化，增添了控制难度。由于油温变化和泄漏等因素，轿厢较长时间停站会产生下沉，需要采取措施防止轿厢沉降。

3. 液压电梯的基本结构

液压电梯是机、电、液压一体化的产品，由以下相对独立但又相互联系配合的系统组成。

泵站系统：由电机、油泵、油箱及附属元件组成。

液压系统：由集成阀块（组）、止回阀、限速切断阀和油缸等组成。

导向系统：与曳引电梯的作用一样，限制轿厢活动的自由度，承受偏载和安全钳动作的载荷。对于间接顶升的液压电梯，带滑轮的柱塞顶部也应有导轨导向。

轿厢：结构和作用与曳引电梯相同，但侧面顶升的液压电梯的轿厢架结构由于受力情况不同而有所不同。

门系统：与曳引电梯相同。

4. 液压电梯的液压系统组成

液压电梯的液压系统由以下相对独立又相互联系配合的部分组成。

（1）液压泵站系统，如图 7-4 所示，其功能是为油缸提供稳定的动力源和储存油液。目前，一般都采用潜油泵，即电机和油泵都设在油箱的油内，由电机带动油泵（见图 7-3）旋转，泵从油箱中吸油后打油，将机械能转化为液压油的压力能，液压油通过集成块（或阀组合）被液压阀实现了方向、压力、流量调节后经外接管路传输到液压机械的油缸或马达中，从而控制液动机方向的变换、力量的大小及速度的快慢，推动各种液压机械做功。油泵一般采用螺杆泵，输出压力为 0 ~ 10 MPa，油泵的功率与油的压力和流量成正比。油箱除了储油，还有过滤油液、冷却电机和油泵以及隔音消音（对潜油泵）等功能。

图 7-3　一种液压系统的组成示意图

图 7-4　液压油泵

（2）控制阀组，由集成阀块（组）、截止阀，破裂阀（限速切断阀）和油缸等组成。

集成阀块（组）是液压控制的主要装置，其将流量控制阀（比例流量阀）、单向阀、安全阀、溢流阀等组合在一起，控制输出流量，并有超压保护、锁定、压力显示等功能。截止阀，一般为球阀，是油路的总阀，用来停机后锁定系统。破裂阀（限速切断阀），安装在油缸上，在油管破裂时，迅速切断油路，防止柱塞和轿厢下落。

（3）保护系统，通常设置有溢流阀、手动操作紧急下降阀、手动泵、限速切断阀和油温监控装置。

（4）其他装置有油缸、油箱、电器盒、液压软管（硬管）和手动泵等。

油缸：将液压系统输出的压力能转化为机械能，推动柱塞带动轿厢运动的执行机构。

油箱：钢板焊的半封闭容器，上面还装有滤油网、空气滤清器等，它用来储油、油的冷却及过滤。

液压油：液压传动一般用矿物油作为工作介质，在特殊场合也有使用合成型和乳化型抗燃工作液。其工作可靠，要求液压油有适当的黏度、良好的润滑性能和化学稳定性。

电器盒：可分为两种形式，一种是设置外接引线的端子板；另一种配置了全套控制电器。

图 7-5 为液压系统的组成示意图。

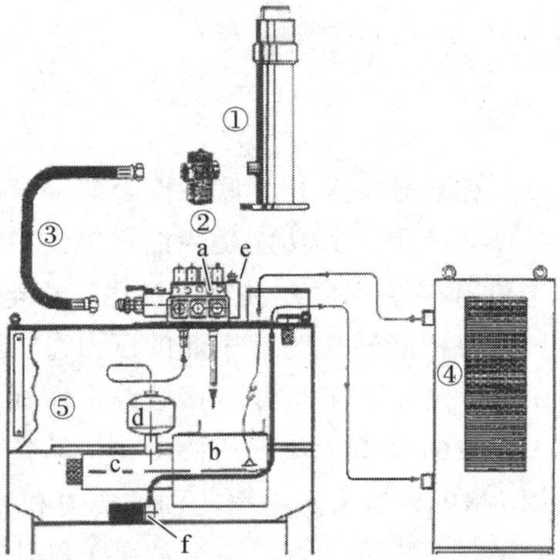

①—压缸；②—破裂阀；③—高压软管；④—散热箱；⑤—液压动力箱；
a—复合阀组；b—浸油式马达；c—螺杆泵；d—消音器；
e—手动泵；f—加热箱。

图 7-5　液压系统的组成示意图

7.1.2　液压电梯的驱动形式

液压电梯的液压油缸驱动电梯轿厢的运行可分为直接驱动与间接驱动两种方式。

1. 直接驱动液压电梯

直接驱动的液压电梯，也称为“直接顶升液压电梯”或“直顶式液压电梯”，指液压缸（柱塞）与轿厢架直接连接，柱塞的运动速度与轿厢的运行速度相同，其传动比为 1∶1。由于在油缸上配置有破裂阀，采用直顶式结构的液压电梯可以不设限速器与安全钳，轿厢结构简单，井道空间小。建筑物顶部不需要设钢丝绳，轿厢的总载荷都加在建筑井道的底部。

直顶式液压电梯布置如图 7-6 所示，根据油缸作用于轿厢的位置可分为中心直顶式、侧面直顶式与两侧直顶式。

中心直顶式结构的液压电梯如图 7-2 所示。油缸设置在轿厢底部中心的底坑内，油缸直接作用于轿厢底部。其特点是：结构简单，安装方便；稳定性好，运行平稳；对大角度观光电梯等具有独特的优势，符合审美要求。其缺点是在电梯地坑需要设置一个较深的竖井，用以放置顶升缸筒的缸体部分，对土建要求高。

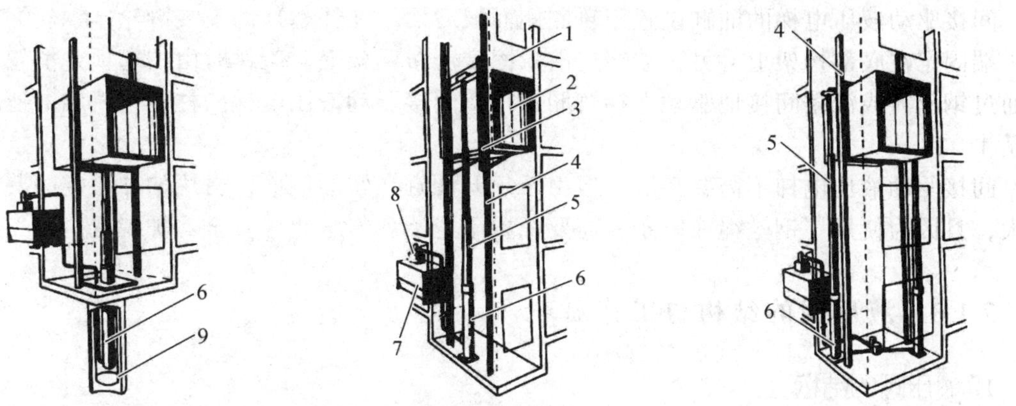

（a）中心直顶　　（b）侧面直顶　　（c）两侧直顶

1—井道；2—轿厢；3—轿架；4—导轨；5—柱塞；6—油缸；
7—油泵；8—阀组；9—油缸坑。

图 7-6　直顶式液压电梯

侧面直顶式结构的液压电梯，油缸设置于轿厢侧面（或后面），柱塞顶部直接作用于轿厢架上。其特点是：结构紧凑，安装方便；对电梯地坑深度、顶层高度要求不高。其缺点是轿厢运行系统为背包架结构，导轨水平受力，导轨支架的密度要求高；对导靴的要求比较高，一般使用滚轮导靴。

两侧直顶式结构的液压电梯，在轿厢的两侧各设置一个油缸，两柱塞顶部直接作用于轿厢架上。其特点是：轿厢平衡性好，运行平稳。其缺点是两个油缸在运行过程中的不同步会造成轿厢的倾斜与扭曲，需要增加轿厢架的结构强度，并均衡每个油缸内的液压油量与油缸内的工作压力。

2. 间接驱动液压电梯

间接驱动液压电梯如图 7-7 所示，指液压缸的柱塞通过钢丝绳或链条等悬吊装置，间接地与轿厢架连接，是非直顶式驱动轿厢运行的一个电梯品种。

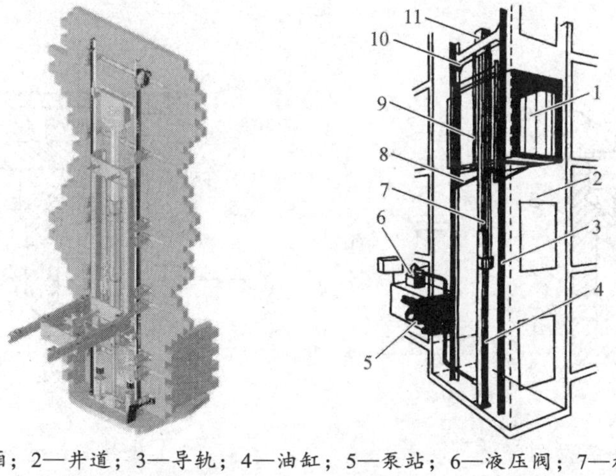

1—轿厢；2—井道；3—导轨；4—油缸；5—泵站；6—液压阀；7—柱塞；
8—轿架；9—提升钢丝绳；10—滑轮架；11—滑轮。

图 7-7　间接驱动液压电梯

间接驱动液压电梯的油缸设置于轿厢侧面或后面，在柱塞顶部安装滑轮，钢丝绳或链条的一端固定在底部构架上，另一端绕过滑轮固定于轿厢架上。工作时由柱塞顶升滑轮，滑轮再通过钢丝绳或链条间接地驱动电梯轿厢运行。间接驱动液压电梯的柱塞与轿厢的速度比通常是 1∶2。

间接驱动液压电梯不需要竖坑，但由于顶升油缸在轿厢侧面，占用的井道空间要比直顶式大，且因为使用了钢丝绳或链条，需要配置限速器和安全钳等安全保护装置。

7.1.3 液压阀的结构与工作原理

1. 液压阀的结构

液压阀按功能分类可分为压力控制阀、流量控制阀、方向控制阀、安全阀等；压力控制阀可分为溢流阀、减压阀、顺序阀；流量控制阀包括节流阀、调速阀、分流阀；方向控制阀包括单向阀、换向阀、截止阀等；安全阀包括限速切断阀等。

溢流阀是压力控制阀，通过溢流限制系统压力不超过设定值。液压电梯的油泵到单向阀之间的管路上应设置溢流阀，溢流阀的调定工作压力不应超过满负荷压力值的 140%。溢流阀的工作原理是利用液流和弹簧对阀芯作用力的平衡条件，调节阀的开口量，改变液阻大小，达到控制液流压力的目的。压力高低可以用弹簧力调节。

2. 液压电梯的主要液压阀

（1）溢流阀，可分为直动型溢流阀和先导型溢流阀两种形式，如图 7-8 所示。直动型溢流阀因油压直接与弹簧力相比较而得名。若压力较大，流量也较大，则要求调压弹簧具有较大的弹簧力，使得调节能力差而且结构上也受到体积的限制，现在已经较少采用。与直动型比较，先导型有以下特点：首先，阀的进口控制力是通过先导阀芯和主阀芯两次比较得来，压力值主要由先导阀调压弹簧预压量确定，主阀弹簧只在复位时起作用，弹簧力小，又称为弱弹簧。其次，先导阀流量很小，阀座孔径小，弹簧刚度不大，调节性好；同时易于更换和组成远控或多级。

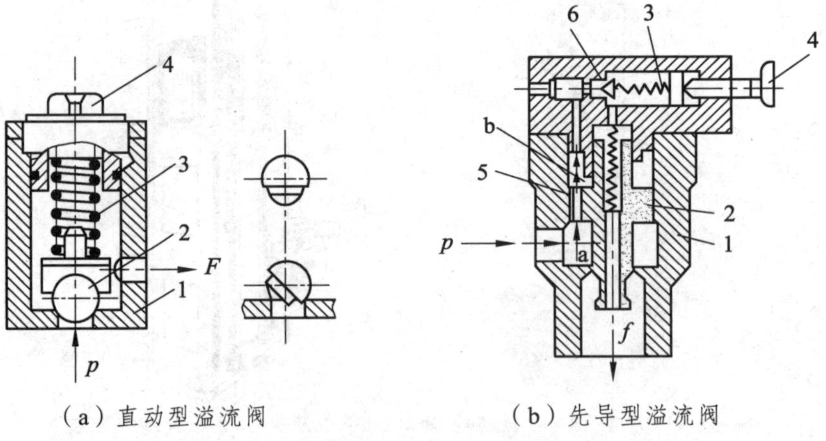

（a）直动型溢流阀　　（b）先导型溢流阀

1—阀体；2—阀芯；3—弹簧；4—手轮；5—主阀芯小孔；6—先导阀芯。

图 7-8　溢流阀结构图

（2）节流阀（见图 7-9）是调节和控制阀内开口的大小，直接限制流体通过的流量达到节流的目的。由于节流阀是强制受阻节流，所以节流前后会产生较大的压力差，受控流体的压力损失比较大，也就是说节流后的压力会减小。

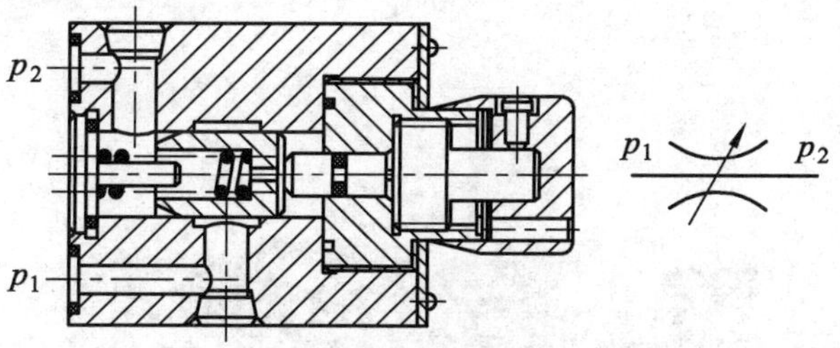

图 7-9　节流阀的结构与符号

（3）调速阀（见图 7-10）是一种进行压力补偿的节流阀，是在节流阀节流原理的基础上，又在阀门内部结构上增设了一套压力补偿装置，以改善节流后压力损失大的现象，使节流后流体的压力基本上等同于节流前的压力。

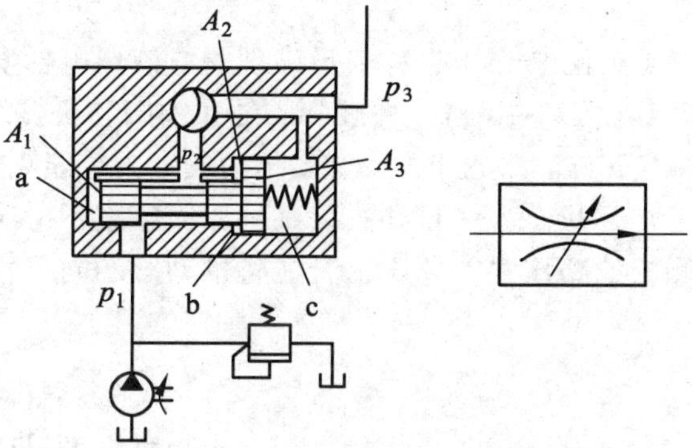

图 7-10　调速阀结构及符号图

节流阀就像一个水龙头，拧得大了水就流得多，但是在水龙头拧相同圈数的情况下管道里的压力高，水就流得多；压力小，水就流得少。但调速阀不管管道里压力有多高（相对），在水龙头拧相同圈数时，水流得一样多。

（4）单向阀（见图 7-11）是允许液压油在一个方向自由流动的阀。液压电梯液压系统应设置单向阀。单向阀应该安装在油泵与截止阀之间的回路上；当供油系统压力降低至最低工作压力以下时，单向阀应能够将装载额定载荷的轿厢保持在井道任意位置上；单向阀的闭合应由来自液压缸的液体压力，以及至少由一个导向压缩弹簧和或重力的作用来实现。

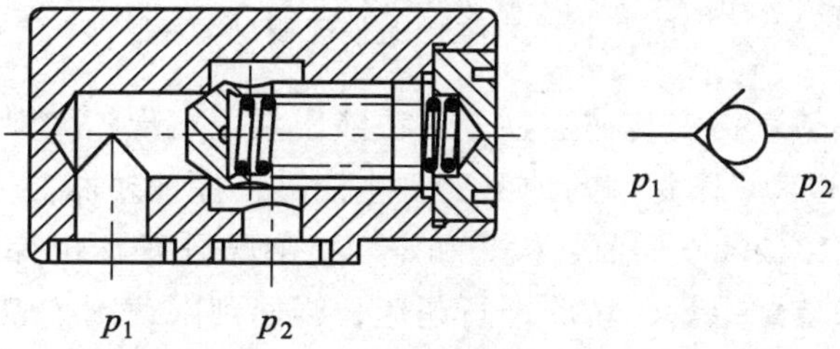

图 7-11　单向阀的结构与符号

（5）截止阀（见图 7-12）是指关闭件（阀瓣）沿阀座中心线移动的阀门。它是使用最广泛的一种阀门，这种类型的阀门非常适合作为切断、调节以及节流用，同时还适用于中、低、高压。液压电梯应设置截止阀，截止阀应安装在将液压缸连接到单向阀和下行方向阀之间的油路上，截止阀应位于机房内。

图 7-12　液压油泵上的截止阀

（6）电梯限速切断阀（见图 7-13）也称管道破裂阀或液压电梯安全阀，其作用是防止液压电梯轿厢超速或自由坠落。图 7-13 是一种破裂阀的实物图和机械结构图。正常使用时，无论电梯上行还是下行，阀芯下方油路的压力和弹簧压力的合力总能克服阀芯右侧油路的压力，所以管道破裂阀一直处于常开状态。一旦油缸因某种原因急剧下滑时，液压回路流量增大，因节流的作用，阀芯两侧的油路压力差急剧上升，将推动阀芯向下移动，直至该阀完全关闭并锁死。

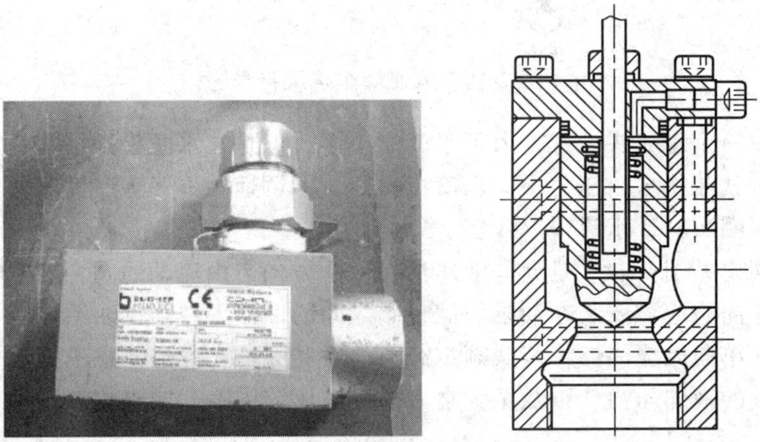

图 7-13　电梯限速切断阀破裂阀

电梯限速切断阀必须直接安装在油缸上，在液压系统出现较大泄漏、轿厢速度达到额定速度再加上 0.3 m/s 时迅速动作并切断油路，锁止油缸，保证轿厢能够停止。

按照 TSG T7004—2012《电梯监督检验和定期检验规则-液压电梯》的要求（见图 7-14），监督检验时，将装有额定载重量的轿厢下行超速，当达到限速阀（破裂阀）的动作速度时，限速阀（破裂阀）应动作可靠，其调定速度应符合出厂调整资料的要求。

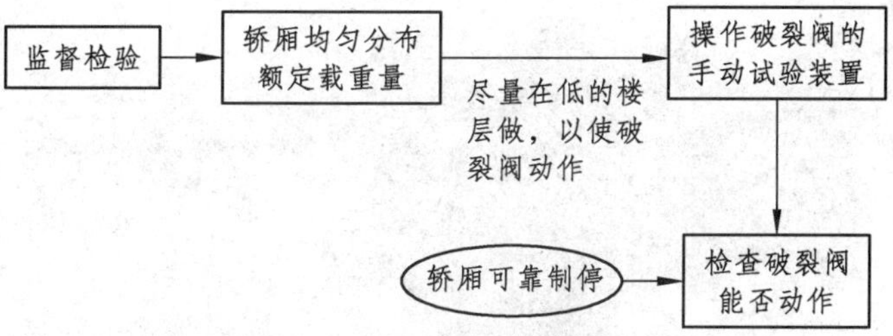

图 7-14　限速阀试验流程

定期检验时以试验功能有效性为主，可以不需要在满载情况下验证。对于配置破裂阀作为超速保护的液压电梯，应有一种在机房内手动操作的阀，在无须使轿厢超载的情况下，使破裂阀达到动作流量，其功用就是测试破裂阀时使用。试验时，轿厢停在适当的楼层（足以使破裂阀动作，但尽量低的楼层），在机房操作破裂阀的手动试验装置，检查破裂阀能否动作，从而将轿厢可靠制停。将破裂阀的调整位置与制造厂的调整图进行比较，以检查破裂阀动作速度的调整是否正确。

（7）紧急下降阀。液压电梯的机房内应设置手动操作的紧急下降阀。即使在失电的情况下，允许使用该阀使轿厢下降至平层位置，以便疏散乘客。轿厢的下降速度应该不超过 0.3 m/s；对于有可能松绳或者松链的间接作用式液压电梯，应有防止松绳或松链的措施。该阀应该由持续的人力来操作，并有误操作防护。防止误操作的装置有多种形式，如图 7-15 所示为手动操作紧急下降阀，红色的小把柄上部有一小孔，需要操作时，须先拆卸小孔上的销子，否则把柄不能被动作。

图 7-15　手动操作的紧急下降阀

（8）手动泵。对于轿厢上装有安全钳或夹紧装置的液压电梯，应当永久性地安装一手动泵，使轿厢能够向上移动。手动泵应当连接在单向阀或下行方向阀与截止阀之间的油路上；手动泵应当装备溢流阀，溢流阀的调定压力不应超过满载压力的 2.3 倍。

未设置安全钳或夹紧装置的液压电梯发生故障时，通过手动紧急下降阀就可以实现下降方向的救援，其轿厢或平衡重被意外阻碍在井道内的风险不予考虑，因此可以不设置手动泵；而有安全钳或夹紧装置的液压电梯，因为安全钳或夹紧装置本身动作后必须向上提升轿厢才能保证复位或救援，所以必须配置手动泵。

由于操作力和空间原因，手动泵的操作杆一般是可拆卸分离的，需要操作时再安装上，图 7-16 为液压电梯的手动泵。

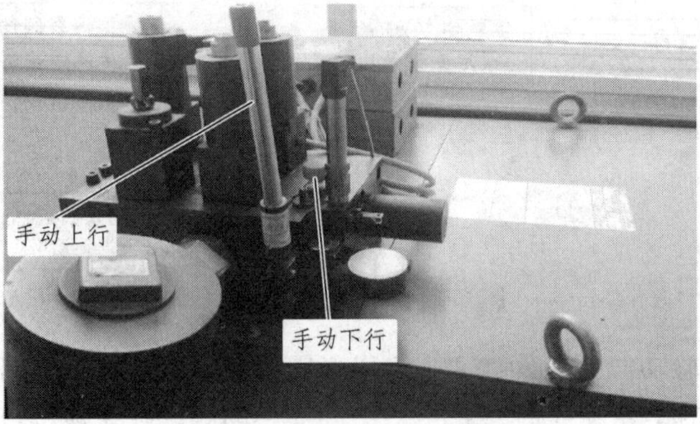

图 7-16　液压电梯的手动泵

任务 7.2　防爆电梯、消防员电梯及杂物电梯

【学习目标】

知识目标：

- 了解防爆电梯、消防员电梯及杂物电梯的结构特点、工作原理、主要参数；
- 了解防爆电梯、消防员电梯及杂物电梯与普通电梯的区别。

能力目标：

- 能够阐述防爆电梯、消防员电梯及杂物电梯的结构特点、工作原理、主要参数；
- 能够说出防爆电梯、消防员电梯及杂物电梯与普通电梯的区别。

【知识讲解】

7.2.1　防爆电梯

在石油、化工、冶金等企业，有一些存在着爆炸性气体（蒸汽）混合物的危险场所。在这些场所，由电气火花、电器表面的温度以及机械摩擦和撞击产生的热量与火花都可能引起爆炸。所以，在有爆炸性气体混合物的场所使用的电梯必须具有可靠的防爆性能。这种具有防爆性能的电梯称为防爆电梯。

防爆电梯除了在结构、机械和电气部分具有防爆的特殊性能外，在其他方面仍应遵守 GB7588 等电梯技术标准的规定。

目前，防爆电梯基本上是Ⅱ类（工厂用气体、蒸汽、薄雾）气体防爆和Ⅲ类（粉尘、纤维）粉尘防爆；Ⅰ类防爆（煤矿井下甲烷）用于煤矿，目前还没有使用。Ⅱ类防爆根据气体特性又被分成ⅡA、ⅡB 和ⅡC 三级，ⅡC 最为危险。防爆电梯用于ⅡB 和ⅡC 场所。其中，ⅡB 较多。防爆电梯的温度组别基本都是 T4（135 °C）。

防止爆炸性气体混合物爆炸的基本方法就是防止引起爆炸的两个条件同时出现。

电气防爆的目的就是不让电气设备和线路在工作中产生的火花与热量点燃危险区域内的爆炸性混合气体。一般可采用外壳限制爆炸、用介质隔离点火源和限制火花能量等方法。

机械系统的防爆任务就是尽可能防止发生金属的撞击与摩擦，对转动、滑动和可能撞击的机构采取安全措施，防止产生火花与高温。

隔爆型电梯就是电梯的防爆电气设备采用隔爆型电气设备。隔爆型电梯根据情况有两种配置：一种是控制柜不防爆，安装在非爆炸危险区；另一种控制柜防爆，可以安装在爆炸危险区域。

隔爆-本安复合型电梯是将大功率的电气设备采用隔爆技术，而在危险场所的控制和信号系统采用本质安全型电器和电路。隔爆-本安复合型电梯的电梯、制动器、电源开关等采用隔爆型电气设备或者设在非危险区域，其机械的防冲击摩擦产生火花的措施也与隔爆型电梯相同。但所有轿厢、井道、层站的控制和信号装置全部采用本质安全型电气设备及线路。这样可以不必取消全隔爆电梯舍去的功能，并降低了故障率，从而提高了可靠性。

1. 防爆电梯的防爆设计原则

（1）设备应尽可能安装在非危险区域或低危险区域。

（2）运行速度不要超过 1 m/s，一般为 0.5 m/s。控制和驱动系统尽可能简单，一般可采用按钮控制和交流双速拖动。在工业场所使用，而且使用频率不高的电梯应能满足要求。

（3）尽量减少电动设备，能用手动代替电动的尽可能用手动，而且结构应简单，活动零部件尽可能少。

（4）电梯设备和线路的防爆等级不能低于所防护的爆炸物质的类别、级别和组别，防爆形式应与不同危险区域的要求相适应。

（5）线路的布线方法与引入装置应与危险区域相适应。对于本安电路，必须防止外部干扰可能造成的危险。

（6）要充分考虑机构运行时、故障时以及结构破坏时可能产生的撞击和摩擦，应有可靠的措施保证其不发生或发生时不产生能点燃爆炸性物质的火花和高温。

图 7-17 ~ 图 7-19 分别为机房、轿厢和底坑的主要防爆部位。

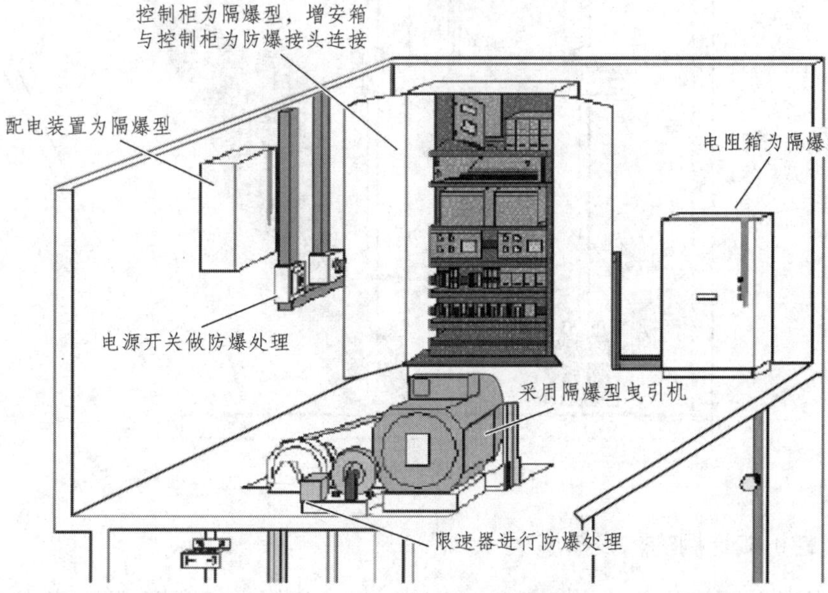

图 7-17　机房主要防爆部位

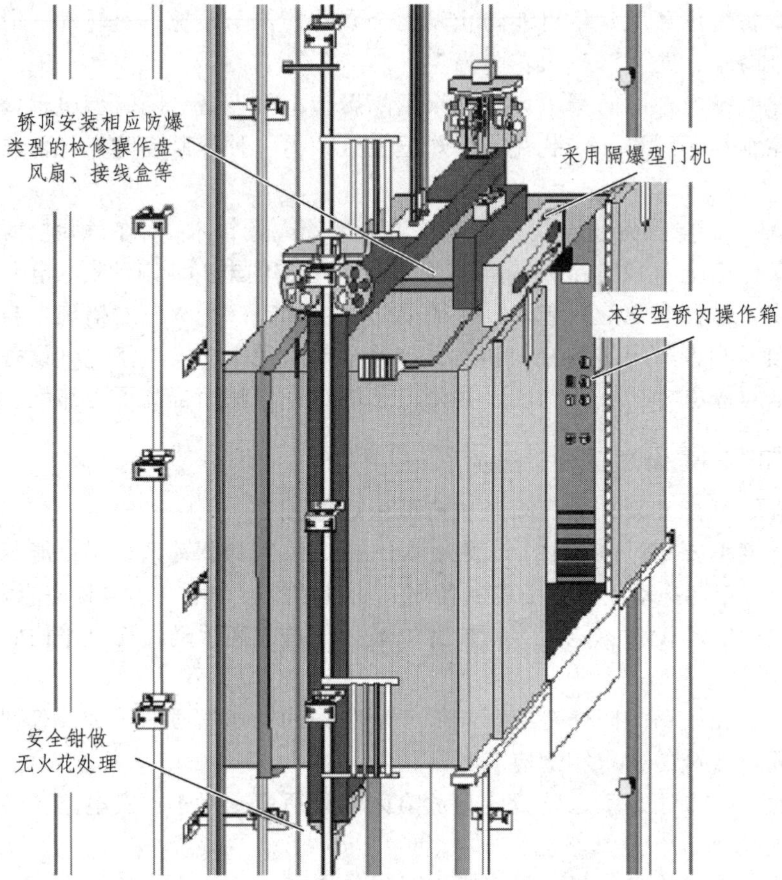

图 7-18　轿厢主要防爆部位

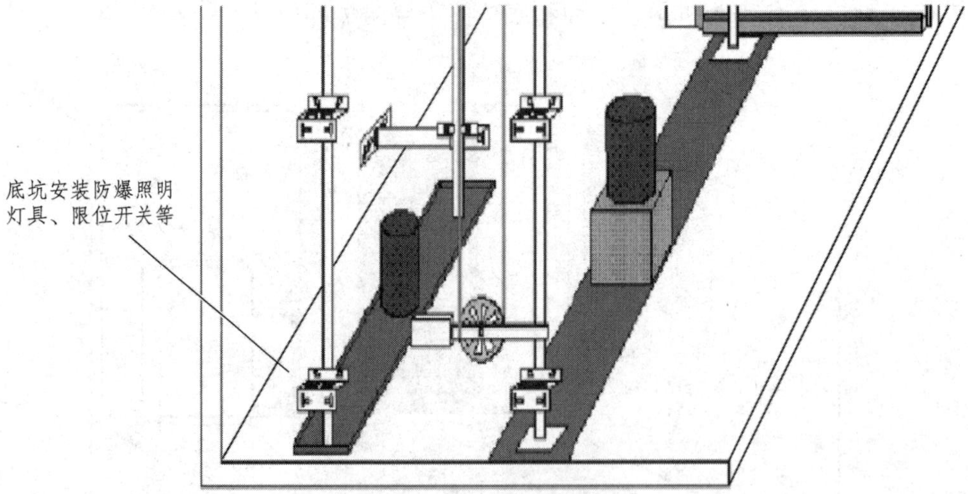

图 7-19　底坑主要防爆部位

2. 防爆电梯机械结构的防爆措施

机械和结构的防爆措施总的来说就是避免或减轻发生撞击和摩擦，防止产生火花和高温。

曳引机：应保持轴承和减速箱良好的润滑，轴承、制动轮和减速箱的表面温度应低于爆炸物引燃温度的下限，必要时可加强通风散热。制动器在结构上应有措施防止在释放时制动片衬垫与制动轮相摩擦。制动瓦块的上下端均应与制动臂连接，并能调节。为防止钢丝绳脱槽，应设置由不发生火花材料制作的挡绳装置。

限速器：应选用动作时限速器绳张力较大的类型，如有夹绳钳的限速器，其夹绳钳块应用不发生火花的金属制成。限速器（见图 7-20）工作时，内部零件不应有较大的撞击和摩擦。限速器张紧装置应有防钢丝绳脱槽的措施，并在断绳时张紧装置不会与地面撞击。

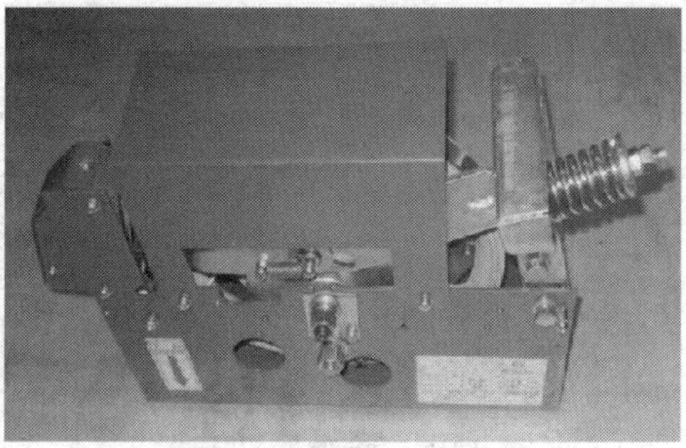

图 7-20　防爆限速器

安全钳与提拉装置：应使用瞬时式安全钳，安全钳的楔块应由不产生火花的金属制造。提拉装置的转轴应装铜衬套，撞击开关的打板应由不产生火花的金属制成。

绳头组合：弹簧不得有裂损，上下垫片应用不发生火花的金属制造，绳头棒通过绳夹板处应有铜衬套。

导靴：滑动导靴靴衬的上下挡板应由青铜制造，并有较大的厚度，不会产生火花或摩擦高温。

门锁：可能产生相对撞击的两个零件，至少有一个由不发生火花的金属制成。

门：门的挂轮、挡轮、门导靴（门脚）均应由不产生火花的金属或塑料制造。门扇之间或门框之间相碰撞的边缘应有橡胶防撞垫，防止发生金属之间的撞击。

缓冲器：宜选用聚氨酯缓冲器，与轿厢底部或对重撞击的面应有橡胶或塑料衬垫。

所有连接线、紧固件必须有可靠的防松和防脱落措施。

机房、底坑地面和轿内地板应由金属撞击不起火花的材料构筑或铺垫，该材料又能导除静电。一方面能避免金属零件、工件等掉落发生撞击火花，另一方面又能导除乘员和维护人员身上积聚的静电，防止在人员接触金属结构时产生静电放电火花。图 7-21 ~ 图 7-27 为防爆电梯部分构件。

图 7-21　防爆控制柜

图 7-22　防爆控制柜本安箱中的电缆引入装置及本安箱

图 7-23　防爆电阻箱、制动电阻

图 7-24　防爆制动器

图 7-25　断路器

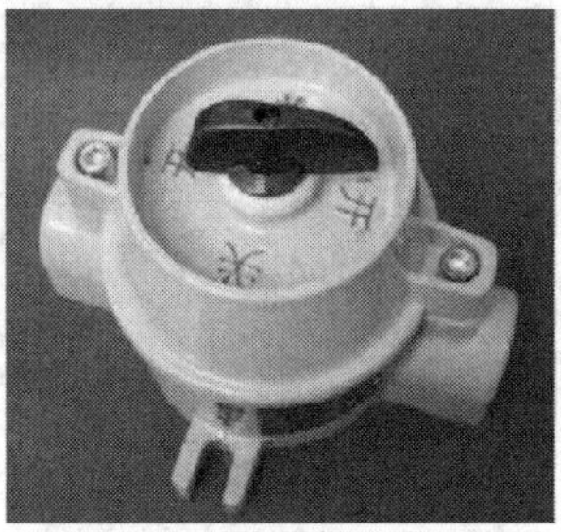

图 7-26　防爆照明开关

图 7-27　防爆安全钳

7.2.2　消防员电梯

消防员电梯是在火灾情况下由消防员直接控制使用的电梯。与普通电梯不同，消防员电梯附加的保护、控制装置使其在建筑物发生火灾时尽可能长时间运行，完成消防支持及救援等工作；在没有火灾时，可以当作乘客电梯使用。这种电梯在目前安装使用为数不多。

普通的乘客电梯也设置了“消防功能”，由于受材料、结构的限制，在供电中断、高温、潮湿等火灾工况下可能造成停梯困人，不可以用于消防服务。其“消防功能”实际上是“火警时紧急返回基站功能”,这是普通电梯由用户决定的可选功能,即在有火警时操纵消防开关，电梯轿厢会直接返回指定撤离层站，开门放人。普通电梯在火灾中不可乘用。

普通电梯的机房、井道不具备火灾时确保 2 h 的安全隔离，其电梯前厅与电梯结构不具备防火、防水、隔离烟雾能力，所以如遇火灾后，遇火、水及烟雾影响，极易发生故障而将电梯卡阻在井道中，而此时火灾烟雾很快进入井道、轿厢内，如有人，片刻即被烟雾呛伤，甚至死亡。所以常常能见到在普通电梯的候梯厅召唤按钮旁立有告示牌——“如遇火警禁止使用电梯”。

消防员电梯设置的作用：供消防员携带灭火器材进入高层灭火；抢救疏散受伤人员和老弱病残人员；避免消防人员与疏散逃生人员在疏散楼梯上形成“对撞”；防止消防人员通过楼梯时间长、消耗大、体力不够、不能顺利投入救援。

消防员电梯的工作条件：当环境温度在 0 ~ 65 °C 时，电气、电子的层站控制装置和指示器应能持续工作一段时间，使消防员能确定轿厢位置，以便进行救援。该时间应与建筑物结构的要求相适应。

消防员电梯不在防火前室内的其他所有电气、电子器件，应设计成确保它们在 0 ~ 40 °C 环境范围内能正常工作。

当烟雾充满井道、机房时，消防员电梯的控制系统的正常功能应至少确保建筑物结构所要求的一段时间。

1. 消防员电梯的设置及环境要求

（1）电梯应服务于建筑物的每一楼层；

（2）电梯的额定载荷不能小于 800 kg；

（3）轿厢净尺寸不能小于 1 100 mm（宽）×1 400 mm（深），轿厢的最小净入口宽度应为 800 mm；

（4）从电梯门关闭以后起，消防员电梯应能在 60 s 内从消防服务通道层到达最远的层站。

每个电梯层门（在消防服务状态下不使用的层门除外）前都应设置防火前室。图 7-28 ~ 图 7-30 分别为单台电梯消防员电梯和防火前室布置示意图、在多梯井道内的消防员电梯和防火前室布置示意图、多梯井道内的两个出入口消防电梯和防火前室布置示意图。

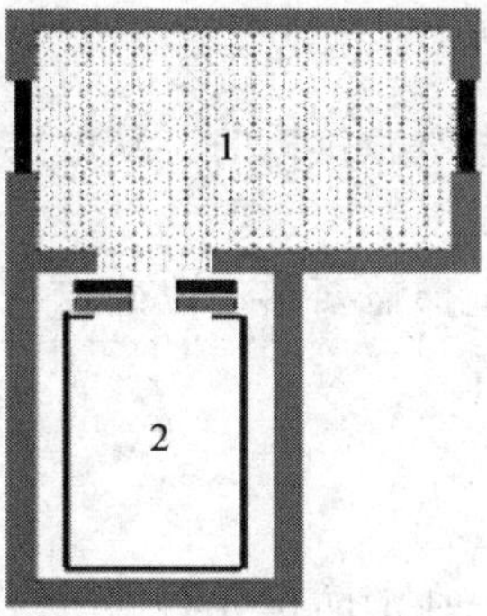

1—防火前室；2—消防员电梯。

图 7-28　单台电梯消防员电梯和防火前室布置示意图

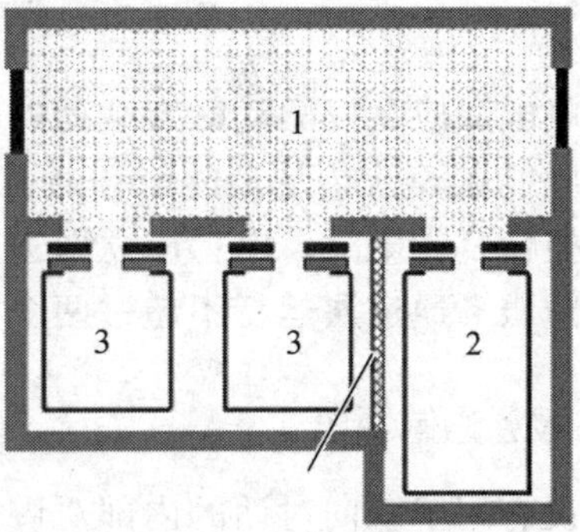

1—防火前室；2—消防员电梯；3—普通电梯；4—中间防火墙。

图 7-29　多梯井道内的消防员电梯和防火前室布置示意图

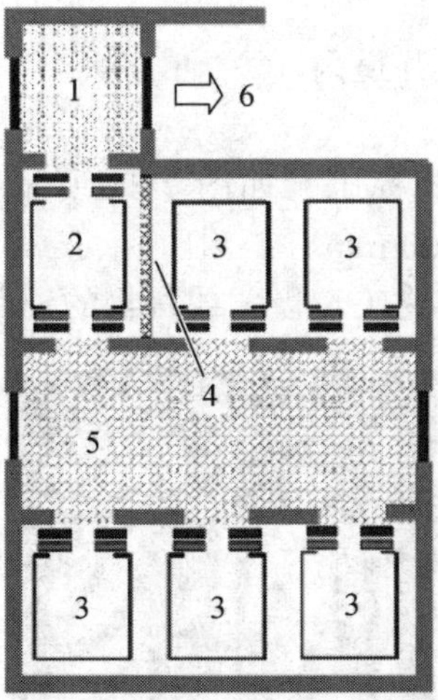

1—防火前室；2—消防员电梯；3—普通电梯；4—中间防火墙；
5—主要防火分区/前室；6—逃生路径。

图 7-30　多梯井道内的两个出入口消防电梯和防火前室布置示意图

2. 供电系统

电梯和照明的供电系统应由设置在防火区域内的第一和第二（即应急或备用）供电电源组成，如图 7-31 所示。第一和第二供电电源的电缆应进行防火保护，它们相互之间以及与其他供电装置之间应是分离的。

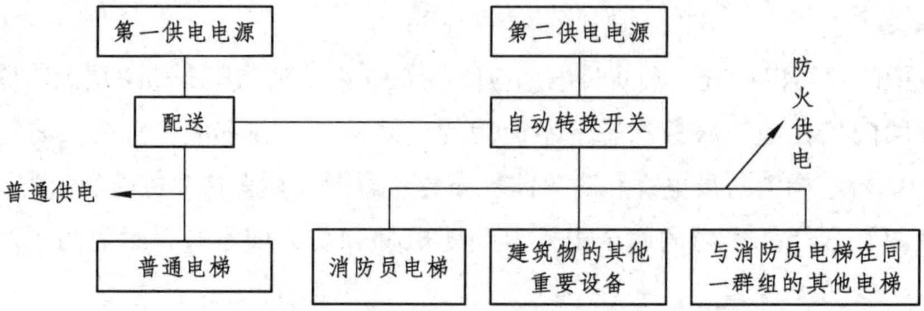

图 7-31　消防员电梯供电电源示例

第二供电电源应足以驱动额定载荷的电梯运行。第二供电电源供电时，从电梯门关闭以后起，电梯应能在 60 s 内从消防服务通道层到达最远的层站。

电源转换恢复供电时，电梯应立即进入服务状态。如果电梯需要移动以确定它的位置，它应向着消防服务通道层运行不超过两个楼层，并显示其位置。

3. 消防服务通信系统

（1）应设有用于双向对话的内部对讲系统或类似的装置，在消防优先召回阶段和消防服务过程中，能用于轿厢和下述地方之间：

① 消防服务通道层；

② 机房或无机房电梯的紧急操作屏处。

（2）轿厢内和消防服务通道层的通信设备应是内置式麦克风和扬声器，不能用手持式电话机。

（3）通信系统的线路应装设在井道内。

标识设置：

（1）应设置消防员电梯象形图标志，如图 7-32 所示，轿厢按钮上的符号为 20 mm × 20 mm；层站上至少为 100 mm × 100 mm。

（2）应设置禁止用来运送废弃物（垃圾）或货物的说明或标识。

图 7-32　消防员电梯象形图标志

4. 与普通电梯在安全要求方面的区别（特殊安全要求）

（1）机房（机器设备间）专用及防火

① 机房（机器设备间）应当专用，不得用于电梯以外的其他用途。

② 装设有电梯主机和其相关设备的任何分隔室，至少应拥有与电梯井道相同的防火等级；设置在井道外和防火分区外的所有机器区间，至少应拥有与防火分区相同的耐火性。防火分区之间的连接（如缆线、液压管线等）也应予以同样保护。

（2）井道专用

电梯井道应独立设置，井道内严禁敷设可燃气体和甲、乙、丙类液体管道，不应敷设与电梯无关的电缆、电线等。井道壁除开设电梯门洞和通气孔外，不应开设其他洞口。

如果在同一井道内还有其他电梯，那么整个多梯井道应满足消防员电梯井道的耐火要求，其防火等级应与防火前室的门和机房一致。如果在多梯井道内消防员电梯与其他电梯之间没有中间防火墙隔开，则所有的电梯和它们的电气设备应与消防员电梯具有相同的防火要求。

（3）底坑设施与装置

底坑底部应当平整，不得渗水、漏水。

如果没有其他通道，应当在底坑内设置一个从层门进入底坑的永久性装置（如梯子），该装置不得凸入电梯的运行空间。

底坑内应当设置停止装置，并且有防止误操作的保护。

底坑内应当设置 2P + PE 型电源插座，以及井道灯开关。

插座和最低的灯具应设置在底坑内最高允许水位之上至少 0.5 m 处。

设置在电梯底坑地面上方 1 m 之内的所有电气设备，防护等级应为 IP67。

（4）井道设备的防护

在电梯井道内或轿厢上部的电气设备，如果其设置在距离设有层门的任一井道壁 1 m 范围内，则应设计成能防滴水和防淋水，或者其外壳防护等级至少为 IPX3。在井道外的机器区间内和电梯底坑内的设备应被保护，以免因水而造成故障，如图 7-33 所示。

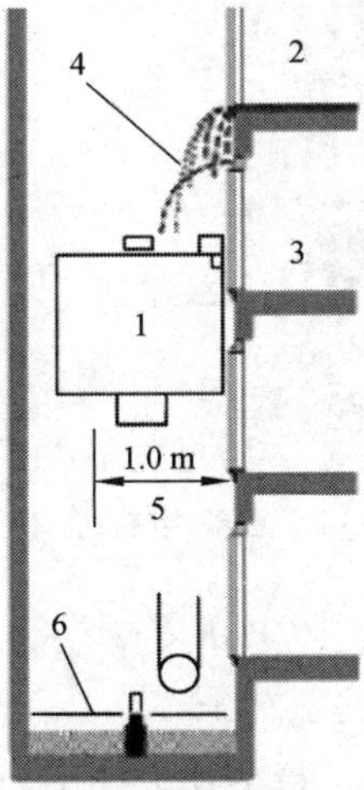

1—消防电梯轿厢；2—着火层；3—前方控制点；4—从着火层地面楼下的水；
5—在井道内和轿厢上的防水区域；6—底坑积水最高水位。

图 7-33　电气设备的防水保护

（5）底坑水位限制

应确保水面不会上升到轿厢缓冲器被完全压缩时的上表面之上或可能影响电梯正常使用的高度。建筑物可采用以下方式之一：

① 可直接将底坑的水排出井道外，但应考虑防止雨季时的倒灌，排水管在外墙位置可设单向阀。

② 当不能将底坑的水直接排出井道外时，建筑物应设置排水井和排水泵等排水设施，排水井容量不应小于 2.00 m^3，排水泵的排水量不应小于 10 L/s。

（6）开门超时报警

为确保消防员对电梯的控制不被过度延误，电梯应在轿内设置一个音响信号，当门实际停顿超过 2 min 时，它会发出声音。经过这段时间之后，门将试图以较低的动力关闭，在门完全关闭后，音响信号被消除。该要求仅适用于优先召回阶段。

7.2.3 杂物电梯

杂物电梯（见图 7-34）是一种运送小型物体的固定式升降设备，只有一个轿厢，其尺寸和结构形式不允许进人。轿厢借助钢丝绳或链条悬挂，或由柱塞支撑。轿厢运行在两列垂直的或与垂直方向倾斜角小于 15°的刚性导轨之间。驱动方式可分为电力驱动（曳引式、强制式）和液压驱动。

图 7-34 杂物电梯整体结构

杂物电梯通常安装在饭店、食堂、图书馆等场所，用于少量食物和书籍的垂直运输，俗称“服务梯”“餐梯”“传菜梯”等（见图 7-35）。

杂物电梯与普通电梯的主要区别：一是杂物电梯不允许载人（载货电梯允许有人员伴随），其轿厢面积≤1.0 m^2、深度≤1.0 m、高度≤1.20 m；二是载重量较小，最大不超过 300 kg；三是其安全保护装置做了部分简化。

图 7-35　杂物电梯轿厢

杂物电梯同样具有八大系统：驱动系统、导向系统、轿厢、门系统、对重平衡系统、电力拖动系统、电气控制系统、安全保护系统。

其安全保护装置主要有：限速器、安全钳、缓冲器、断错相保护、限位保护、门联锁、紧急操作保护等，同样具有检修运行功能。

电力驱动杂物电梯的轿厢、对重（或平衡重）驱动允许采用下列两种方式：

（1）曳引式（使用曳引轮与曳引绳）；

（2）强制式，即使用卷筒和钢丝绳，或使用链轮和链条。

对于强制式杂物电梯，额定速度不应大于 0.63 m/s，不能使用对重，但可使用平衡重。在计算传动部件时，应考虑对重或轿厢压在缓冲器或限位挡块上的可能性。

可采用皮带将电机连接到机电式制动器所作用的零件上。皮带不应少于 2 根。

液压杂物电梯允许采用直接作用式、间接作用式两种驱动方式。

【知识链接与拓展】

座椅电梯

欧美发达国家的房屋一般内部都带有楼梯，但许多房屋并没有安装直梯的空间。为了让行动不方便的人可以轻松地上下楼梯，一些公司推出了可以安装在楼梯上的电梯——座椅电梯。

座椅电梯（座椅式椅子）是全方位轻松解决老年人上下楼、残疾人上下楼、居家行动不便者无障碍的通行设备。它由轨道、驱动装置和座椅三部分构成。核心部分是轨道，驱动装置和座椅安装在一起。它广泛应用于家庭、医院、养老院、干休所、敬老院、疗养院、各企事业单位以及各休闲公共场所。

从外观来看，座椅电梯就像一个在轨道上运行的椅子。乘坐楼梯升降椅非常容易、方便。用户只需坐下来，按动扶手上的按钮，座椅便开始移动，且缓慢平稳地运行，非常流畅。当手一离开按钮，升降椅可以自动停止运行。再按下按钮又可以继续行走。另外，座椅电梯安全性也较好，人坐在椅子上有安全带保护，不会摔下来，升降座椅遇到障碍物能够自动停下来，停电也不用担心影响使用，因为驱动电源用的是可以反复充电的电池。

别墅座椅电梯融合家居环境，其雅致的线条，配合舒适的可多样性选择的座椅面料，加上贴心的设计与精湛的技术，使别墅座椅电梯（stair-lift）适用于各种类型的楼梯，以舒畅地收折与展开动作，轻巧流畅，可快速完成收折功能，还能空出宽广的空间，让家里其他成员使用。

在楼梯碰到障碍物时，装设在脚踏板边缘及台架底部的感应器便能立即反应，将别墅座椅电梯安全稳定地停止。而独特设计的安全带，更能轻易拉出并紧扣横跨在腰间，以确保行进中的安全。

【练习与思考】

（1）简述液压电梯的结构特点和工作原理。

（2）杂物电梯与普通电梯的主要区别是什么？

参考文献

[1] 朱昌明，洪致育，张惠侨. 电梯与自动扶梯——原理、结构、安装、测试[M]. 上海：上海交通大学出版社，1995.

[2] 毛怀新. 电梯与自动扶梯技术检验[M]. 北京：学苑出版社，2001.

[3] 陈家盛. 电梯结构原理及安装维修[M]. 4 版. 北京：机械工业出版社，2011.

[4] 贺德明，肖伟平. 电梯结构与原理[M]. 广州：中山大学出版社，2016.

[5] 王玲，王超. 电梯原理与测试[M]. 北京：机械工业出版社，2015.

[6] GB 16899—2011 自动扶梯和自动人行道的制造与安装安全规范[S]. 北京：中国标准出版社，2011.

[7] GB/T 7024—2008 电梯、自动扶梯、自动人行道术语[S]. 北京：中国标准出版社，2008.

[8] 刘锡奎，刘东洋，邢箭. EN115-1：2008 + A1 自动扶梯和自动人行道的安全第 1 部分：制造与安装解读[M]. 北京：中国标准出版社，2012.

[9] 史信芳，蒋庆东，李春雷，等. 自动扶梯[M]. 北京：机械工业出版社，2014.

[10] 叶安丽. 电梯控制技术[M]. 2 版. 北京：机械工业出版社，2007.

[11] 顾德仁. 电梯电气原理与设计[M]. 苏州：苏州大学出版社，2013.

[12] 张汉杰，王锡仲，朱学莉. 现代电梯控制技术（修订版）[M]. 哈尔滨：哈尔滨工业大学出版社，2001.

[13] 许林，张荣. 电梯安装维修与保养安全技术[M]. 合肥：安徽科学技术出版社，2011.

[14] 刘爱国. 电梯工程技术安装维修与故障排除 1000 问[M]. 郑州：河南科学技术出版社，2005.

[15] 方伟，朱鹏. 电梯维修工[M]. 重庆：重庆大学出版社，2009.

[16] GB21240—2007 液压电梯制造与安装安全规范[S]. 北京：中国标准出版社，2008.